普通高等教育"十三五"规划教材"互联网+"创新系列教材

U0940297

工程制图习题集

GONGCHENG ZHITU XITI JI

◎主　编：汤晓燕
◎副主编：袁望姣　周　亮

中南大学出版社
www.csupress.com.cn

内容简介

本习题集是根据教育部制定的高等学校“画法几何及工程制图课程教学基本要求”和国家近几年颁布的新标准，并结合近几年来的教学改革经验编写而成。主要内容包括：制图基本知识，点、线、平面的投影，组合体，机件的表达方法，标准件与常用件，零件图与装配图，其他图样，AutoCAD 软件绘制三视图及二维绘图，以及部分疑难习题的三维可视化模型演示，并编有两套自测题。

本书中采用了 AR 增强现实技术，读者通过扫描书中的二维码，即可查看 360°任意旋转、无限放大和缩小的三维模型。

本习题集适合高等学校近机类和非机类各专业使用，也可供相关工程技术人员参考。

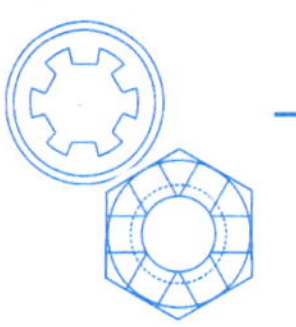

普通高等教育机械工程学科“十三五”规划教材编委会
“互联网＋”创新系列教材

主　任

（以姓氏笔画为序）

王艾伦　刘　欢　刘舜尧　孙兴武　李孟仁

邵亘古　尚建忠　唐进元　潘存云　黄梅芳

委　员

（以姓氏笔画为序）

丁敬平　万贤杞　王剑彬　王菊槐　王湘江　尹喜云

龙春光　叶久新　母福生　朱石沙　伍利群　刘　滔

刘吉兆　刘忠伟　刘金华　安伟科　李　岚　李　岳

李必文　杨舜洲　何国旗　何哲明　何竞飞　汪大鹏

张敬坚　陈召国　陈志刚　林国湘　罗烈雷　周里群

周知进　赵又红　胡成武　胡仲勋　胡争光　胡忠举

胡泽豪　钟丽萍　侯　苗　贺尚红　莫亚武　夏宏玉

夏卿坤　夏毅敏　高为国　高英武　郭克希　龚曙光

彭如恕　彭佑多　蒋寿生　蒋崇德　曾周亮　谭　蓬

谭援强　谭晶莹

总序 FOREWORD.

机械工程学科作为连接自然科学与工程行为的桥梁，是支撑物质社会的重要基础，在国家经济发展与科学技术发展布局中占有重要的地位。21世纪的机械工程学科面临诸多重大挑战，它的突破将催生社会重大经济变革。当前机械工程学科进入了一个全新的发展阶段，总的发展趋势是：以提升人类生活品质为目标，发展新概念产品、高效高功能制造技术、功能极端化装备设计制造理论与技术、制造过程智能化和精准化理论与技术、人造系统与自然世界和谐发展的可持续制造技术等。这对担负机械工程人才培养任务的高等学校提出了新挑战：高校必须突破传统思维束缚，培养能适应国家高速发展需求的具有机械学科新知识结构和创新能力的高素质人才。

为了顺应机械工程学科高等教育发展的新形势，湖南省机械工程学会、湖南省机械原理教学研究会、湖南省机械设计教学研究会、湖南省工程图学教学研究会、湖南省金工教学研究会与中南大学出版社一起积极组织了高等学校机械类专业系列教材的建设规划工作，成立了规划教材编委会。编委会由各高等学校机电学院院长及具有较高理论水平和教学经验的教授、学者和专家组成。编委会组织国内近20所高等学校长期在教学、教改第一线工作的骨干教师召开了多次教材建设研讨会和提纲讨论会，充分交流教学成果、教改经验、教材建设经验，把教学研究成果与教材建设结合起来，并对教材编写的指导思想、特色、内容等进行了充分的论证，统一认识，明确思路。在此基础上，经编委会推荐和遴选，近百名具有丰富教学实践经验的教师参加了这套教材的编写工作。历经两年多的努力，这套教材终于与读者见面了，它凝结了全体编写者与组织者的心血，是他们集体智慧的结晶，也是他们教学教改成果的总结，体现了编写者对教育部“质量工程”精神的深刻领悟和对本学科教育规律的把握。

这套教材包括了高等学校机械类专业的基础课和部分专业的基础课教材。整体看来，这套教材具有以下特色：

(1)根据教育部高等学校教学指导委员会相关课程的教学基本要求编写。遵循“重基础、宽口径、强能力、强应用”的原则，注重科学性、系统性、实践性。

(2)注重创新。本套教材不但反映了机械学科新知识、新技术、新方法的发展趋势和研究成果，还反映了其他相关学科在与机械学科的融合与渗透中产生的新前沿，体现了学科交叉对本学科的促进；教材与工程实践联系密切，应用实例丰富，体现了机械学科应用领域在不断扩大。

(3)注重质量。本套教材编写组对教材内容进行了严格的审定与把关，教材力求概念准确、叙述精练、案例典型、深入浅出、用词规范，采用最新国家标准及技术规范，确保了教材的高质量与权威性。

(4)教材体系立体化。为了方便教师教学与学生学习，本套教材还提供了电子课件、教学指导、教学大纲、考试大纲、题库、案例素材等教学资源支持服务平台。大部分教材采用“互联网+”的形式出版，读者扫描书中的二维码，即可阅读丰富的工程图片、演示动画、操作视频、三维模型、工程案例；部分教材采用了AR增强现实技术，扫描二维码后即可查看360°任意旋转、无限放大和缩小的三维模型。

教材要出精品，而精品不是一蹴而就的，我将这套书推荐给大家，请广大读者对它提出意见与建议，以便进一步提高。也希望教材编委会及出版社能做到与时俱进，根据高等教育改革发展形势、机械工程学科发展趋势和使用中的新体验，不断对教材进行修改、创新、完善，精益求精，使之更好地适应高等教育人才培养的需要。

衷心祝愿这套教材能在我国机械工程学科高等教育中充分发挥它的作用，也期待着这套教材能哺育新一代学子，使其茁壮成长。

中国工程院院士　**钟　掘**

前　　言

本习题集与杨放琼、云忠主编的《工程制图》教材配套使用，其编排顺序与配套教材相同，在传统的投影原理、绘图、读图训练的基础上，加强了计算机二维绘图及构型设计习题。本书还采用了 AR 增强现实技术，读者通过扫描书中的二维码，即可查看 360°任意旋转、无限放大和缩小的三维模型。本书以培养学生识图绘图能力为宗旨，由浅入深，逐步提高。适用于高等院校机类、近机类、非机类各专业选用，亦可供相关工程技术人员参考。

参加本习题集编写工作的有杨放琼(第 2 章、第 8 章、第 10 章)，云忠(第 1 章、第 9 章)，周亮(第 3 章)，汤晓燕(第 4 章、第 11 章)，袁望姣(第 5 章)，徐绍军(第 6 章)，赵先琼(第 7 章)；参与本习题集三维可视化建模工作的有徐绍军(第 4 章、第 6 章)，袁望姣(第 5 章)，汤晓燕(第 7 章)，全书由汤晓燕任主编，袁望姣、周亮任副主编。

本习题集参考了中南大学出版社出版，由杨放琼、赵先琼主编的《工程制图习题集》及国内相关教材，在此向相关作者表示衷心的感谢。由于作者水平有限，不足之处恳请广大读者批评指正。

编　者

2018 年 8 月

目　　录

1 绪论

1-1 观察物体的三面投影图，在立体图中找出其相应的物体，在各个投影图的右下角括号内填写对应的序号。

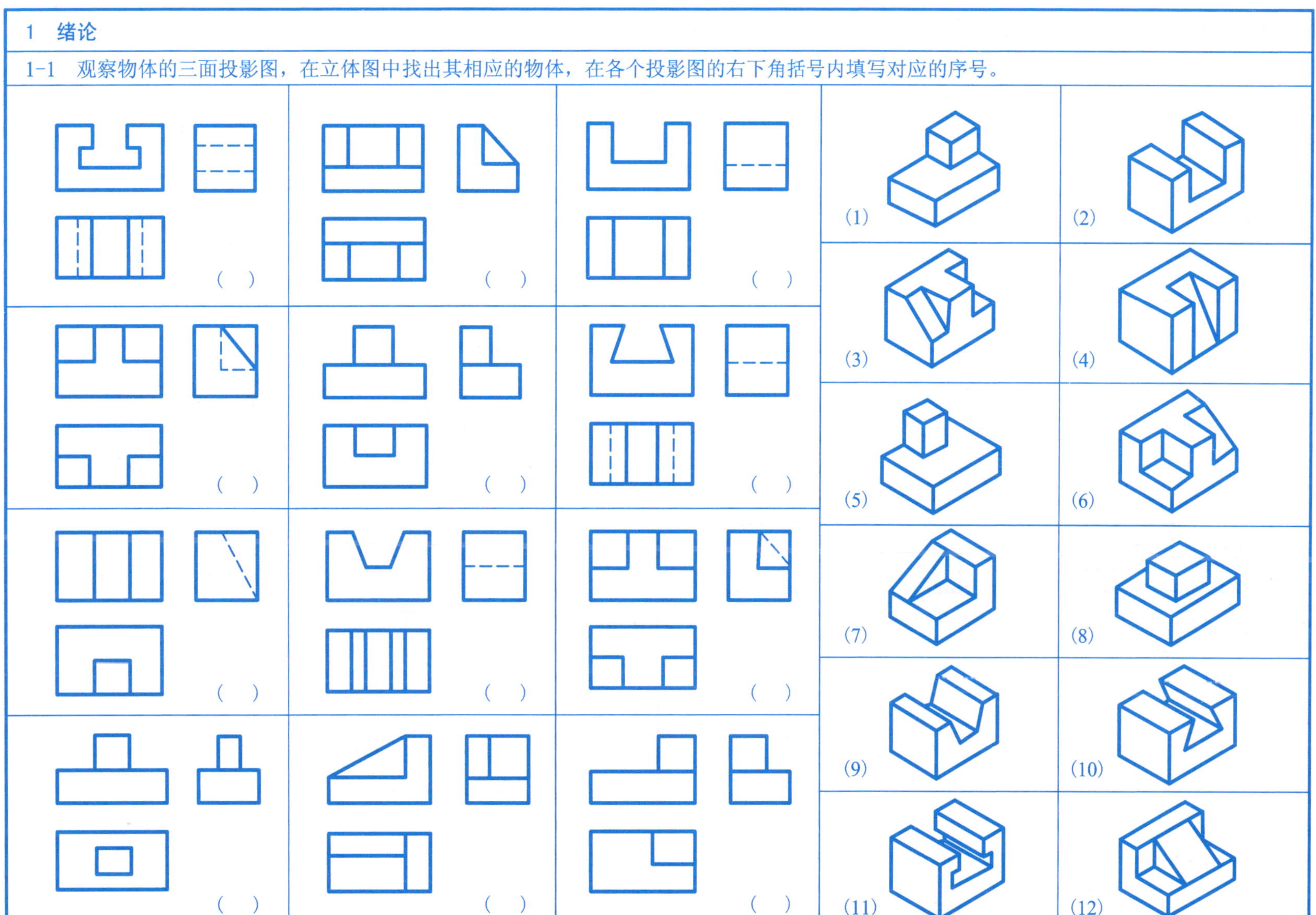

班级______学号______姓名________

1-2 根据立体图及其正面、水平投影图，选择正确的侧面投影图，并在其上打“√”。

1-3 根据立体图及其正面、侧面投影图，选择正确的水平投影图，并在其上打“√”。

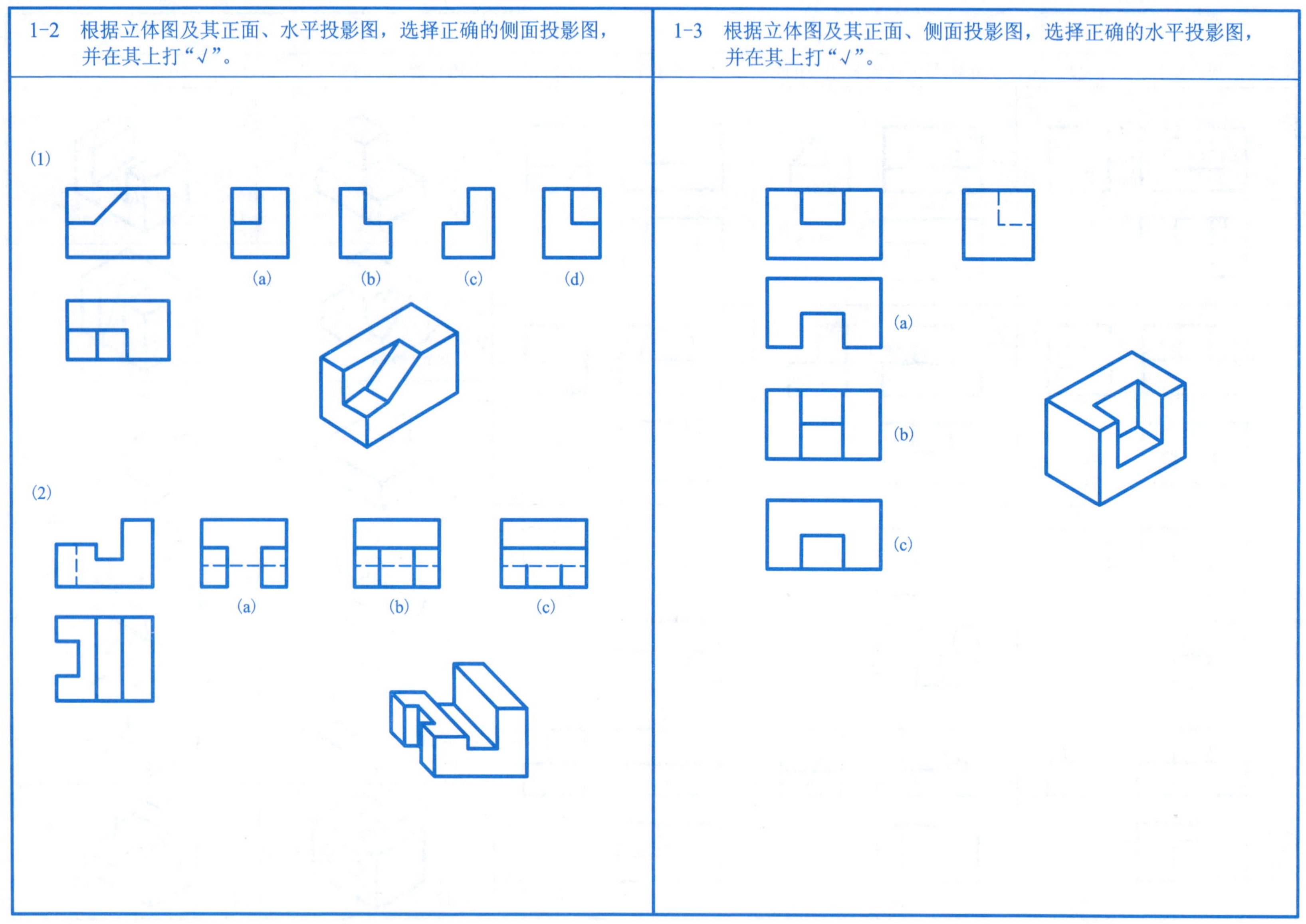

班级______学号______姓名________

1-4 根据立体图，补画三视图中漏画的图线。

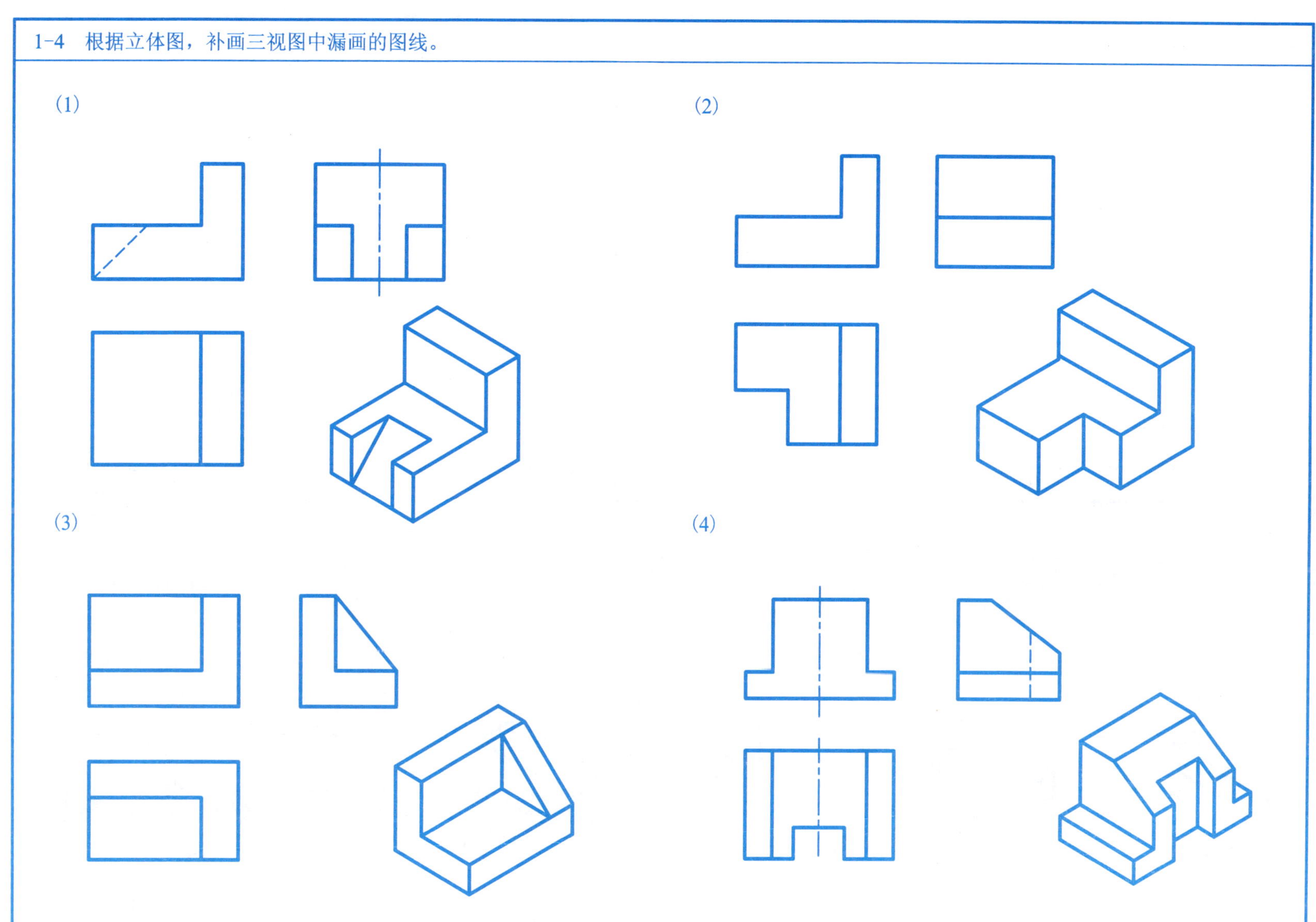

班级______学号______姓名________

1-5 由两个已知视图，找出与其对应的立体图，并补画第三视图。

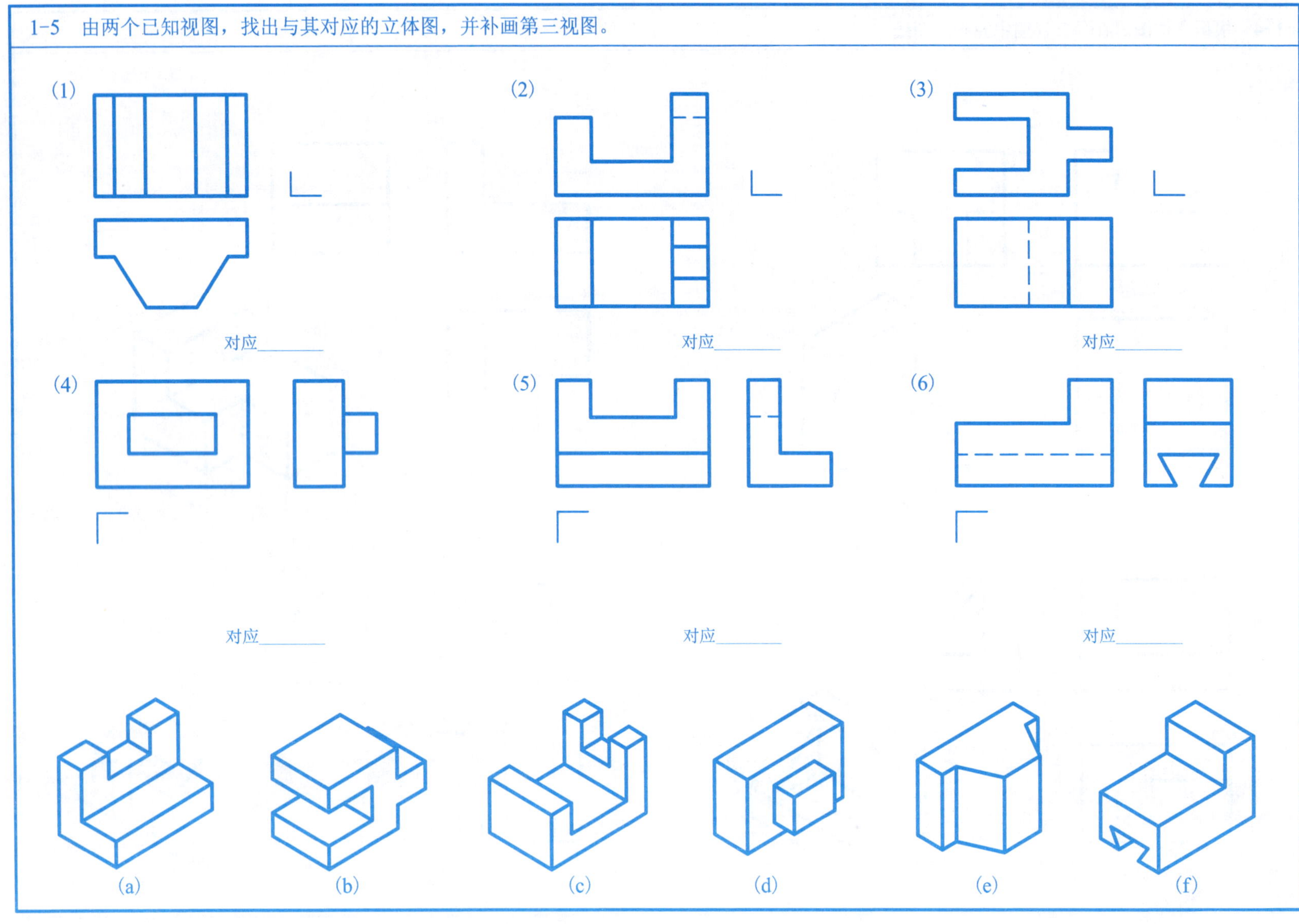

班级______学号______姓名________

2-1　字体练习。

机 械 制 图 标 准 重 量 材 料 比 例 名 称 序 号 日 期 共 第 张

表 面 粗 糙 度 展 开 标 注 示 例 尺 寸 处 理 普 通 平 键 滑 块 泵 壳 压 板 槽 形 半 沉 头

0 1 2 3 4 5 6 7 8 9 R

A B C D E F G H I J K L M N O P Q R S T U V W X Y Z

班级______学号______姓名________

备注结构分析摆线销数螺栓钉母弹簧垫圈蜗轮衬
其余后视光六角头型术旋转拆卸套筒尾架密封活塞球作图原理轴承座
0 1 2 3 4 5 6 7 8 9 φ a b c d e f g h i j k l m n o p q r s t u v w x y z α β γ δ π

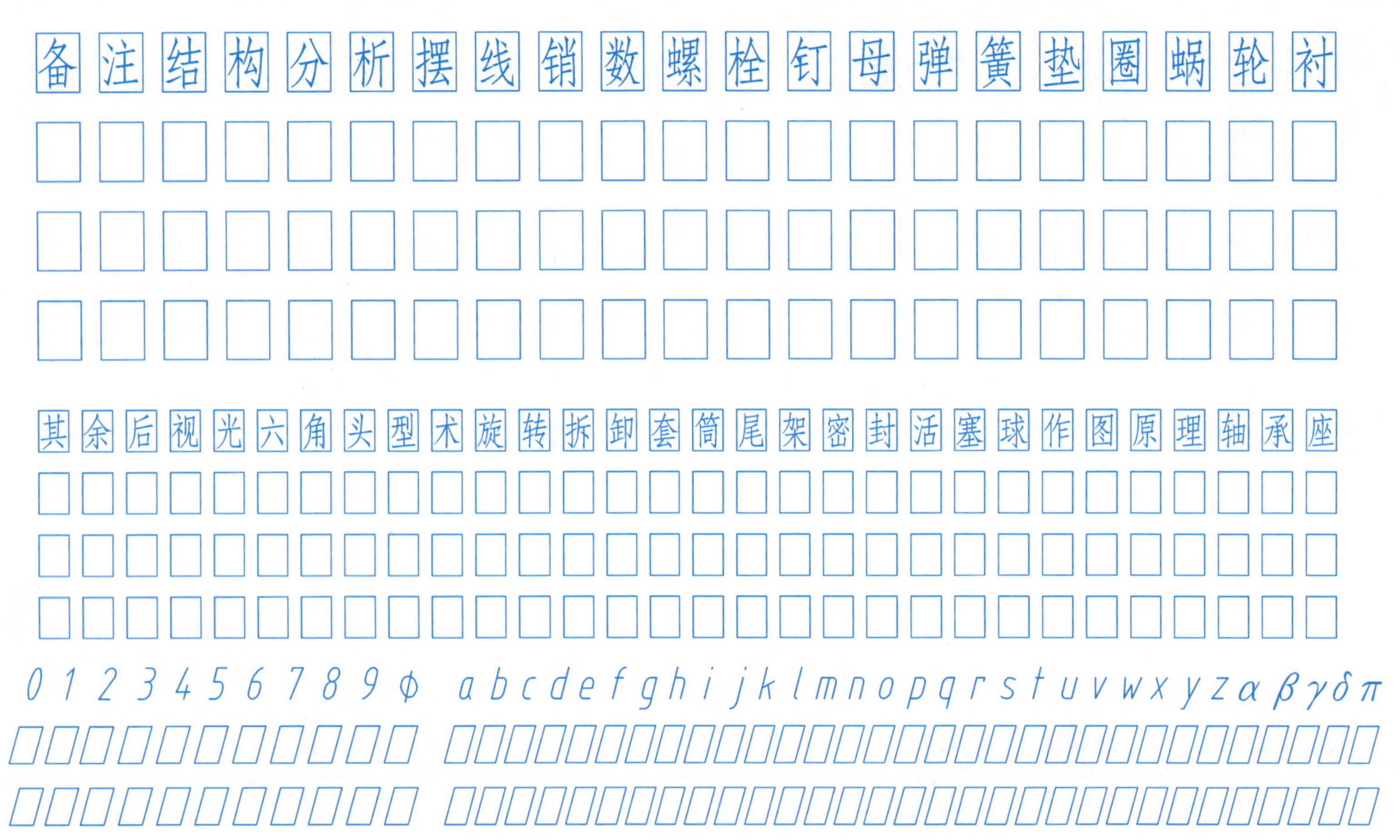

班级______ 学号______ 姓名________

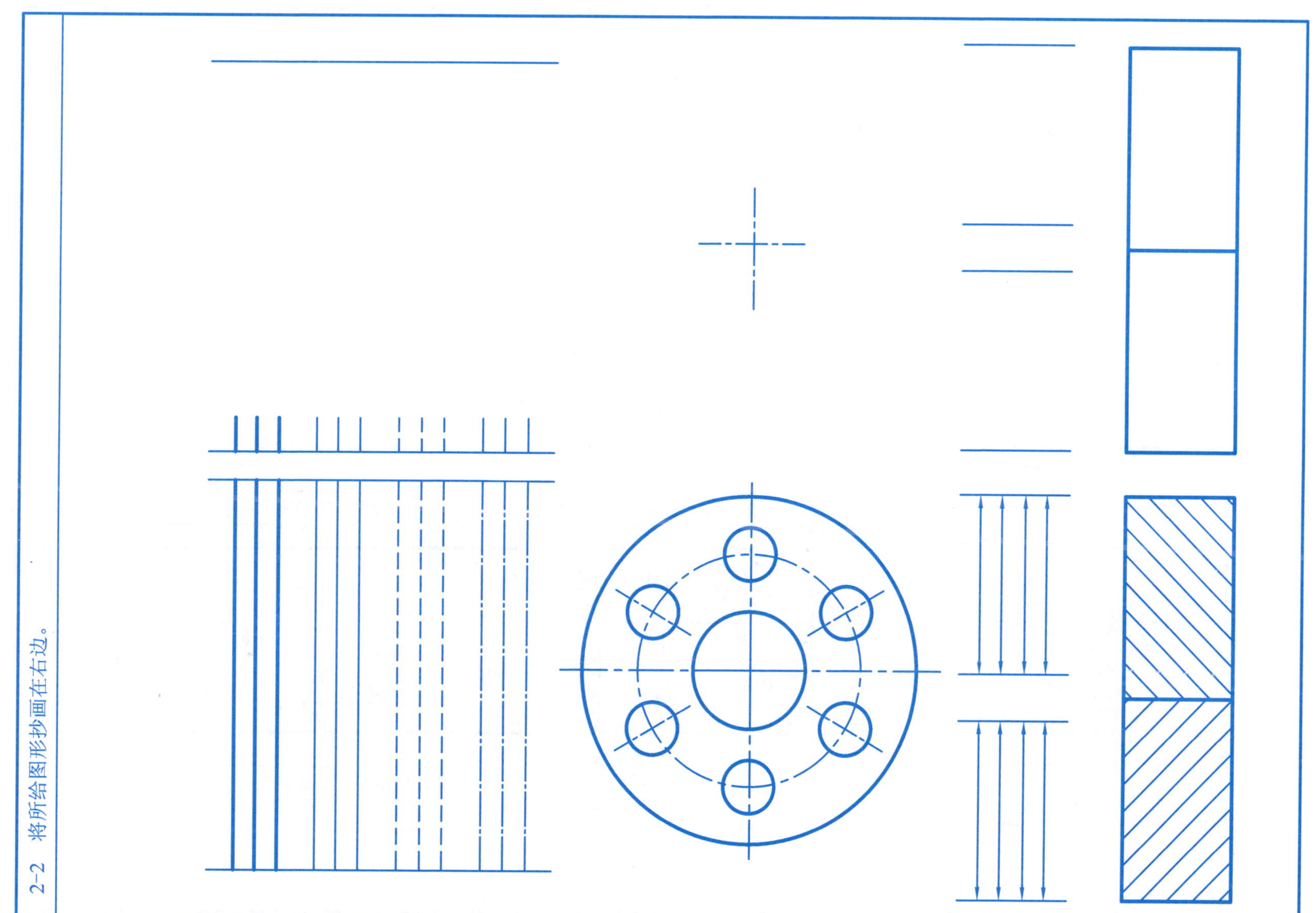

2-2 将所给图形抄画在右边。

班级______ 学号______ 姓名________

2-3　线型练习(第一次制图作业)。

一、作业内容

按1:1的比例在A4幅面的图纸上抄画第9页题2-3的图形。

二、作业目的与要求

根据GB/T 17450—1998和GB/T 4457.4—2002有关规定学习绘制各种图线。学习制图仪器、工具的使用方法。

三、作业提示

(1)用A4幅面图纸一张，竖放，固定在图板上。

(2)按国家标准规定，画出图框，并在右下方画出标题栏（图Ⅰ）。标题栏格式、尺寸见教材图2-6。

(3)抄画图形。画图时，先在图纸中部适当位置定一圆心，画圆。然后画上部的6条线。再画下部矩形。最后检查、加深。

(4)填写标题栏。画完图后，将图的名称、比例、制图者的姓名等填写在标题栏内（图Ⅱ），字体要按国家标准规定认真书写。

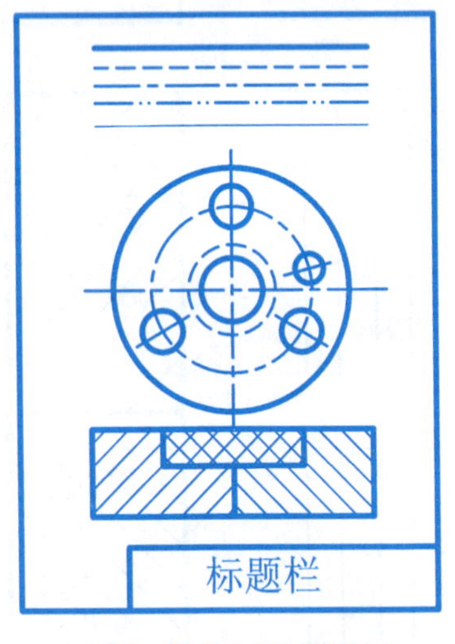

图Ⅰ　图框和标题栏示例

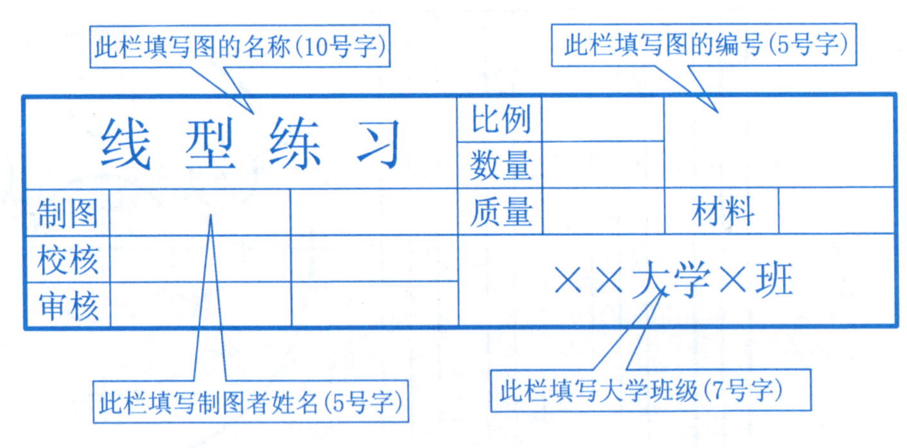

图Ⅱ　标题栏填写说明

班级______学号______姓名________

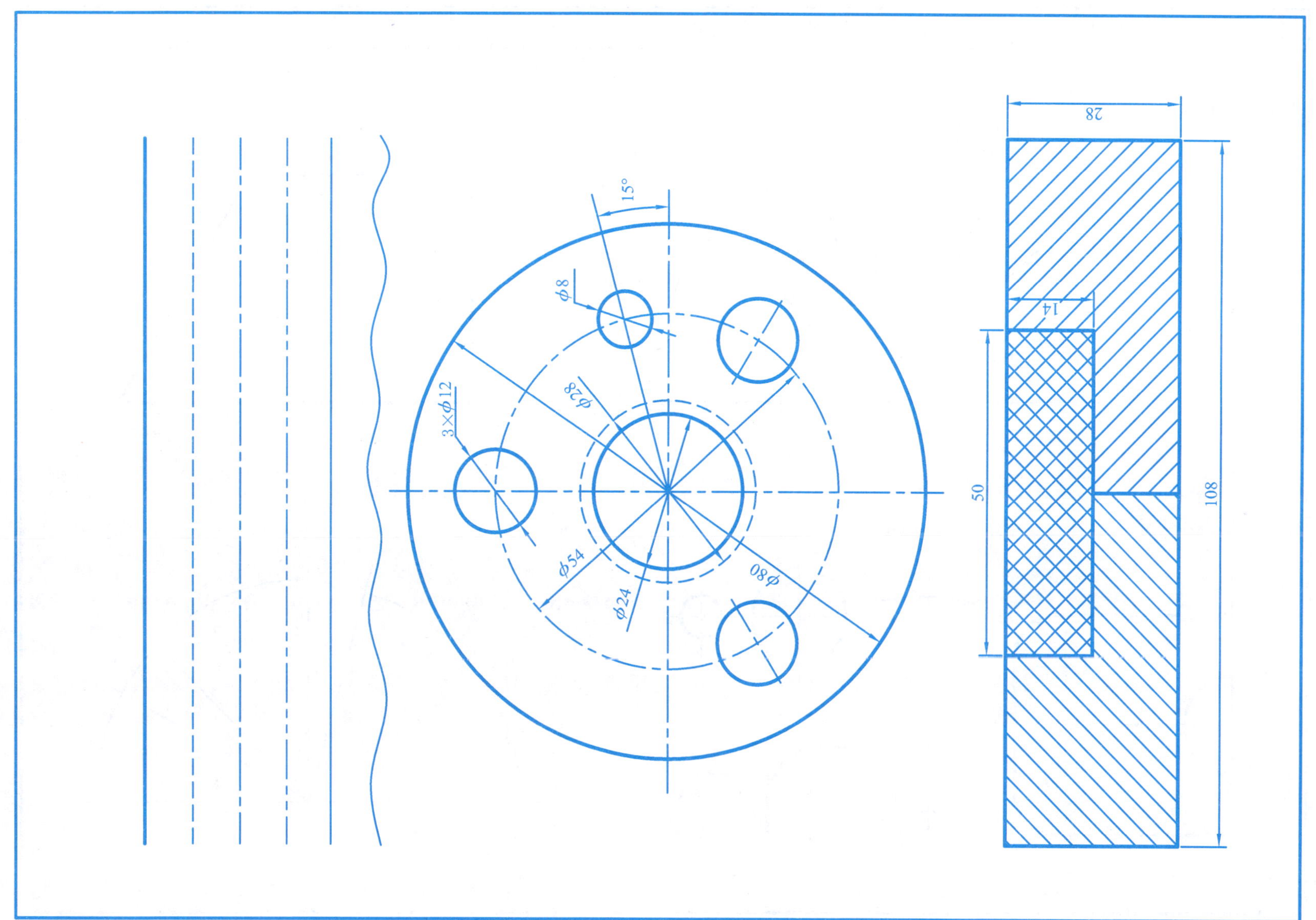

班级______学号______姓名________

2-4 尺寸标注练习：填注下列图形中的尺寸，数值从图中量取(取整数)。

(1)线性尺寸。

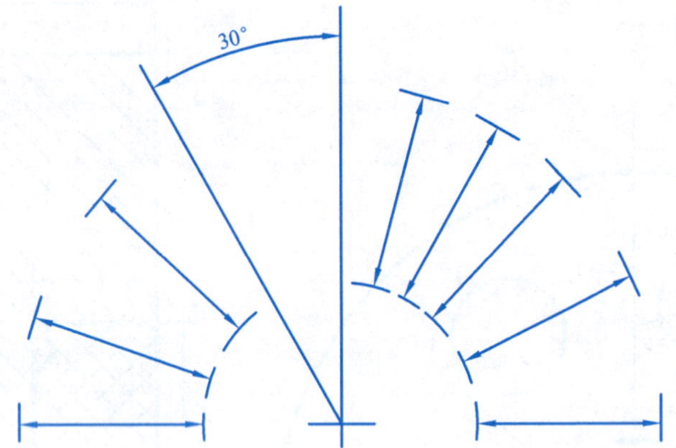

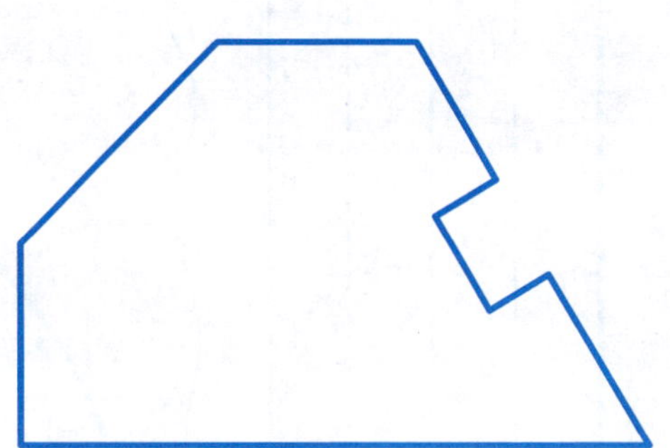

(2)圆的直径和半径。

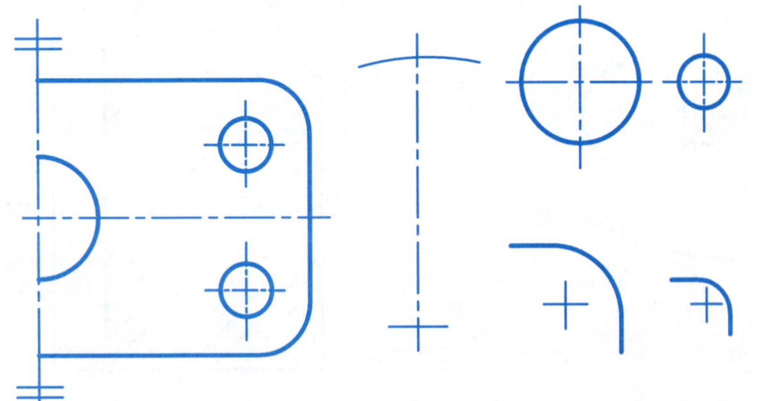

(3)角度尺寸。

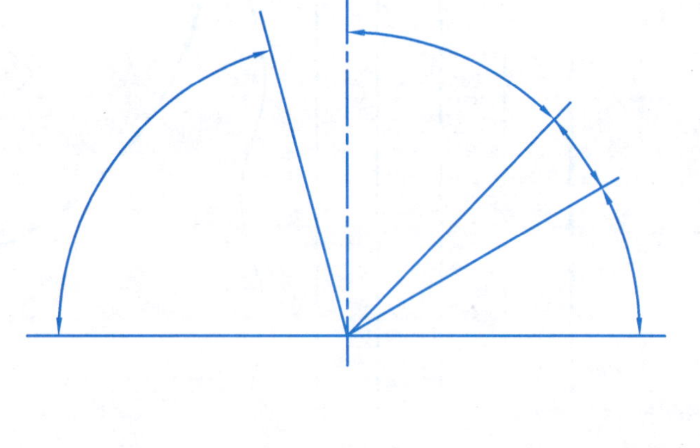

班级______学号______姓名________

2-5　锥度、斜度练习：给定尺寸，用1:1的比例将下列两图抄画在右边。

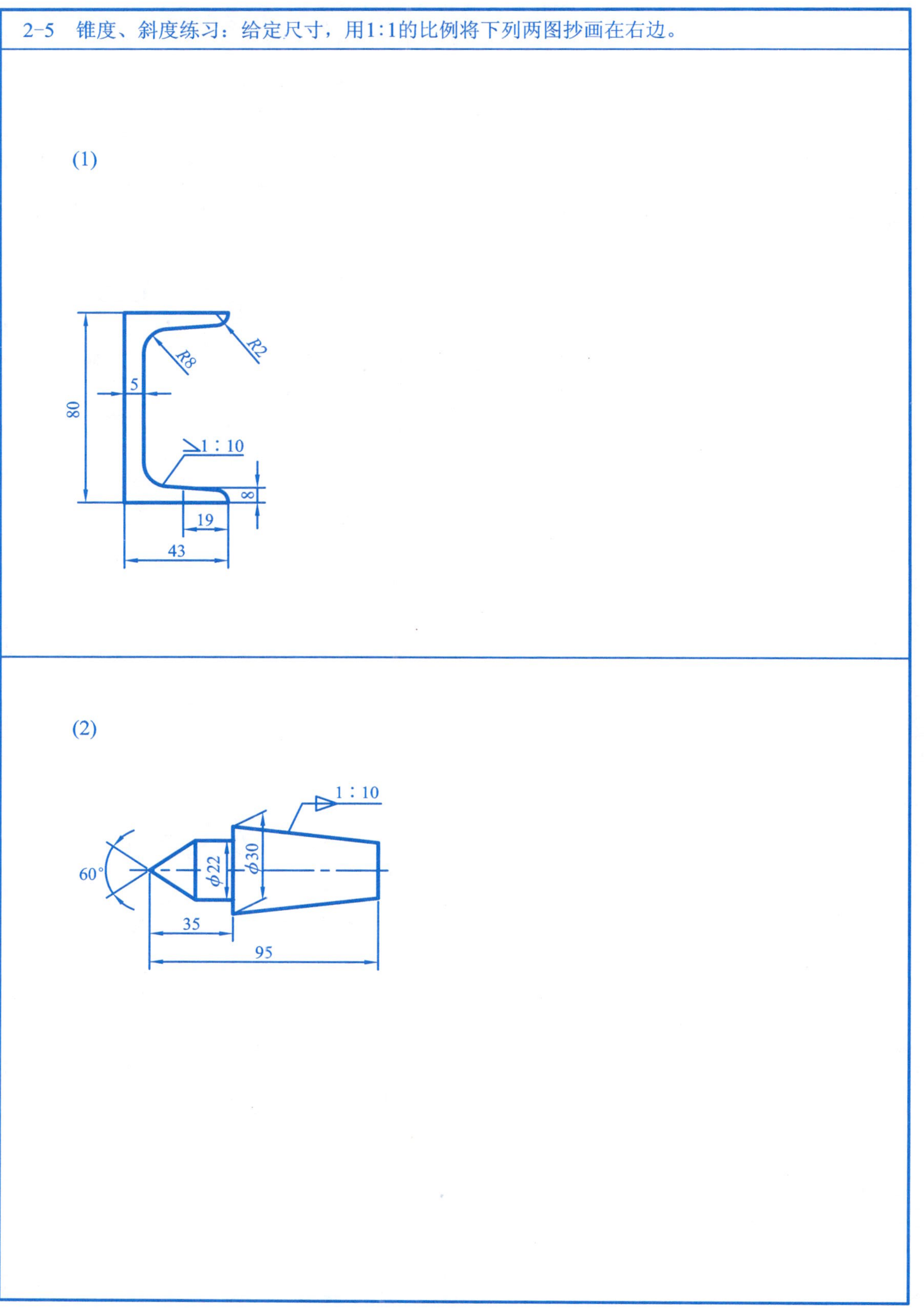

班级______学号______姓名________

2-6 标注下列平面图形的尺寸(数值按1:1从图中量取整数)。

2-7 指出图(1)中尺寸标注的错误，并在图(2)中进行正确的标注。

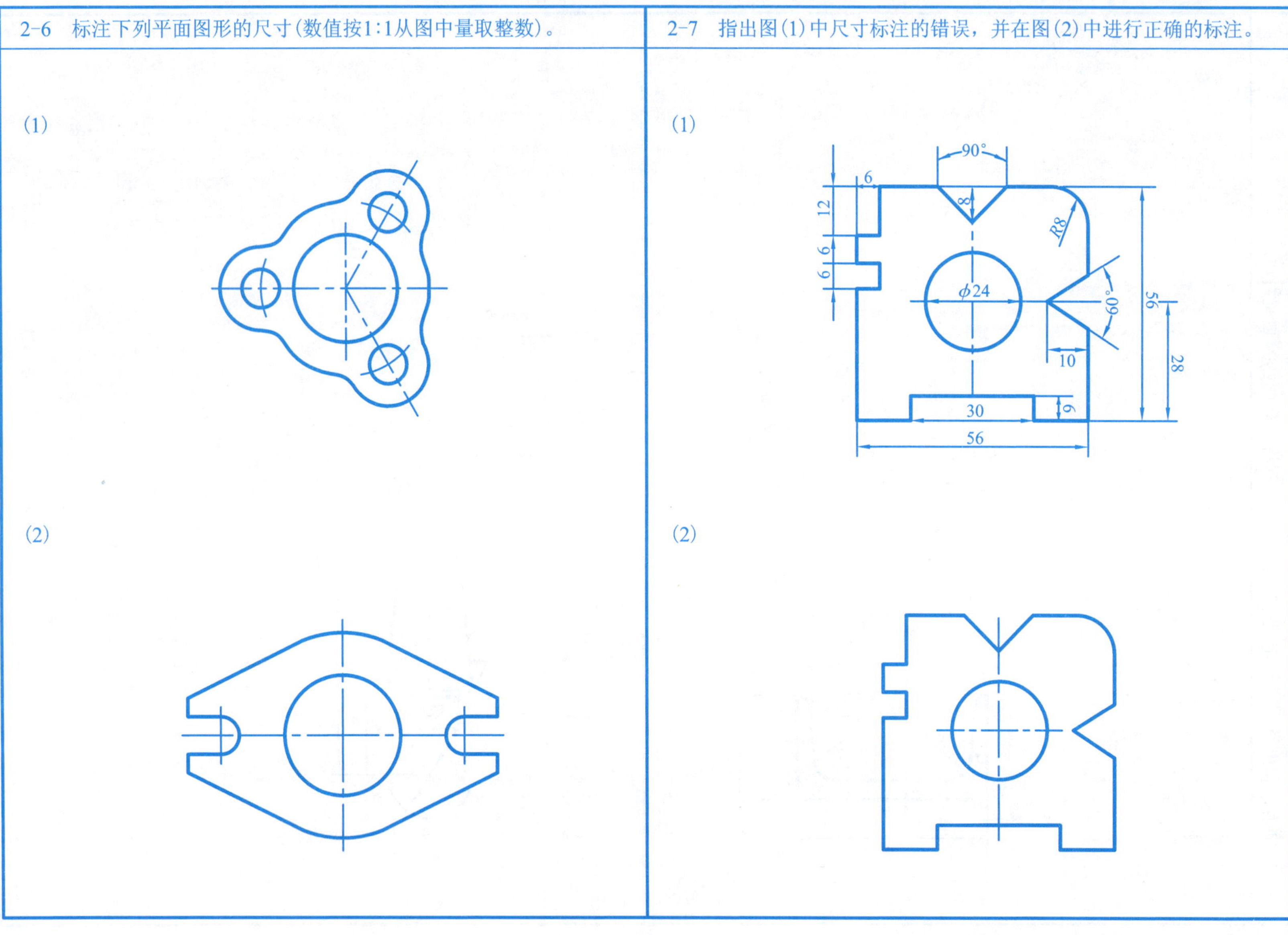

班级______学号______姓名________

2-8 圆弧连接(第二次制图作业)。

一、作业内容

按给定尺寸用1∶1的比例在A4幅面的图纸上抄画第14页题2-8中(1)或(2)的图形，并标注尺寸。

二、作业目的与要求

掌握圆弧连接的作图方法，学习对平面图形的尺寸分析，熟悉GB/T 4458.4—2003尺寸注法的有关规定。

三、作业提示

(1)用A4幅面图纸一张，横放(图Ⅰ)或竖放(图Ⅱ)，画图框、标题栏。

(2)作图方法、步骤见教材中的几何作图部分。

(3)填写标题栏。

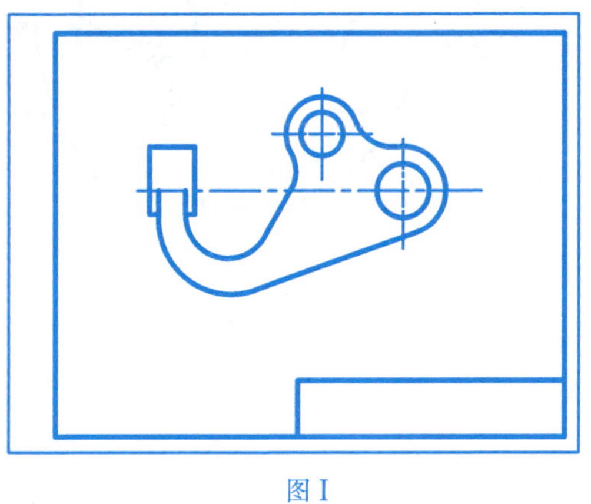

图Ⅰ

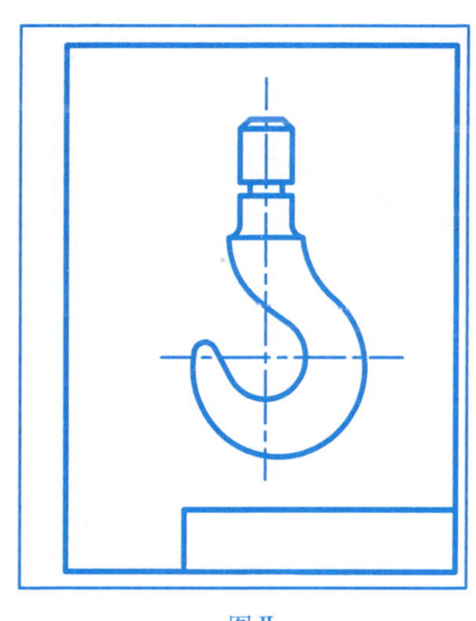

图Ⅱ

班级______学号______姓名________

(1)

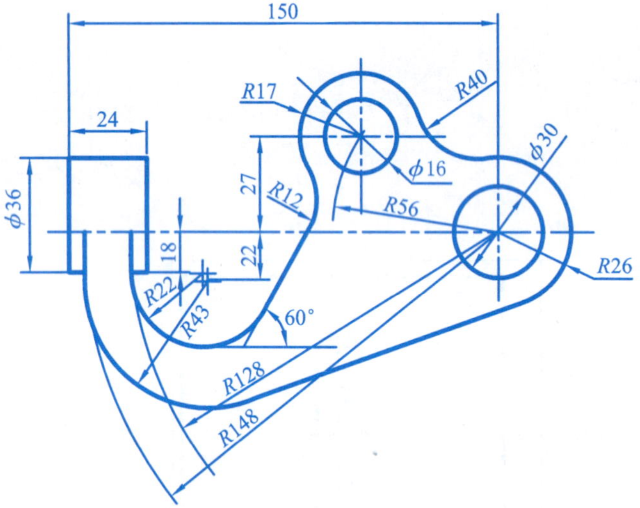

150
24
R17
R40
φ30
φ16
27
R12
R56
φ36
18
22
R26
R22
R43
60°
R128
R148

(2)

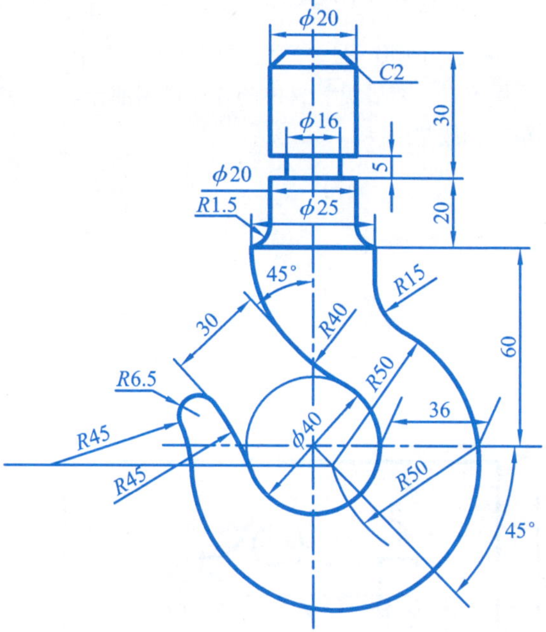

φ20
C2
30
φ16
5
φ20
R1.5
φ25
20
45°
R15
30
R40
60
R50
R6.5
φ40
36
R45
R45
R50
45°

班级______学号______姓名________

2-9　草图练习：在坐标格子上徒手画出下列平面图形。

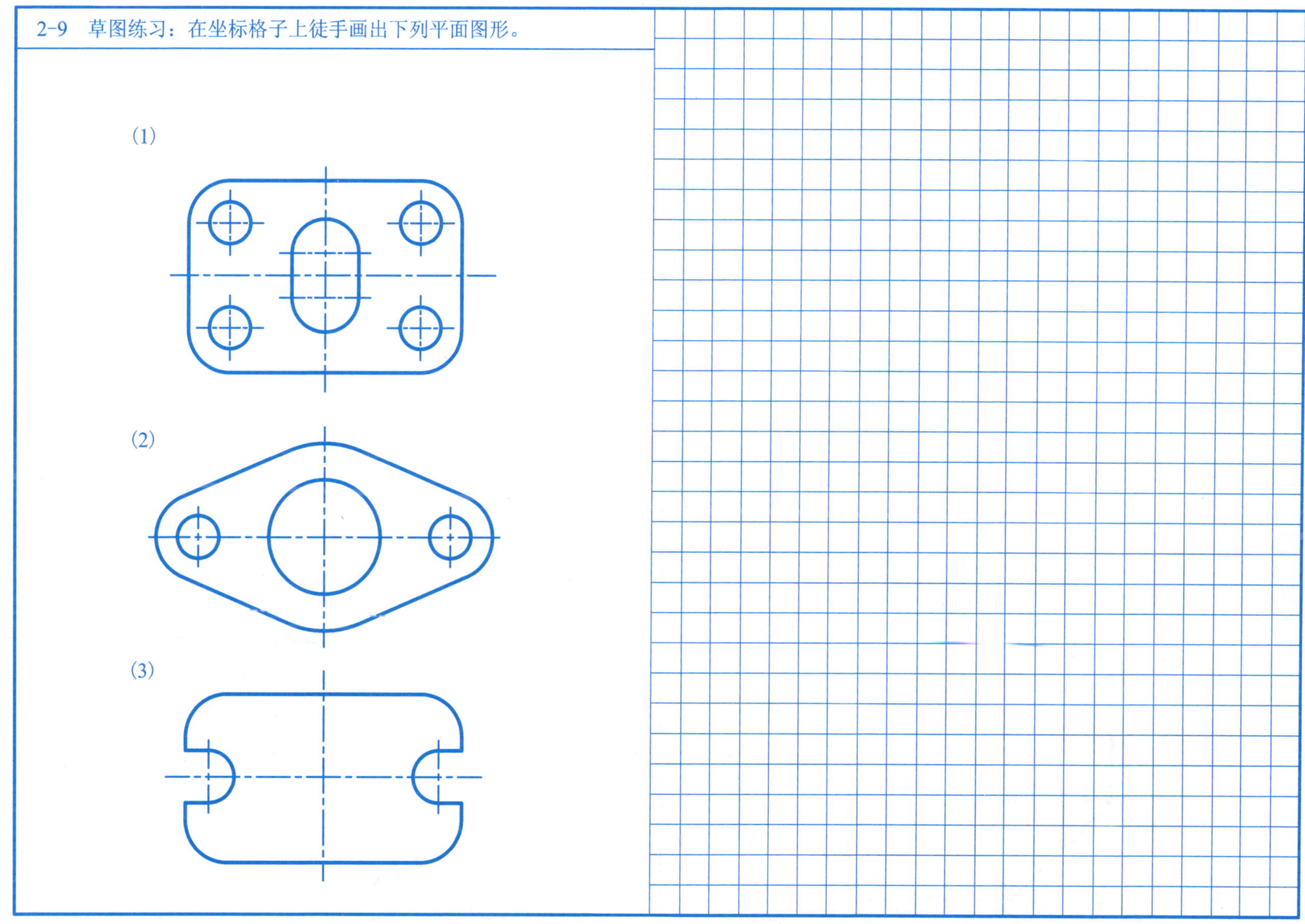

班级______学号______姓名________

3-1 已知A、B、C各点到投影面的距离，画出它们的三面投影图和立体图。

	距V面	距H面	距W面
A	10	15	15
B	15	0	20
C	0	15	10

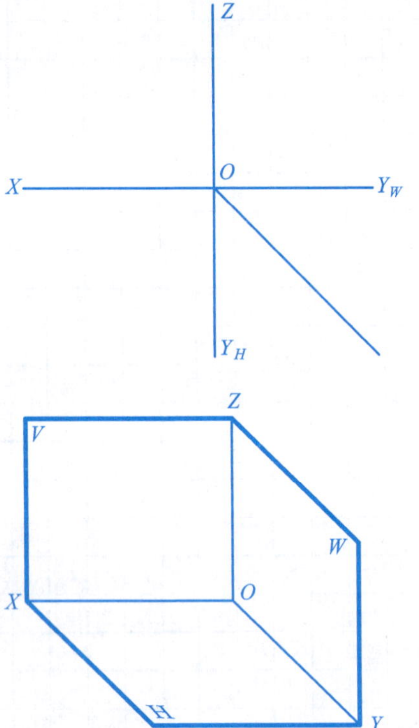

3-2 根据立体图求作各点的三面投影。

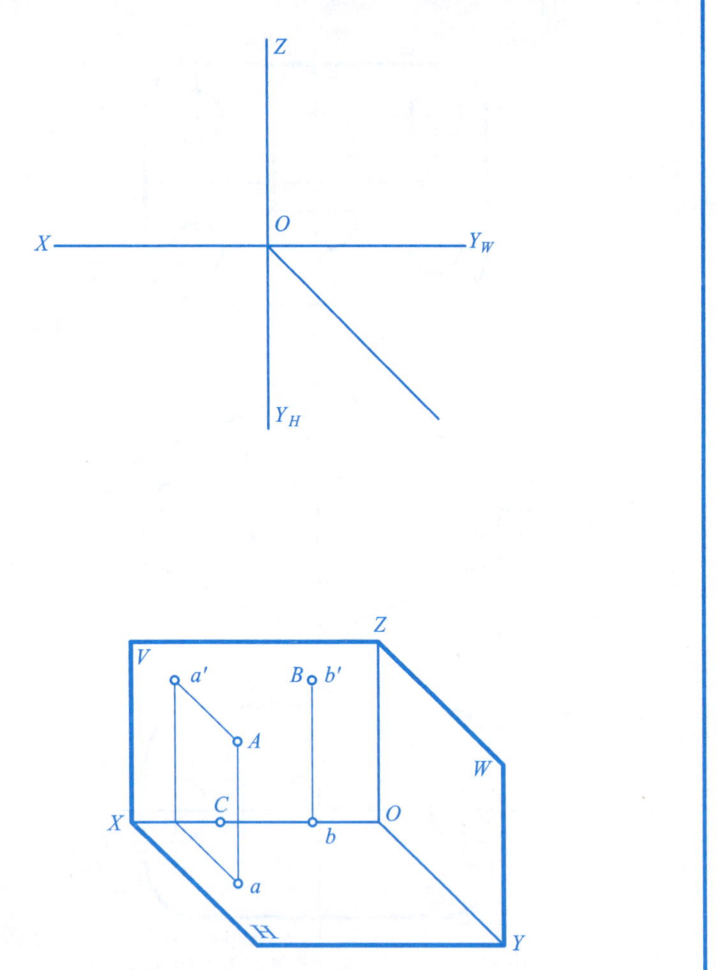

班级______学号______姓名________

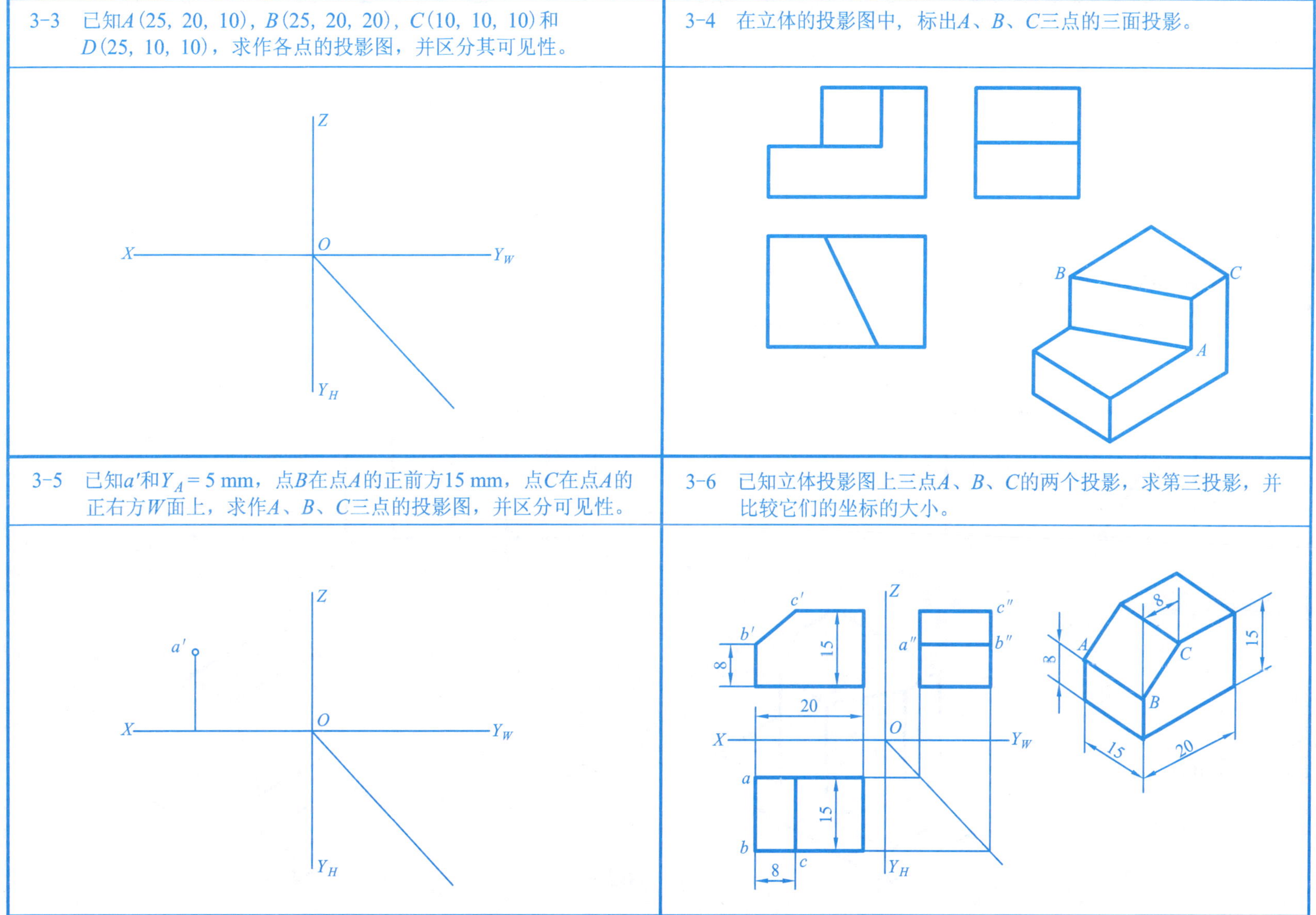

3-3 已知A(25，20，10)，B(25，20，20)，C(10，10，10)和D(25，10，10)，求作各点的投影图，并区分其可见性。

3-4 在立体的投影图中，标出A、B、C三点的三面投影。

3-5 已知a'和$Y_A=5$ mm，点B在点A的正前方15 mm，点C在点A的正右方W面上，求作A、B、C三点的投影图，并区分可见性。

3-6 已知立体投影图上三点A、B、C的两个投影，求第三投影，并比较它们的坐标的大小。

班级______学号______姓名________

3-7 在立体图中标出C、D两点，并判断其相对位置。

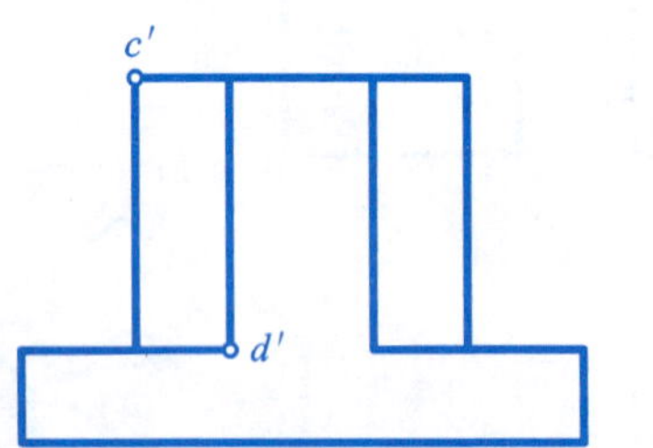

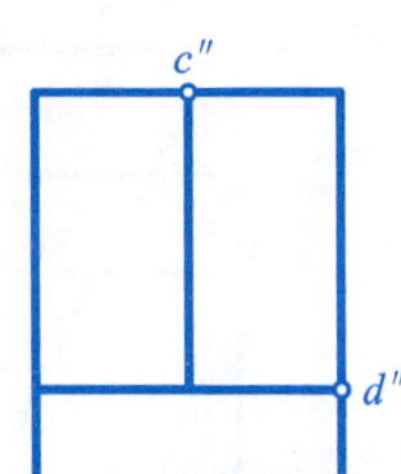

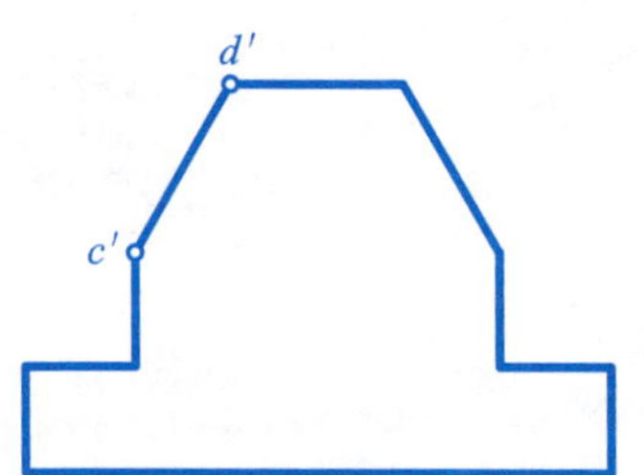

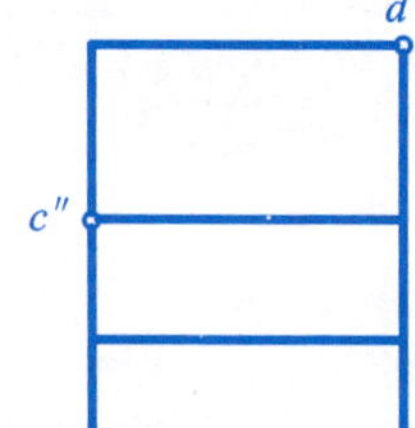

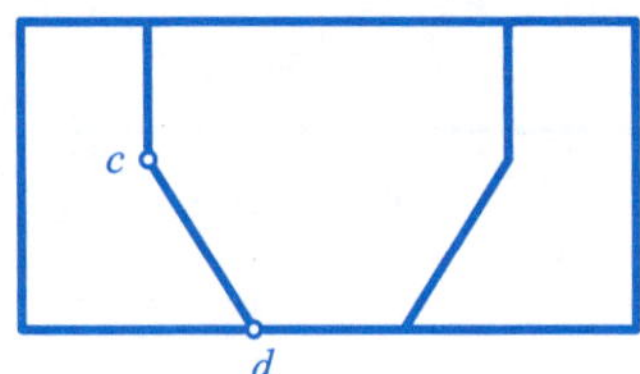

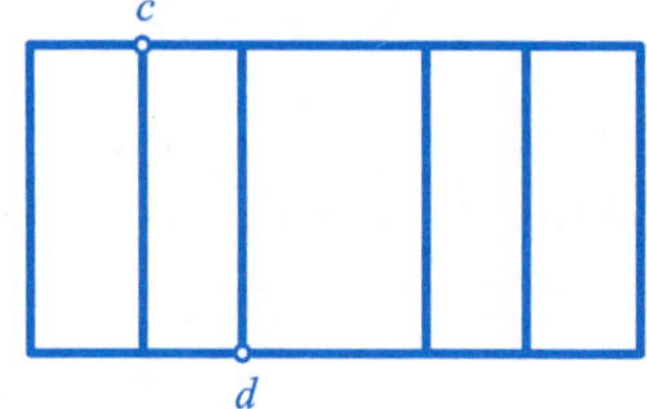

C点在D点之＿＿＿＿＿＿；

C点在D点之＿＿＿＿＿＿；

C点在D点之＿＿＿＿＿＿。

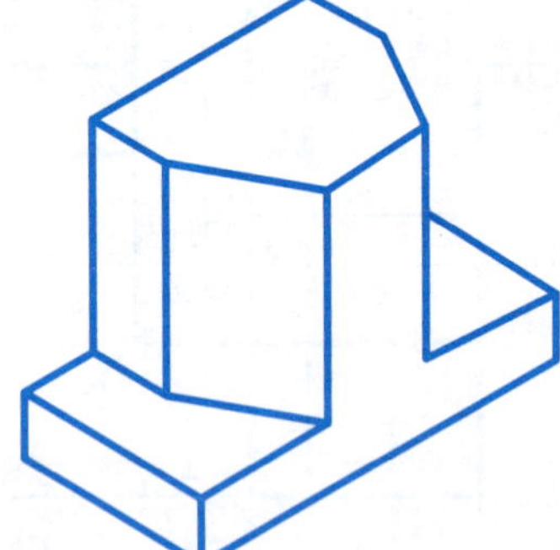

C点在D点之＿＿＿＿＿＿；

C点在D点之＿＿＿＿＿＿；

C点在D点之＿＿＿＿＿＿。

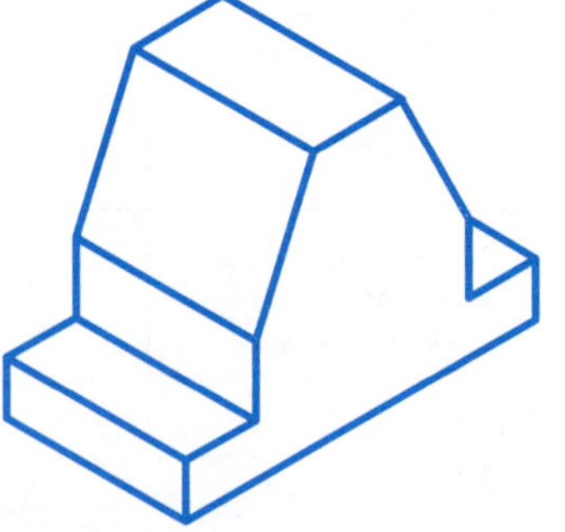

班级＿＿＿＿学号＿＿＿＿姓名＿＿＿＿

3-8　已知线段端点的坐标为$A(10, 25, 25)$，$B(25, 15, 10)$，求作直线的三面投影，并在AB上取C点，使$AC:CB=2$。

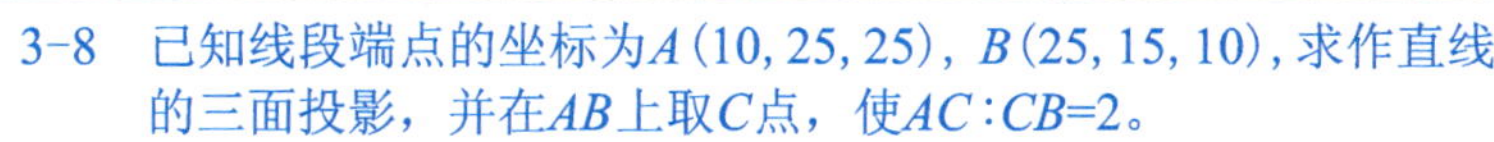

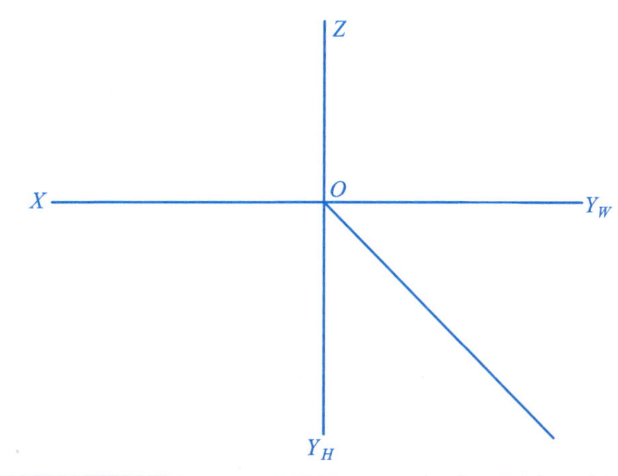

3-9　读懂三面投影图，把立体图上的直线AB、BC、CD、DE、EF的三面投影标出，并说明上述直线是哪一类直线（填入括号内）。

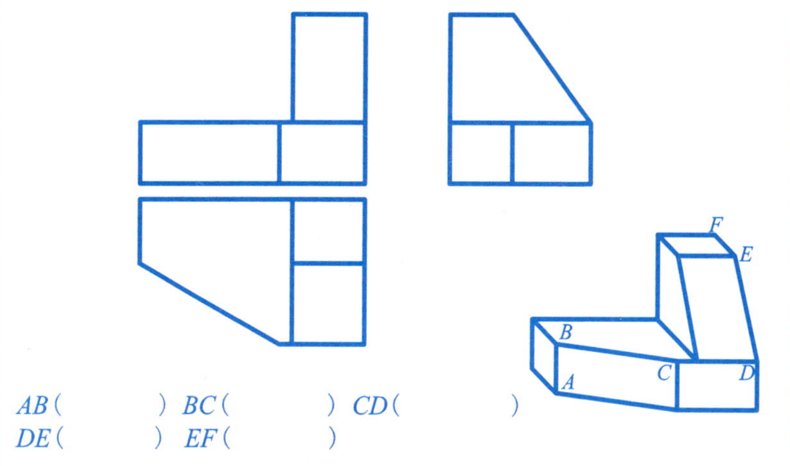

AB（　　　　）BC（　　　　）CD（　　　　）

DE（　　　　）EF（　　　　）

3-10　求作直线AB、CD的三面投影。

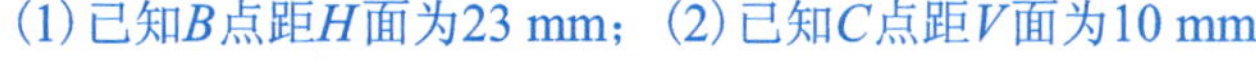

（1）已知B点距H面为23 mm；（2）已知C点距V面为10 mm。

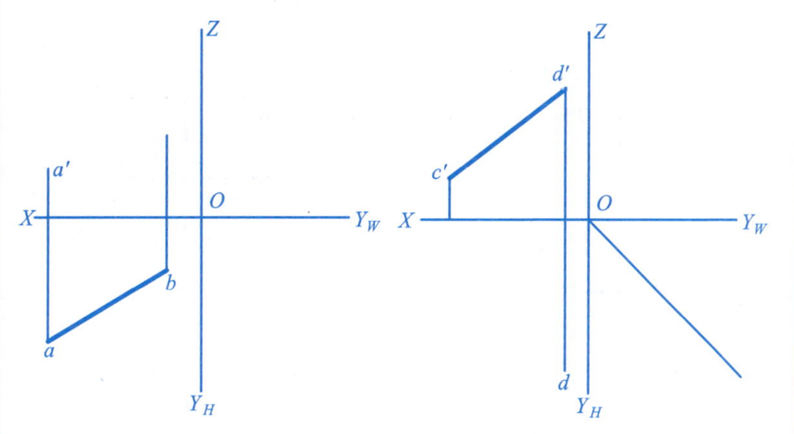

3-11　已知正三棱锥的两面投影。

（1）求作第三投影；（2）判别SA、SB是什么位置直线。

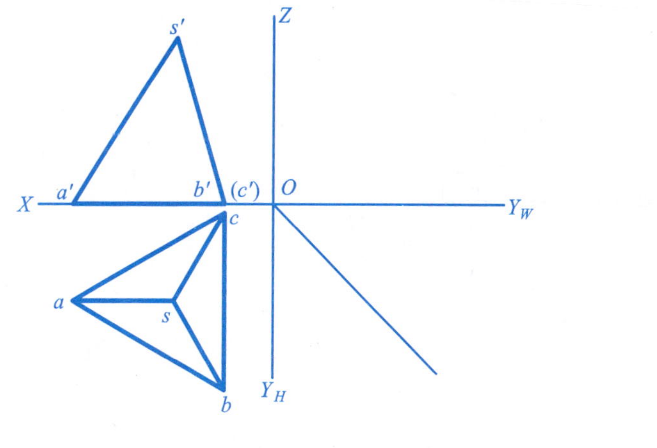

班级＿＿＿＿学号＿＿＿＿姓名＿＿＿＿＿

3-12　作下列直线的三面投影。

(1) 水平线*AB*，从点*A*向左、向前，$\beta=30°$，长18 mm。(2) 正垂线*CD*，从点*C*向后，长15 mm。

(1)

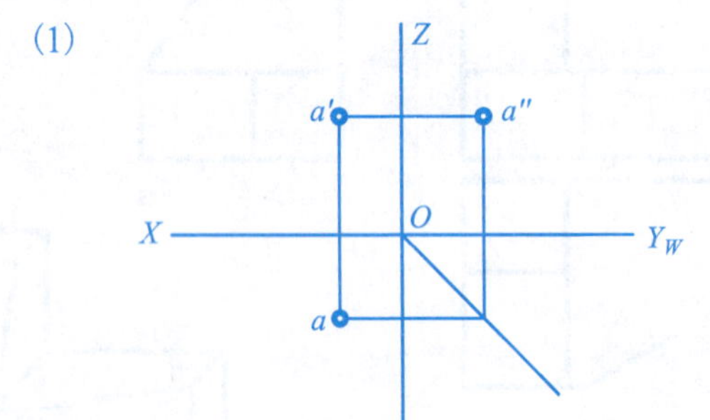

(2)

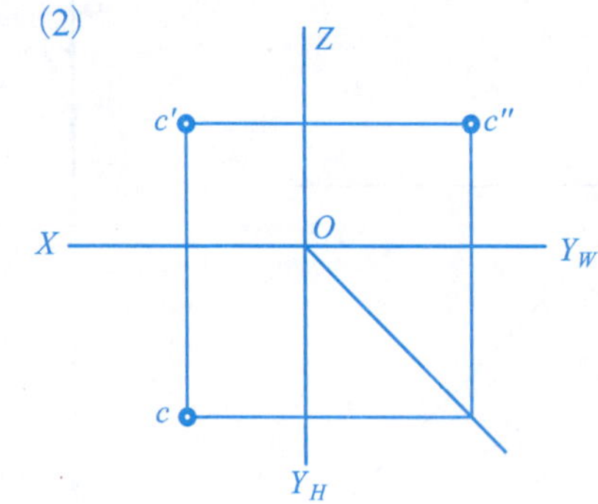

3-13　判断*AB*、*CD*的相对位置。

(1)

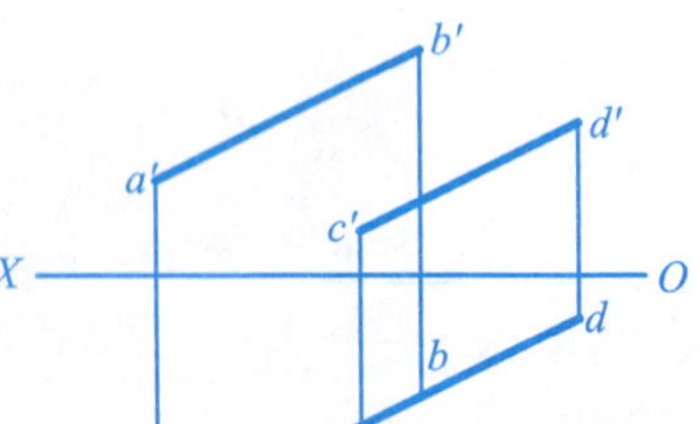

(2)

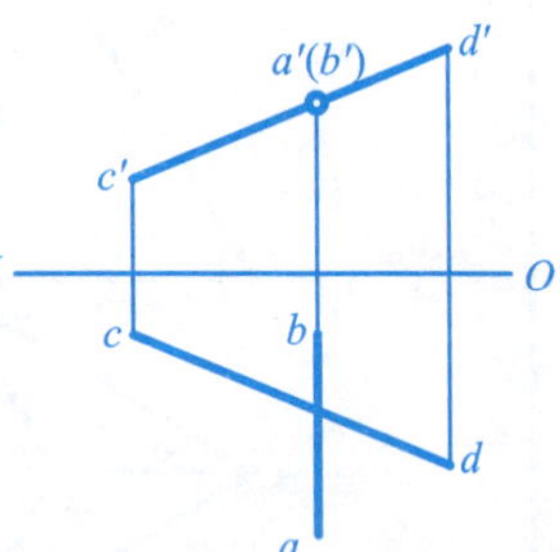

(3)

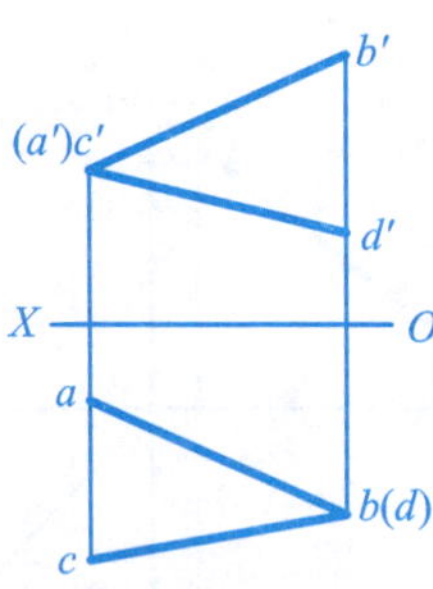

(4)

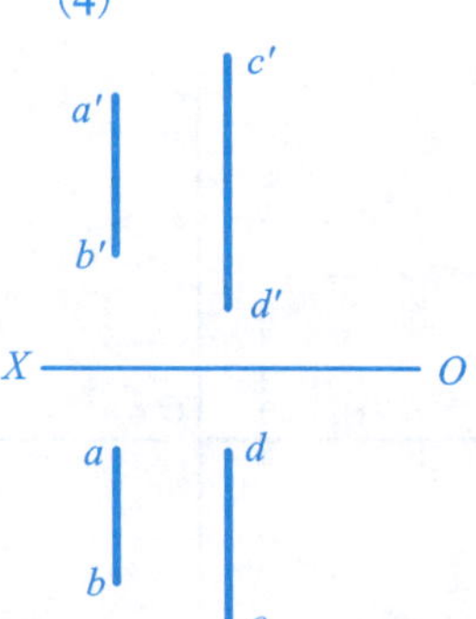

班级______学号______姓名________

3-14　分别在图(1)、图(2)、图(3)中，由点A作直线AB与CD相交，交点E距H面10 mm。

(1)

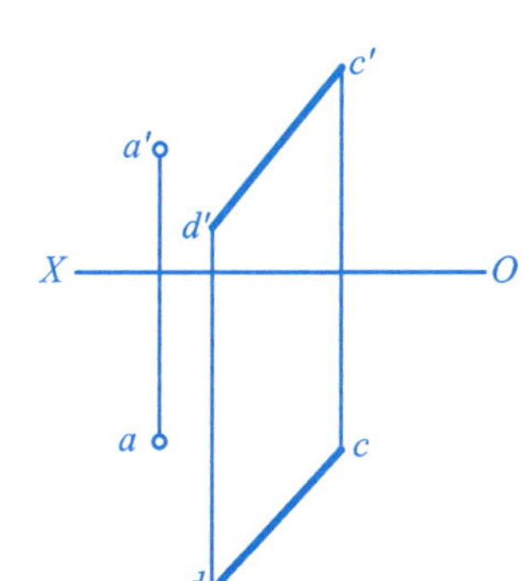

(2)

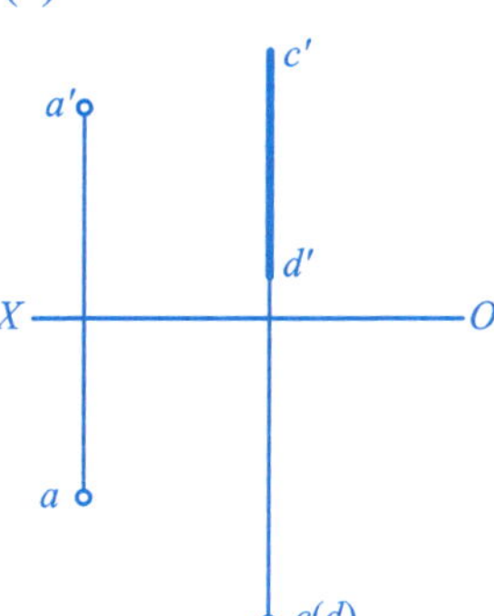

(3)

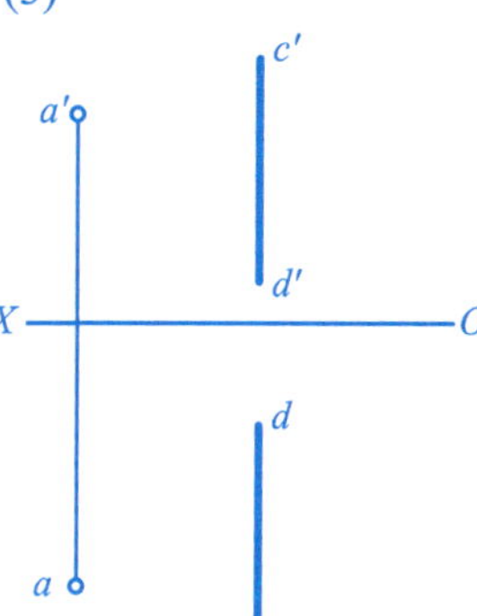

3-15　作直线AB的两面投影。

(1) AB与PQ平行，且与PQ同向。(2) AB与PQ平行，且分别与EF、GH相交于A、B。

(1)

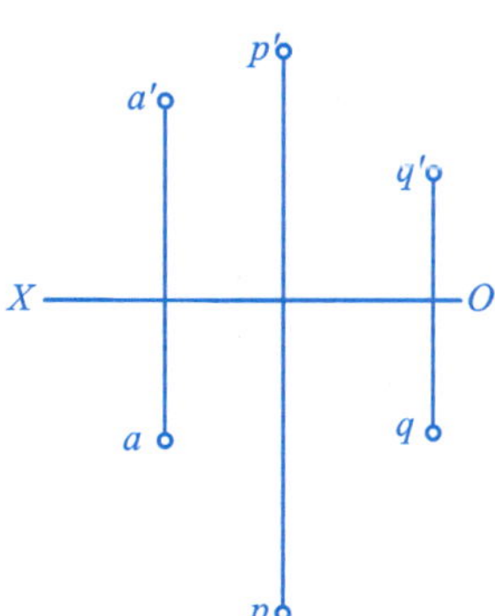

(2)

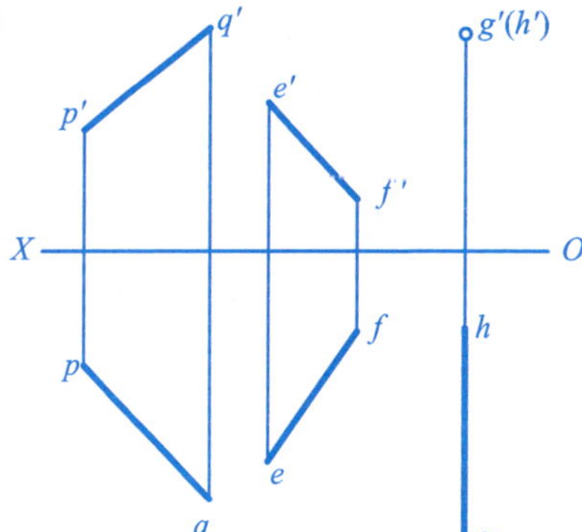

班级______学号______姓名________

3-16　已知平面的两个投影，求其第三投影，并说明该平面是何种位置平面，填写在对应的括号中。

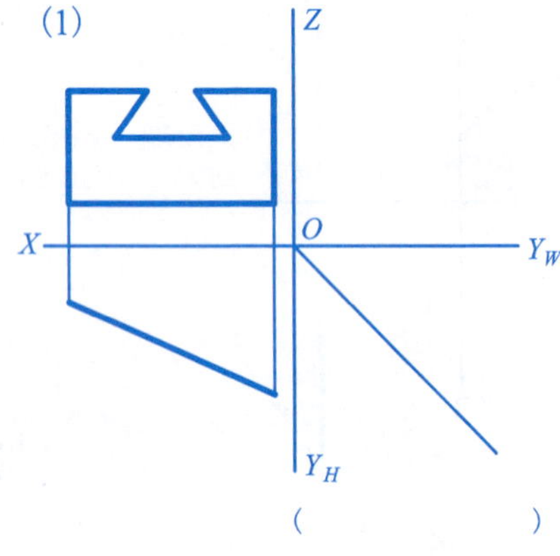

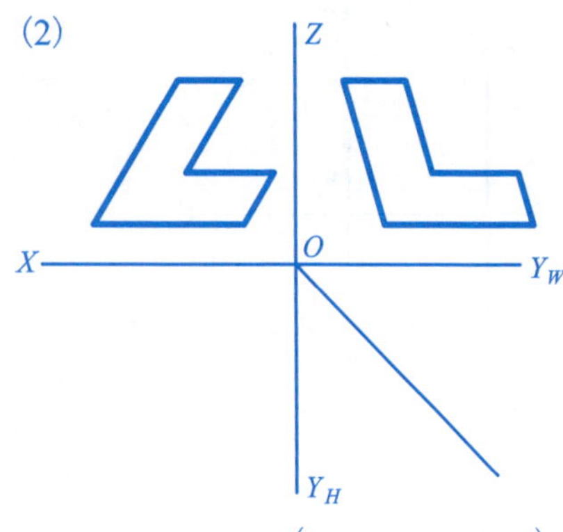

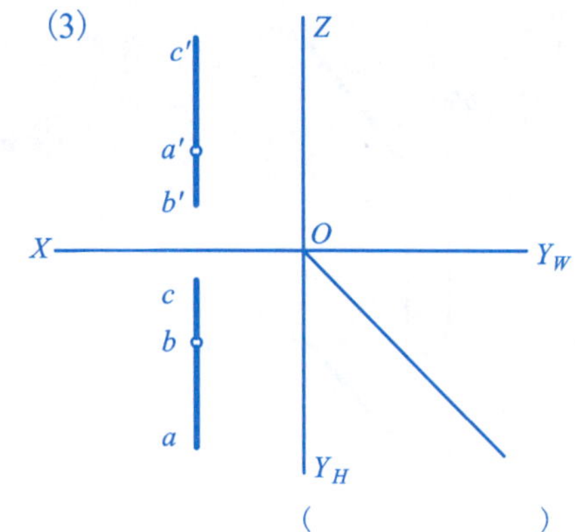

3-17　按已知条件完成平面的投影。

(1)铅垂面β=30°。(2)正平面。(3)侧垂面α=60°。

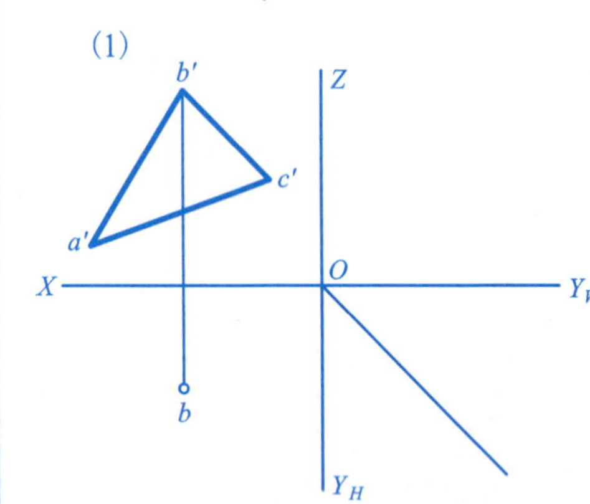

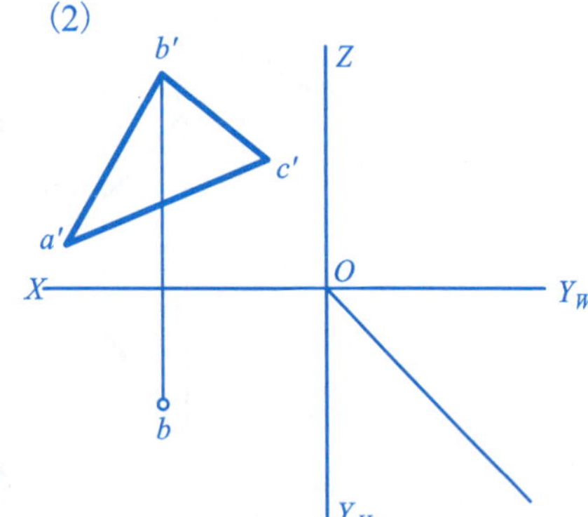

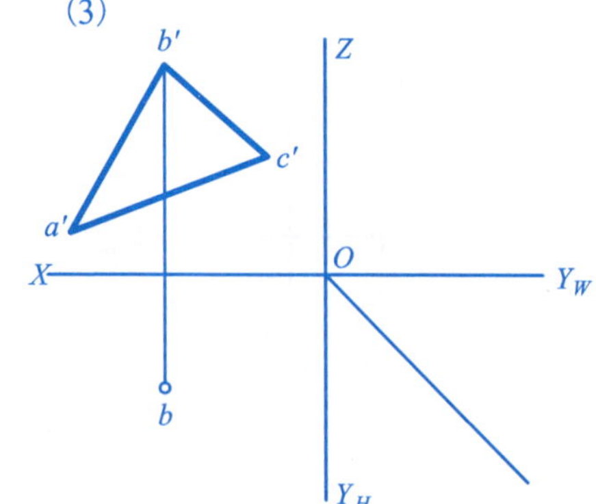

班级______学号______姓名________

3-18 注出P、Q平面和AB、CD直线的另两个投影，填上平面和直线的名称。

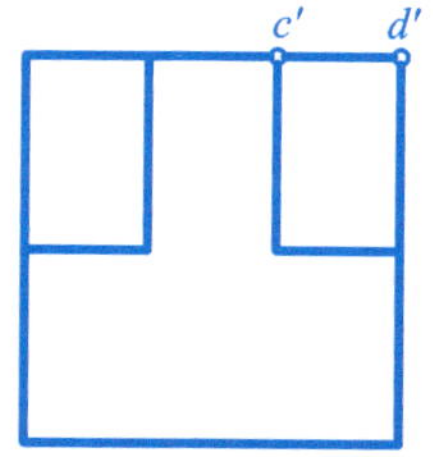

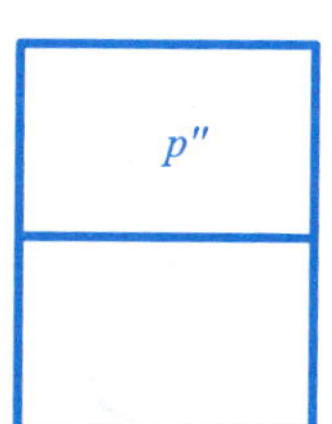

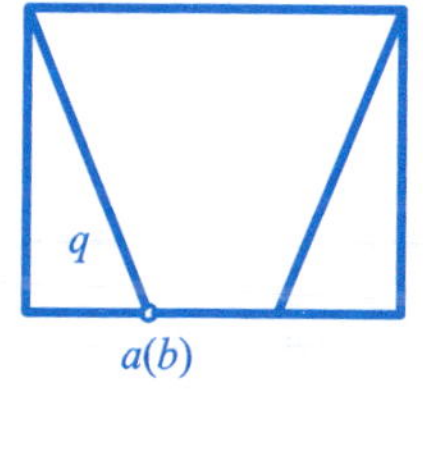

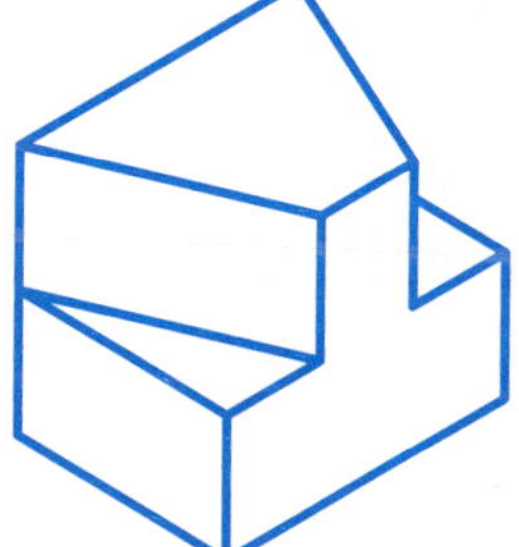

AB直线是________________线；

CD直线是________________线；

P平面是________________面；

Q平面是________________面。

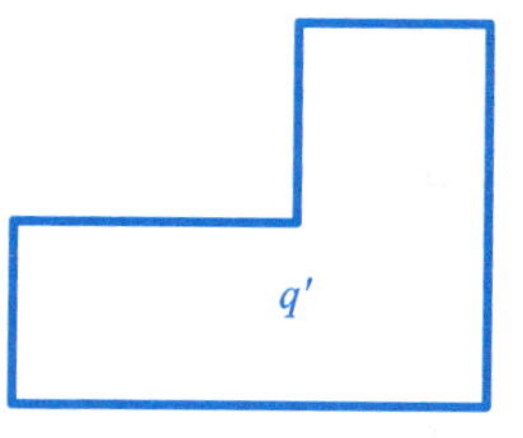

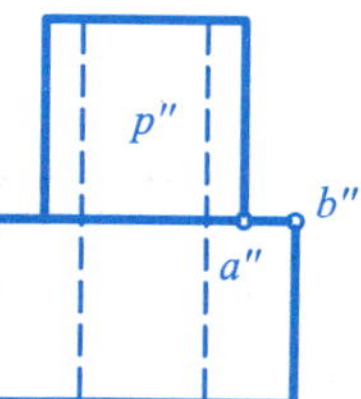

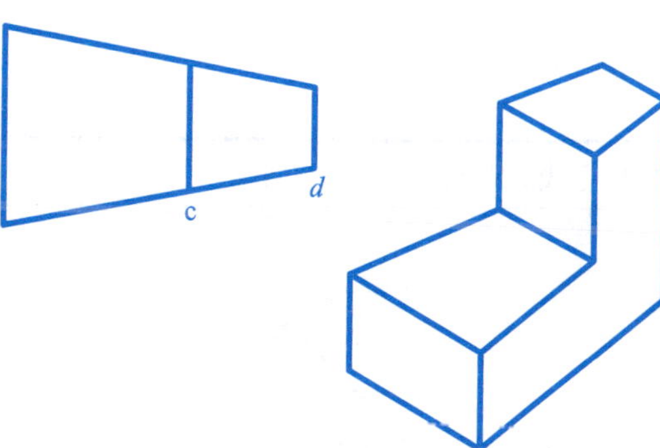

AB直线是________________线；

CD直线是________________线；

P平面是________________面；

Q平面是________________面。

班级______ 学号______ 姓名________

3-19　判断点A、B、C、D是否在同一平面上。

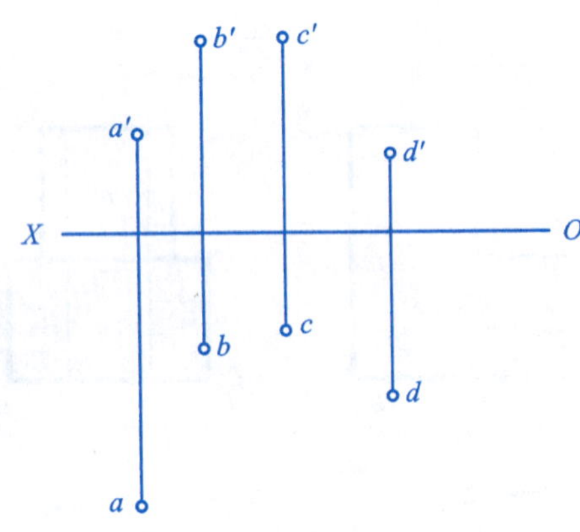

3-20　判断点D、E、F是否在△ABC平面上。

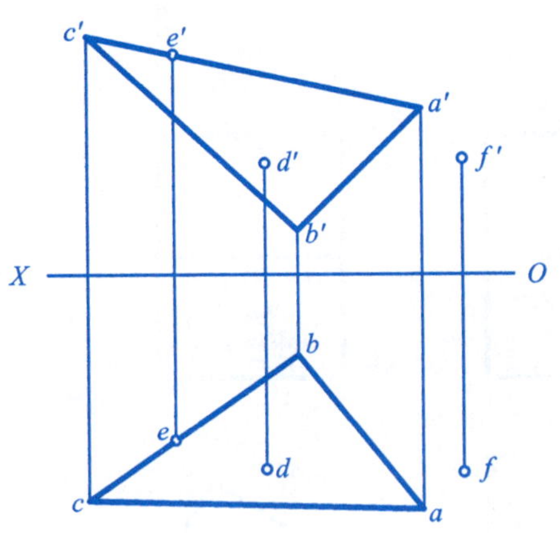

3-21　判断直线MS是否在△MHT平面上。

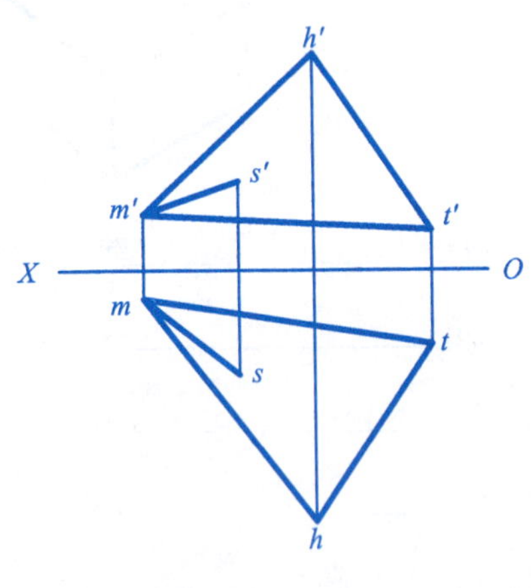

3-22　补全平面$PQRST$的两面投影。

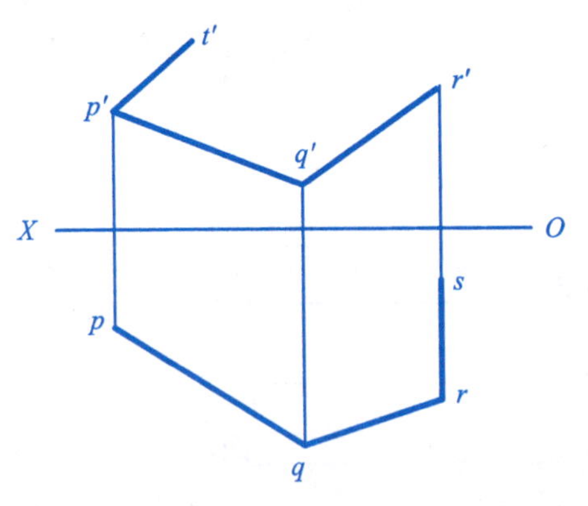

班级______学号______姓名________

3-23 已知△*ABC*的两面投影，求其侧面投影，并在平面*ABC*内取点*K*，使*K*距*H*面15 mm，距*V*面10 mm。

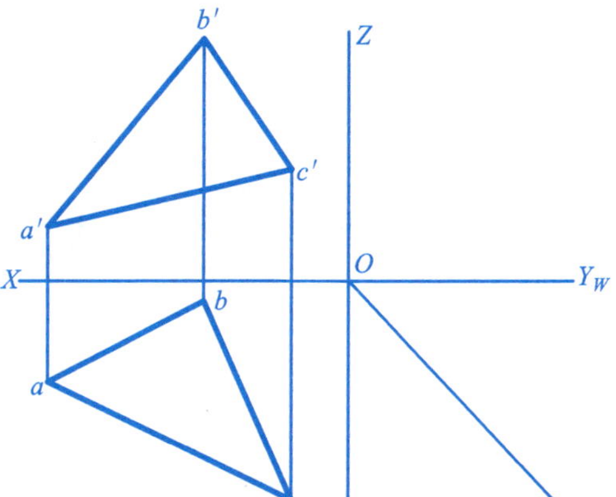

3-24 已知五边形*ABCDE*的对角线*BE*是正平线，试完成五边形的水平投影。

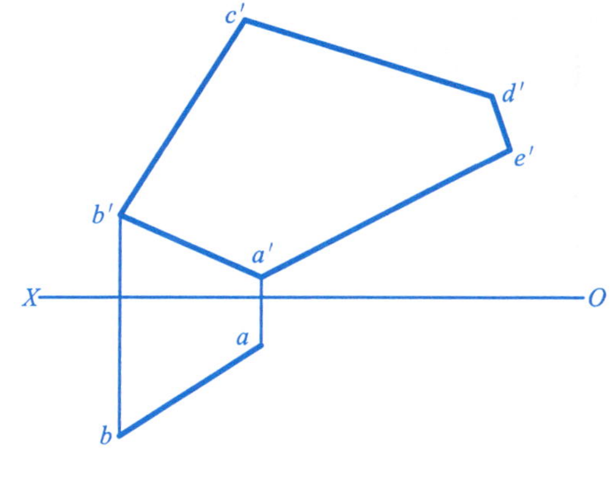

3-25 *AM*是△*ABC*平面内的正平线，*AN*是△*ABC*平面内的水平线，求作△*ABC*的水平投影。

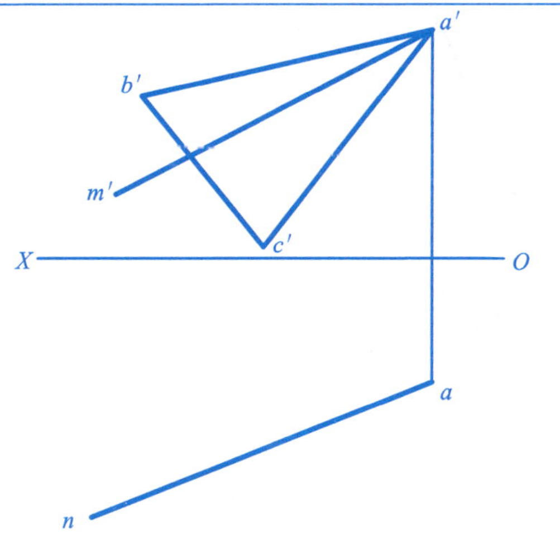

3-26 已知直线*AB*及*CD*在△*KMN*上，求作△*KMN*的*H*面投影。

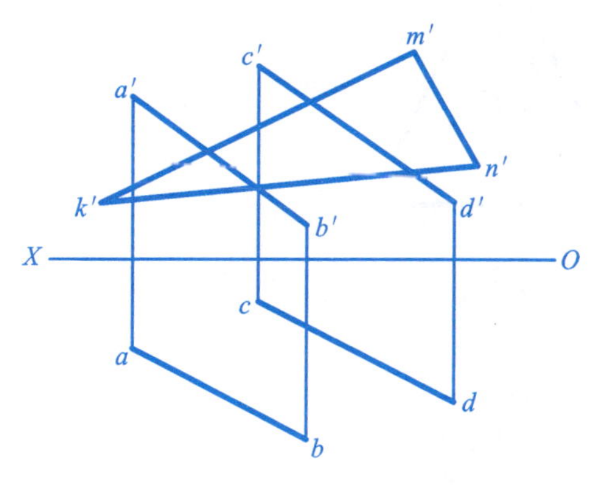

班级______学号______姓名________

4 立体及其表面交线的投影

4-1 画出下列各立体的第三投影及其表面上各点、线的另外两个投影。

(1)

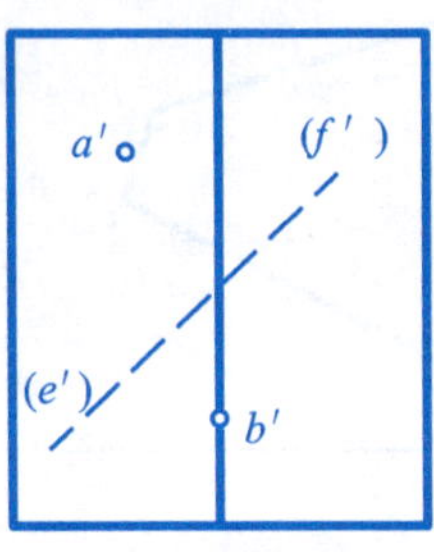

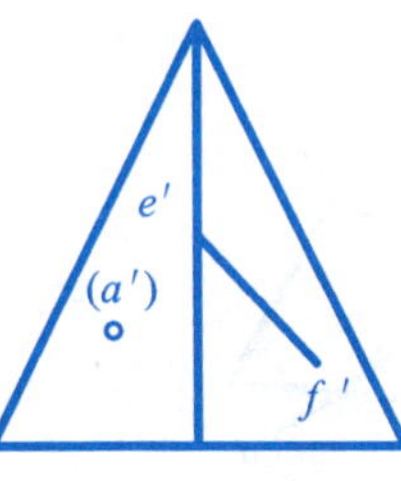

(2)

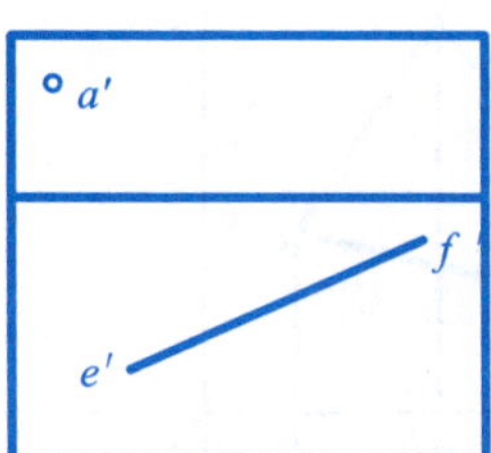

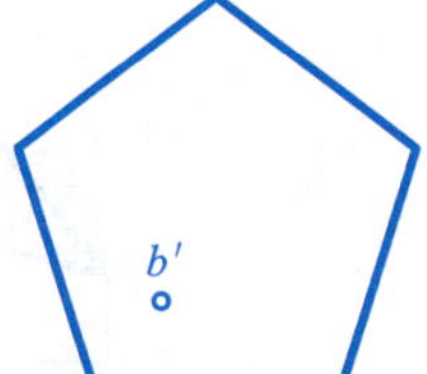

(3)

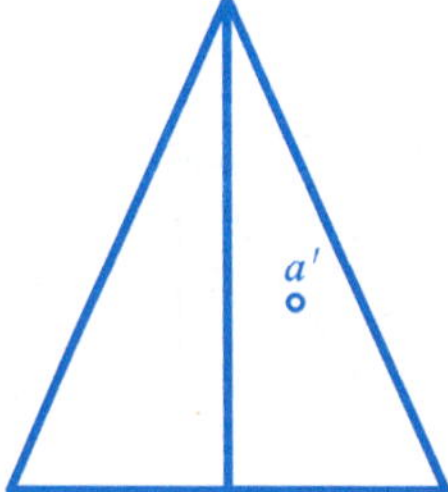

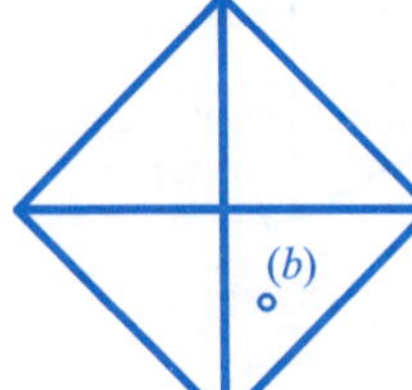

(4)

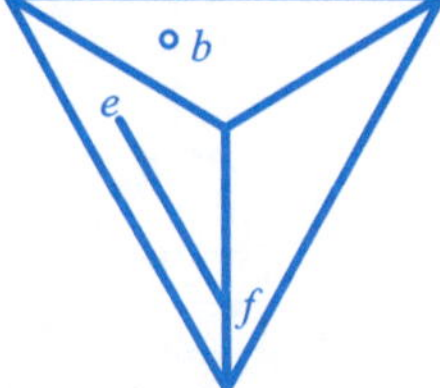

班级______学号______姓名________

4-2　完成下列各回转体及其表面上各点的三面投影。

(1)

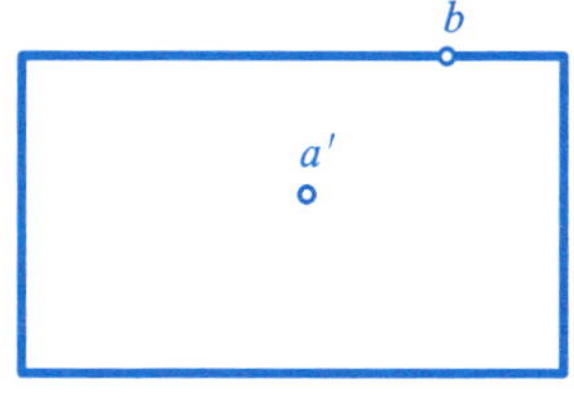

(2)

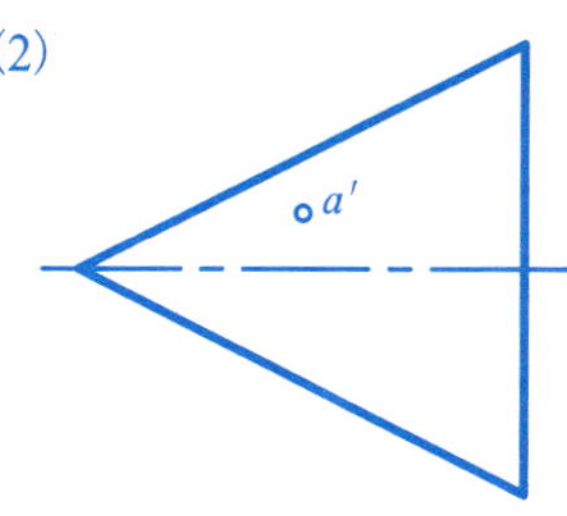

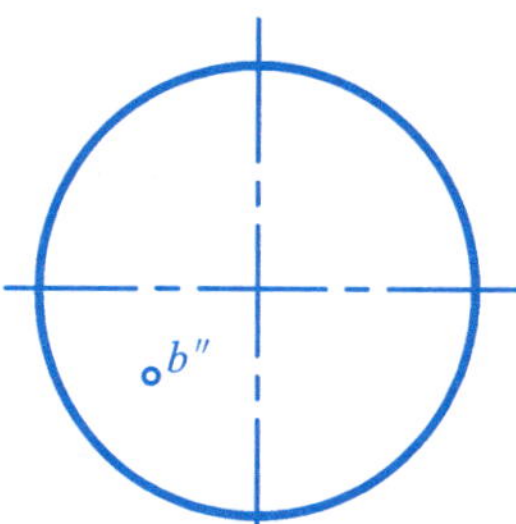

(3)

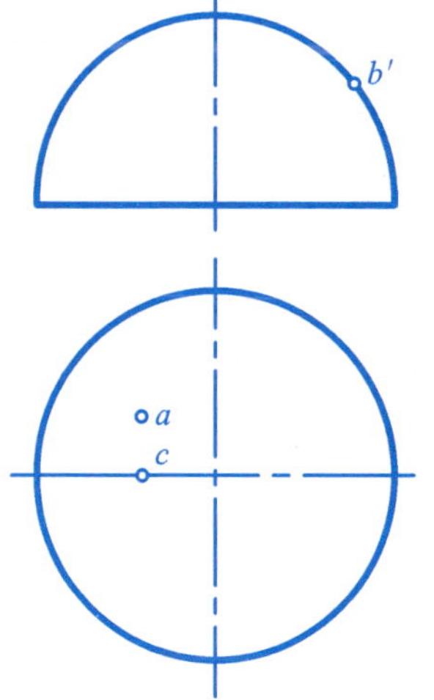

(4)

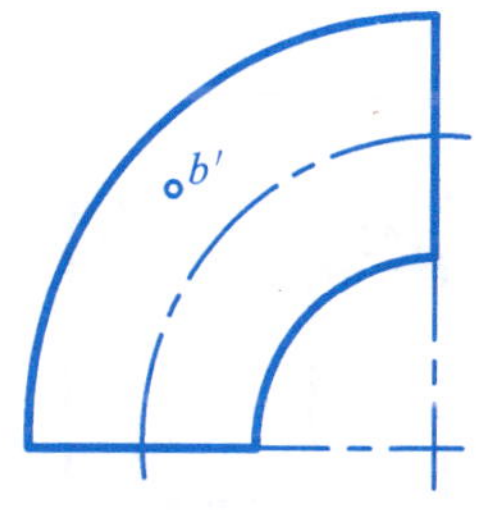

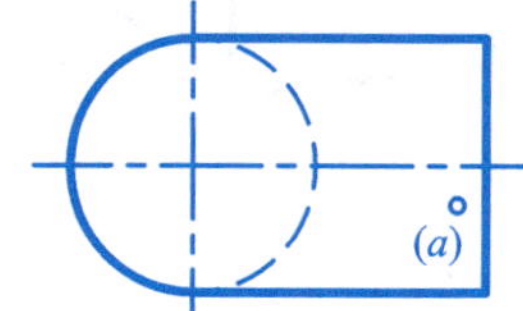

班级______学号______姓名________

4-3　分析立体表面的交线，并补全它们的三面投影。

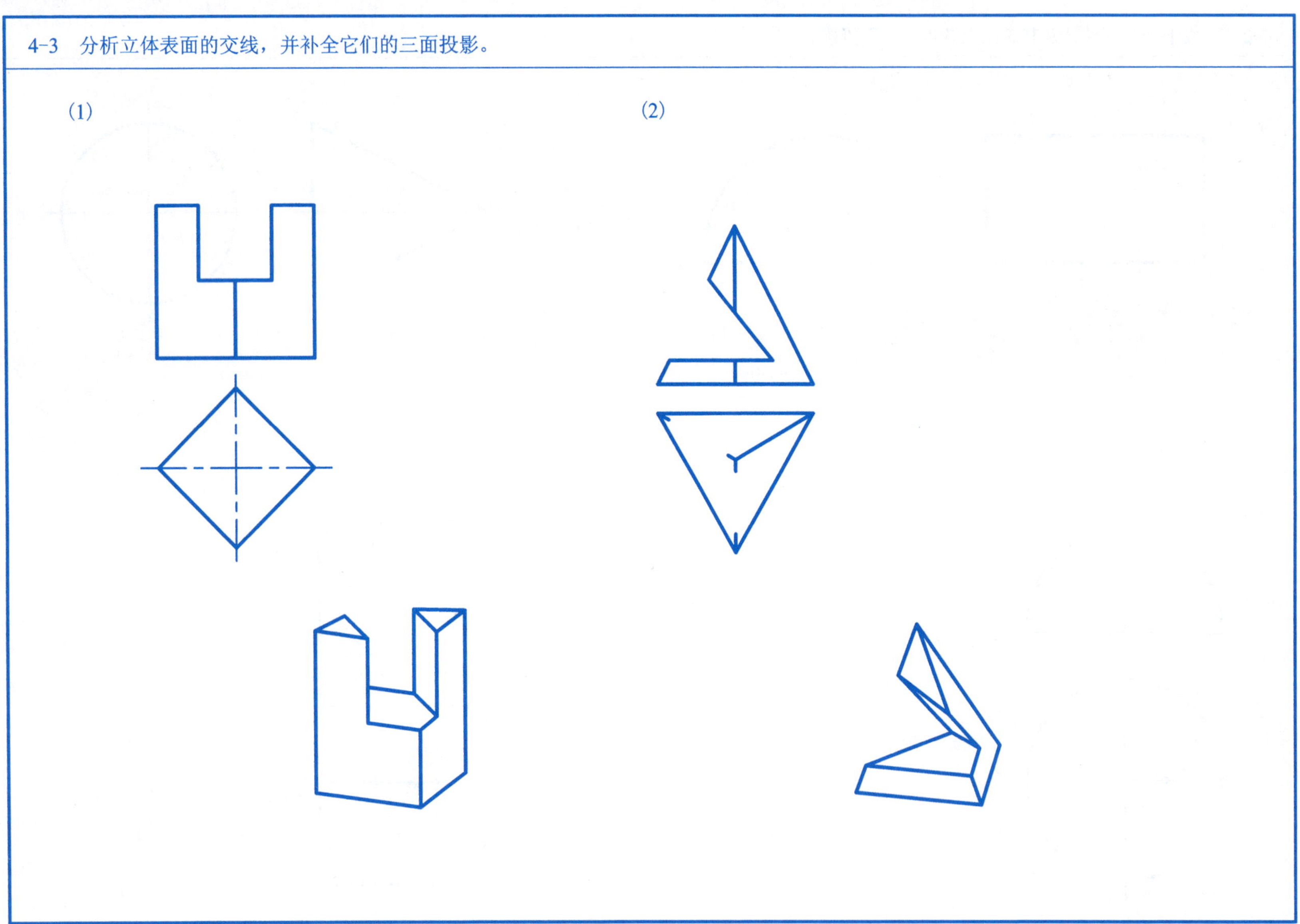

班级______学号______姓名________

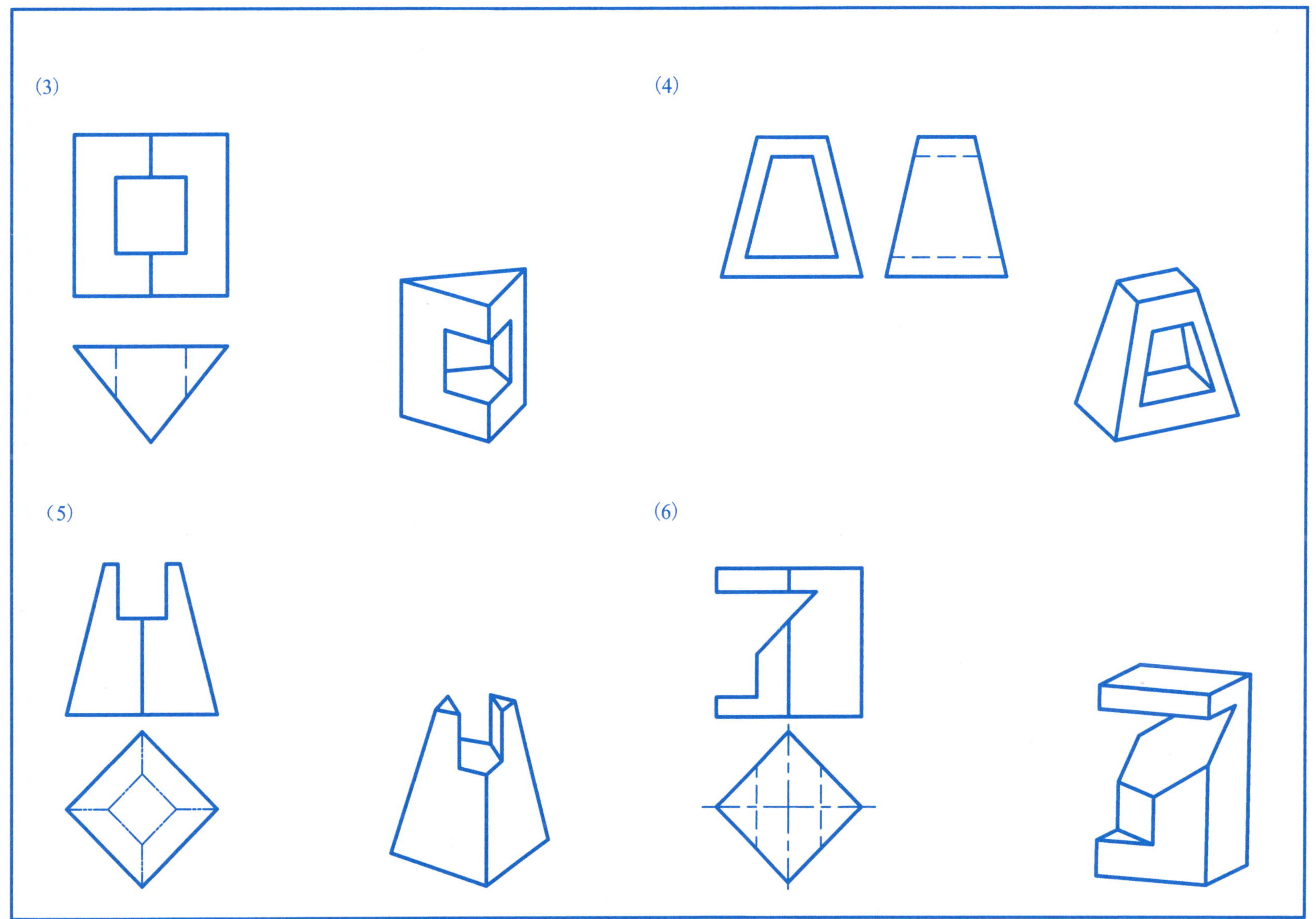

班级______学号______姓名________

4-4 分析立体内外表面的交线，并补全它们的三面投影。

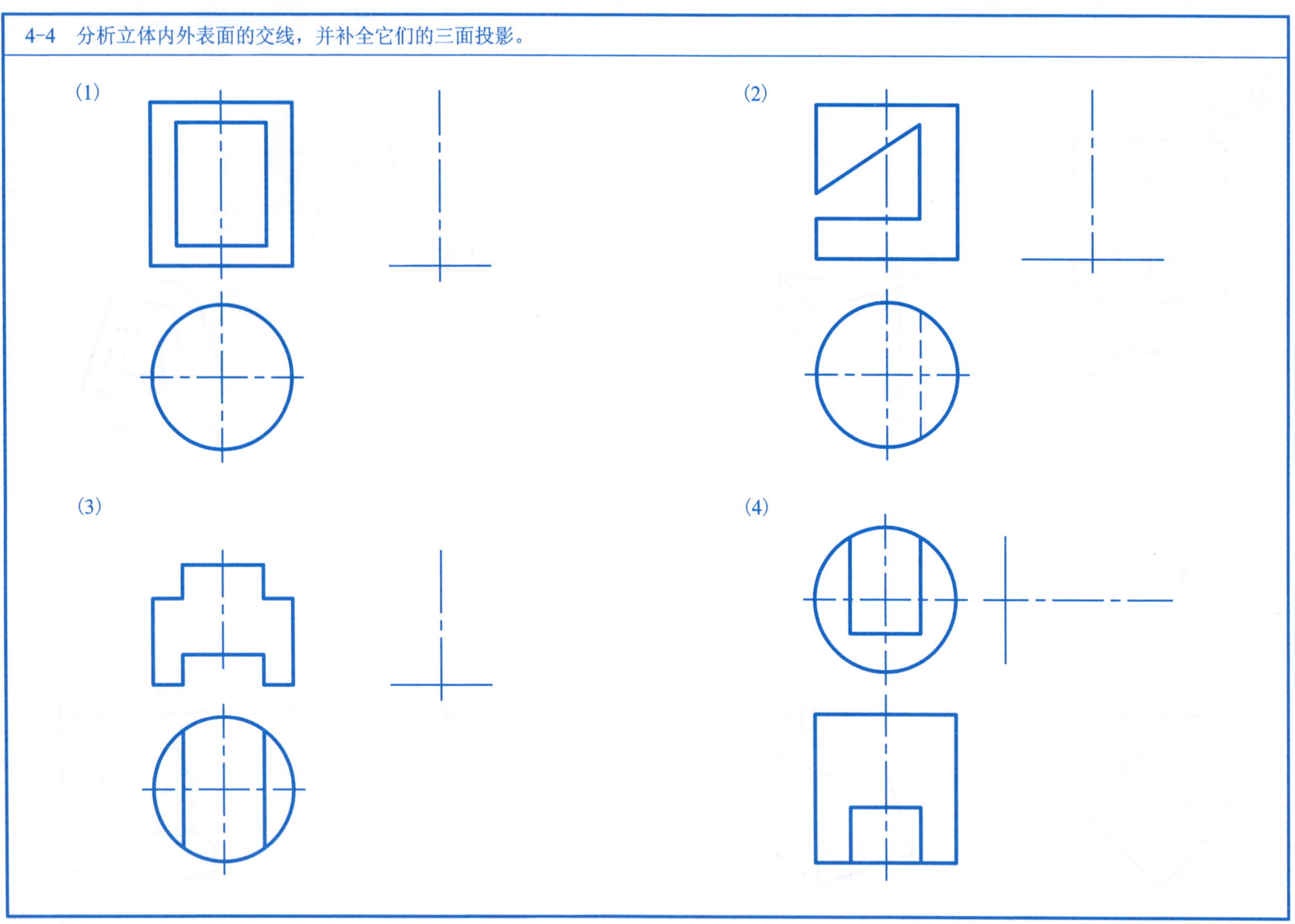

班级______学号______姓名________

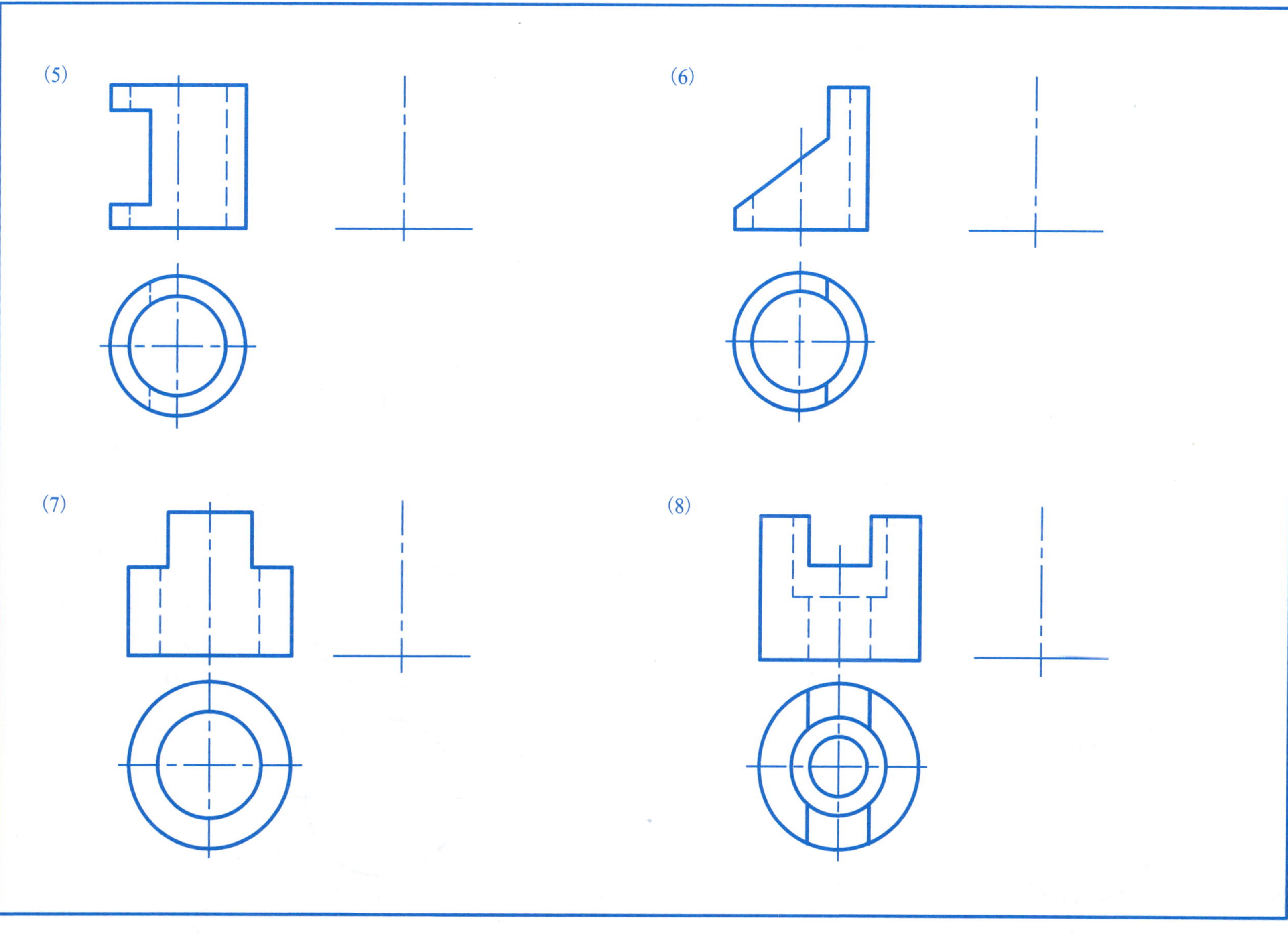

班级______学号______姓名________

4-5 完成圆锥和球被截切后的水平投影和侧面投影。

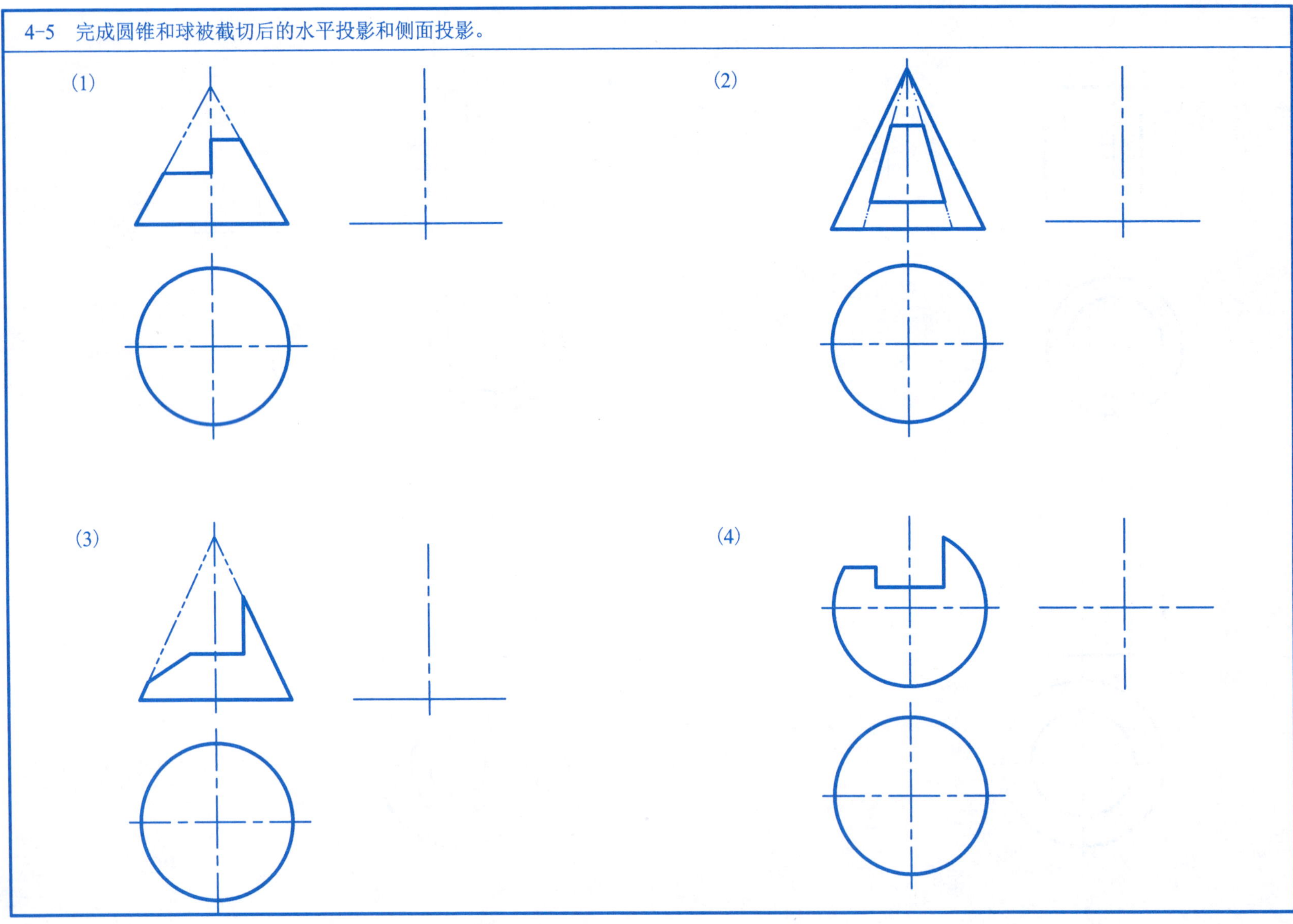

班级______学号______姓名________

4-6　分析截交线形状，补全第三投影。

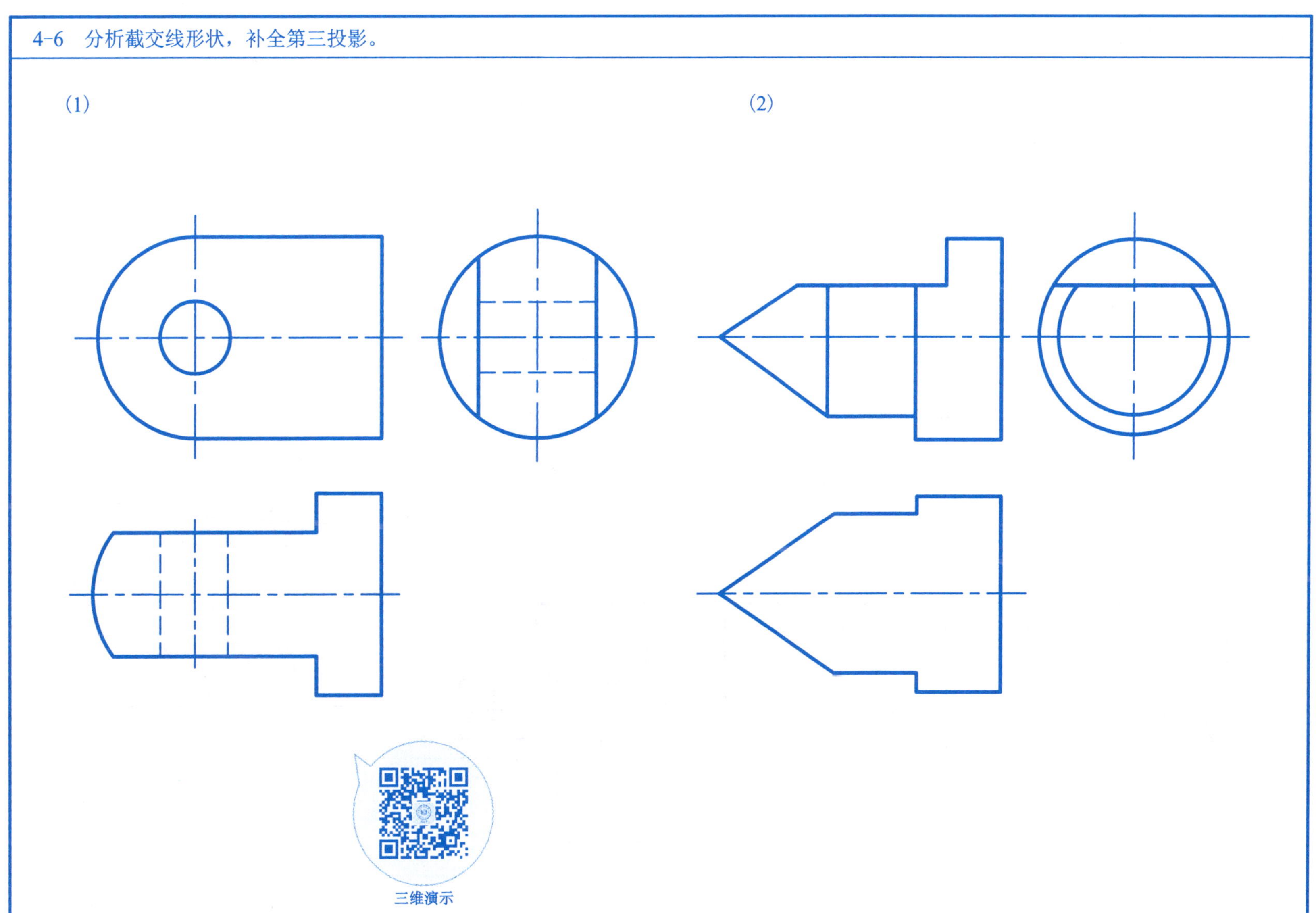

班级______学号______姓名________

4-7 下列各图所画相贯线，哪些是正确的？请将错误更正(不要的线条打上“×”)。

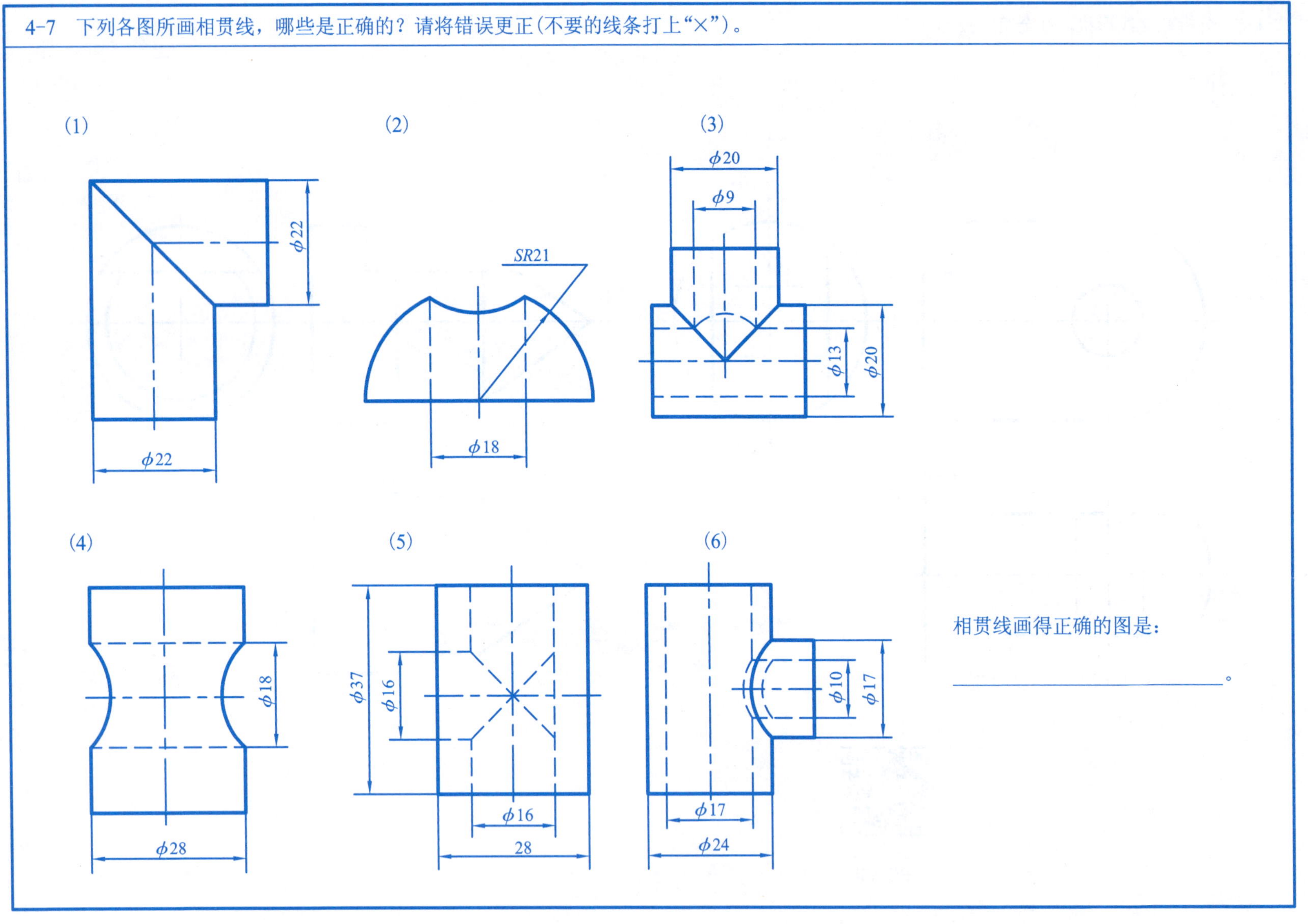

相贯线画得正确的图是：

______________________________。

班级______学号______姓名________

4-8 分析立体表面的交线，补画第三投影。

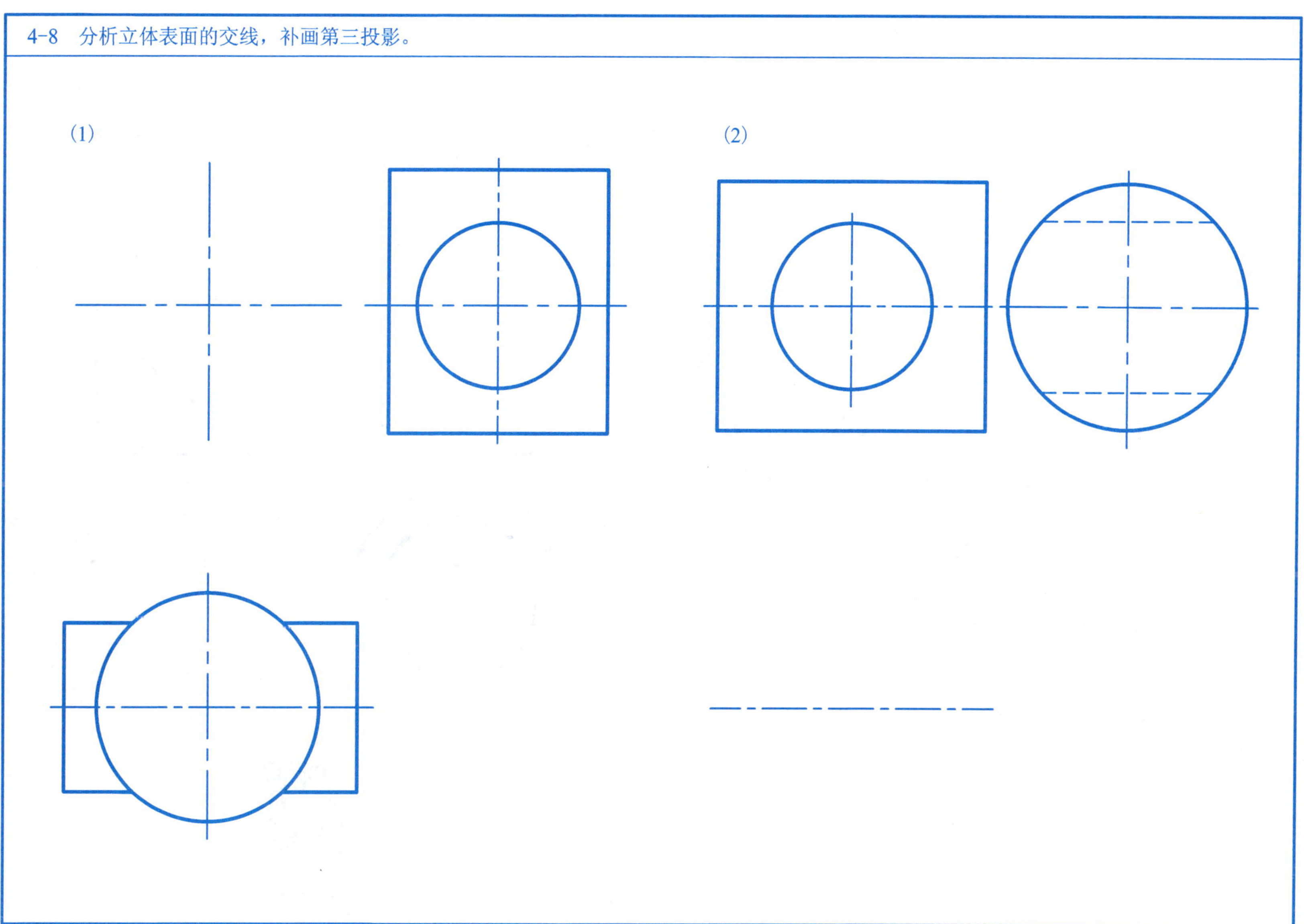

班级______ 学号______ 姓名________

4-9　分析立体表面的交线，并补全第三投影。

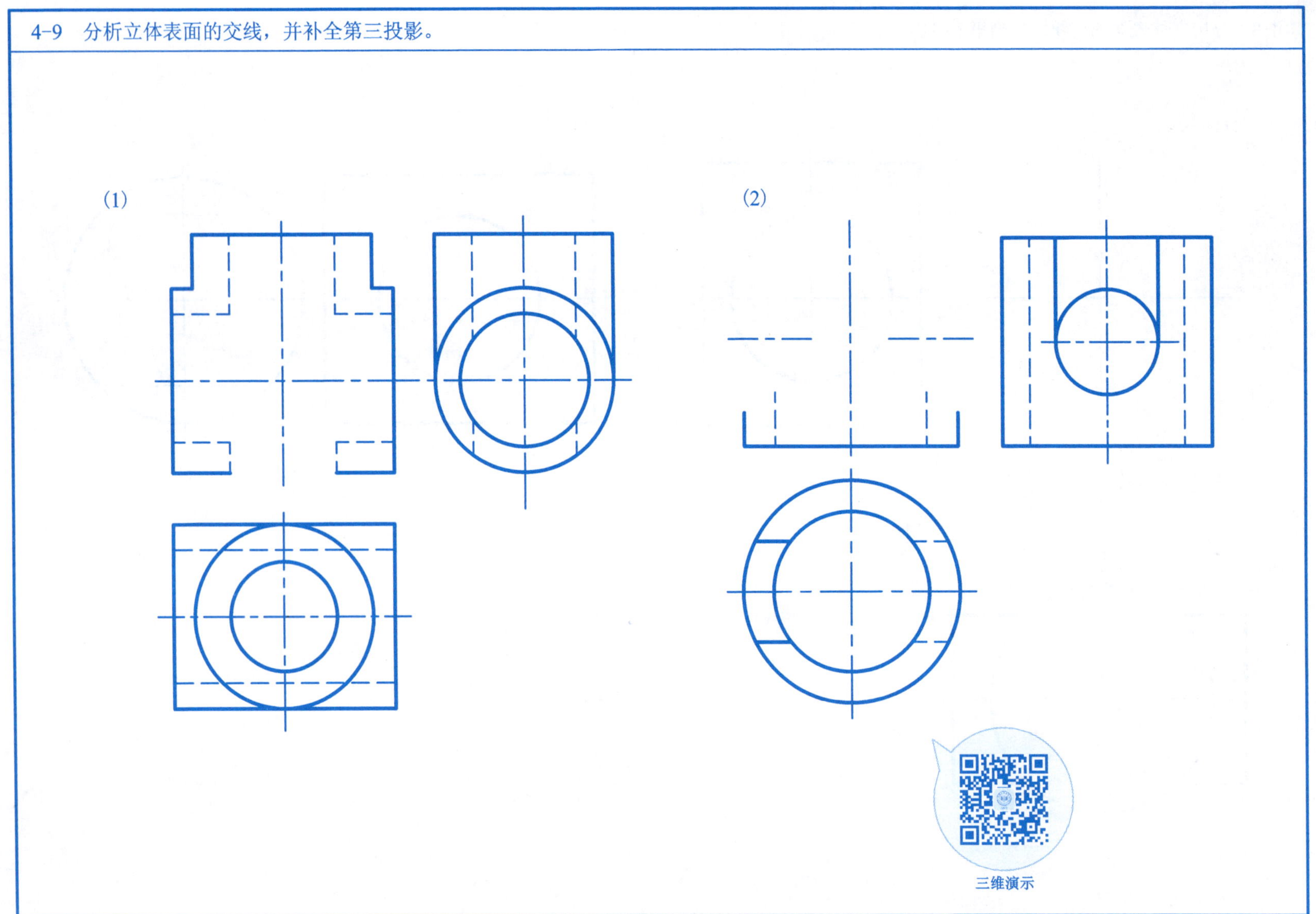

班级______学号______姓名________

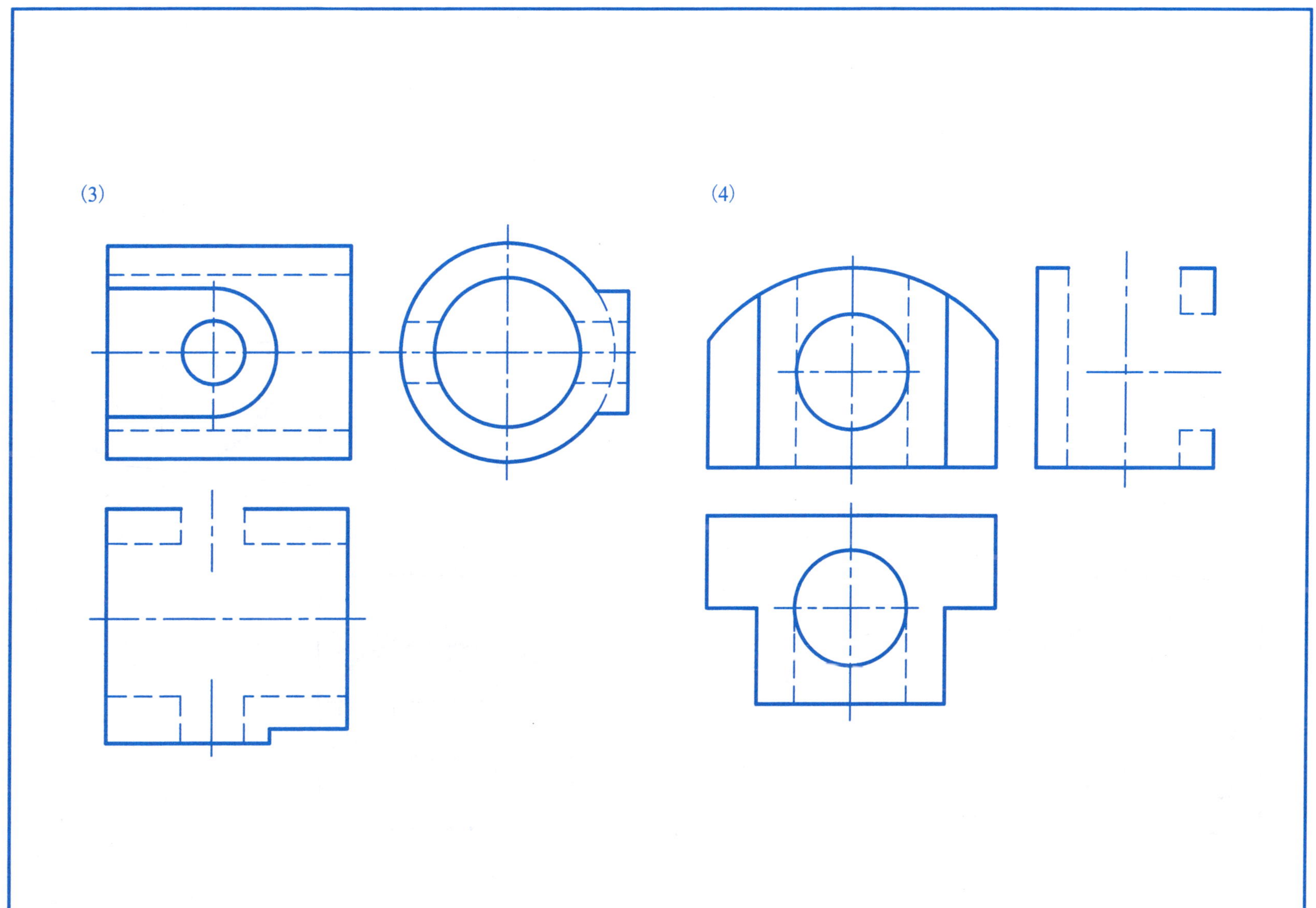

班级______学号______姓名________

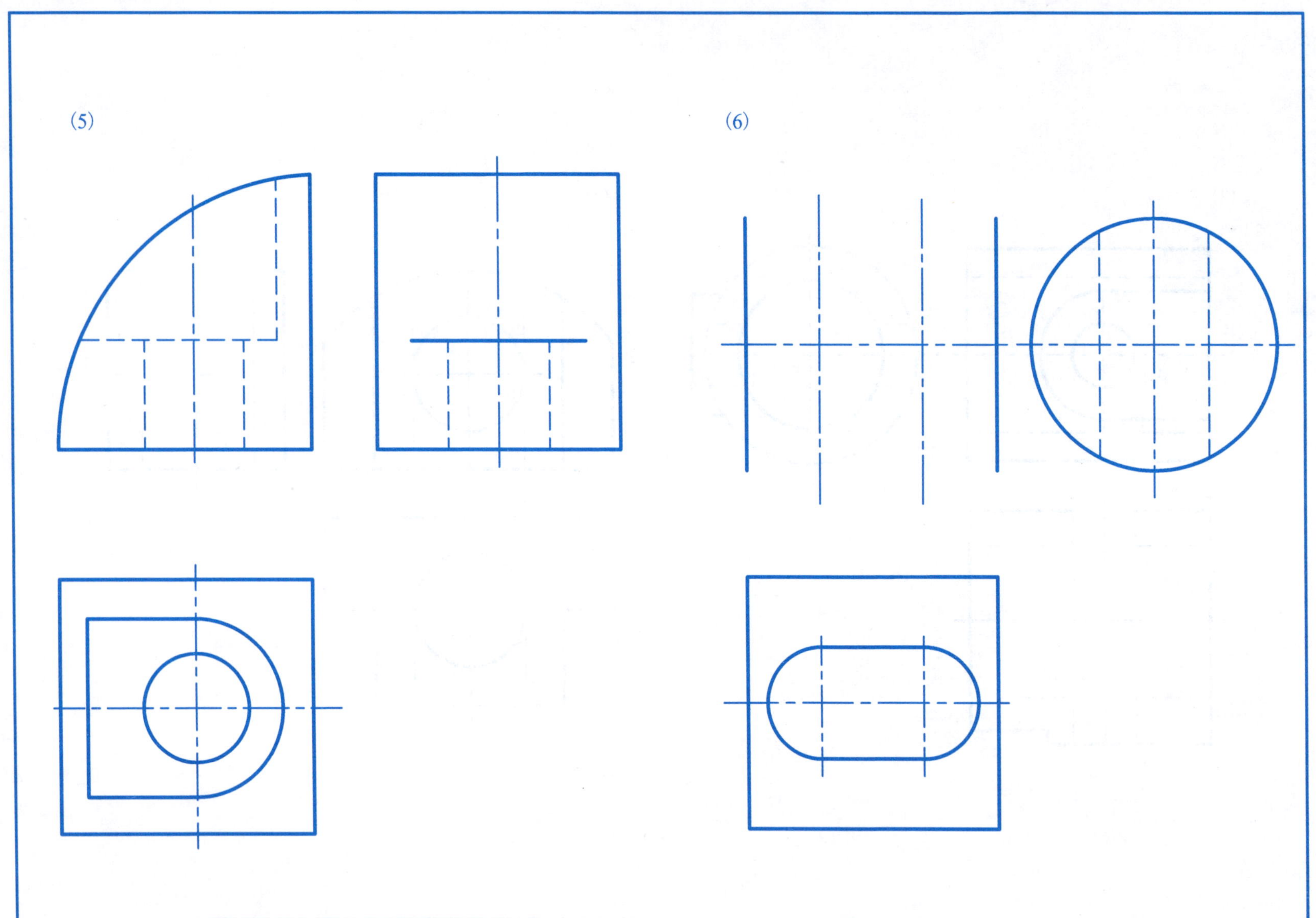

班级______学号______姓名________

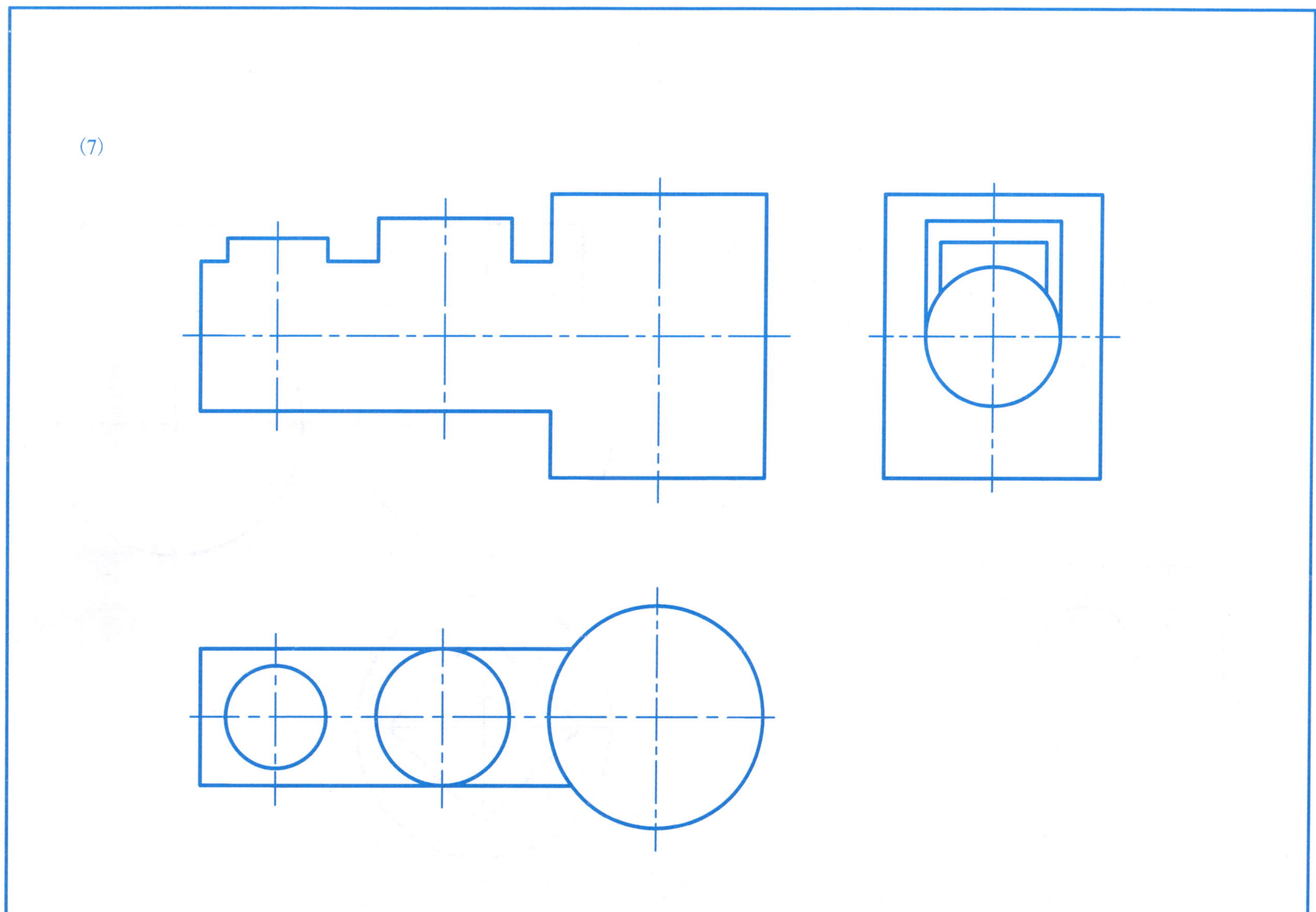

班级______学号______姓名________

4-10　分析立体表面的交线，并补全相关投影。

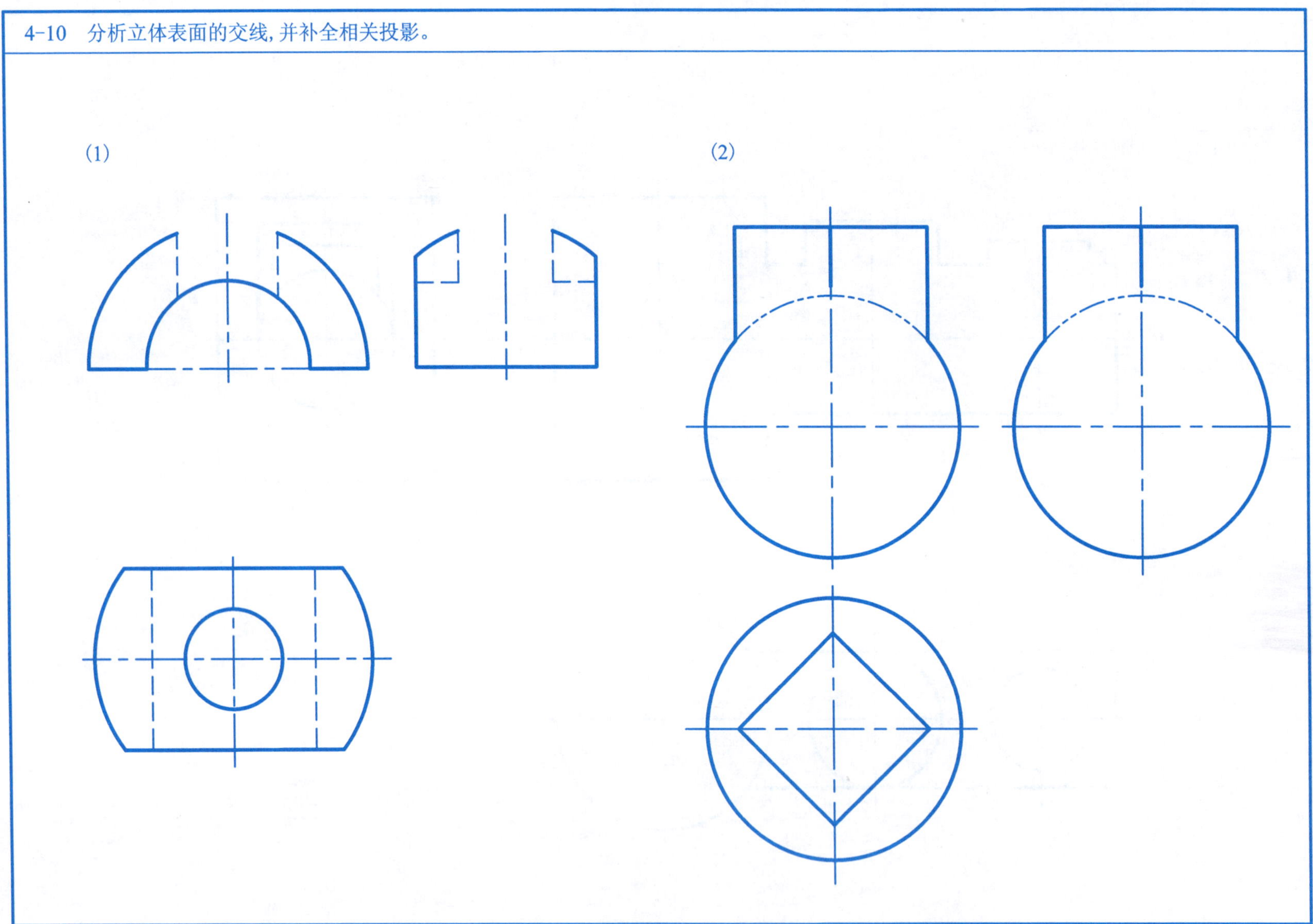

班级______学号______姓名________

4-11　求圆柱与圆锥的相贯线，完成立体的正面投影和水平投影。

4-12　求圆柱与半球的相贯线，完成立体的正面投影和水平投影。

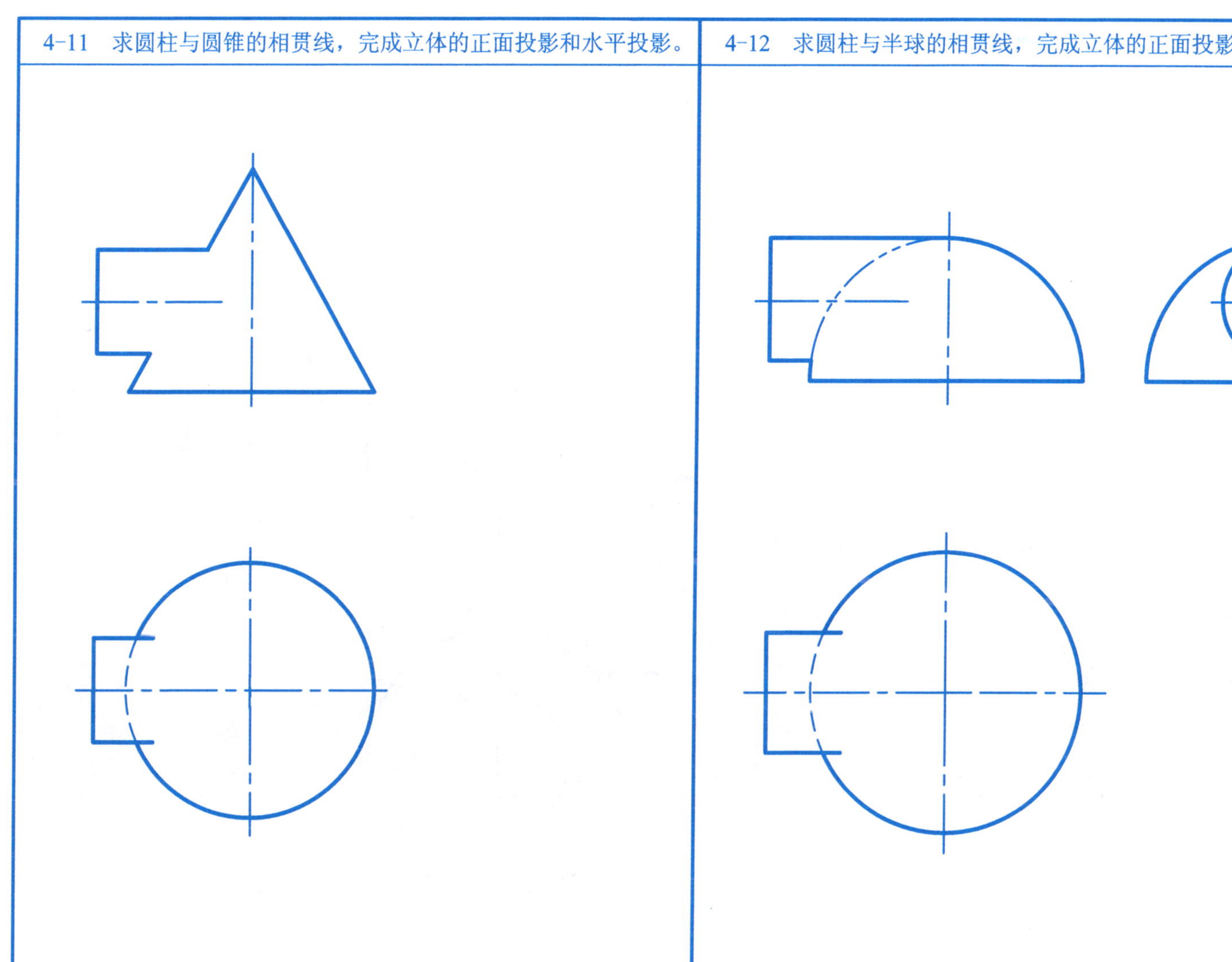

班级______学号______姓名________

4-13 分析立体表面的交线，并补全交线的各投影。

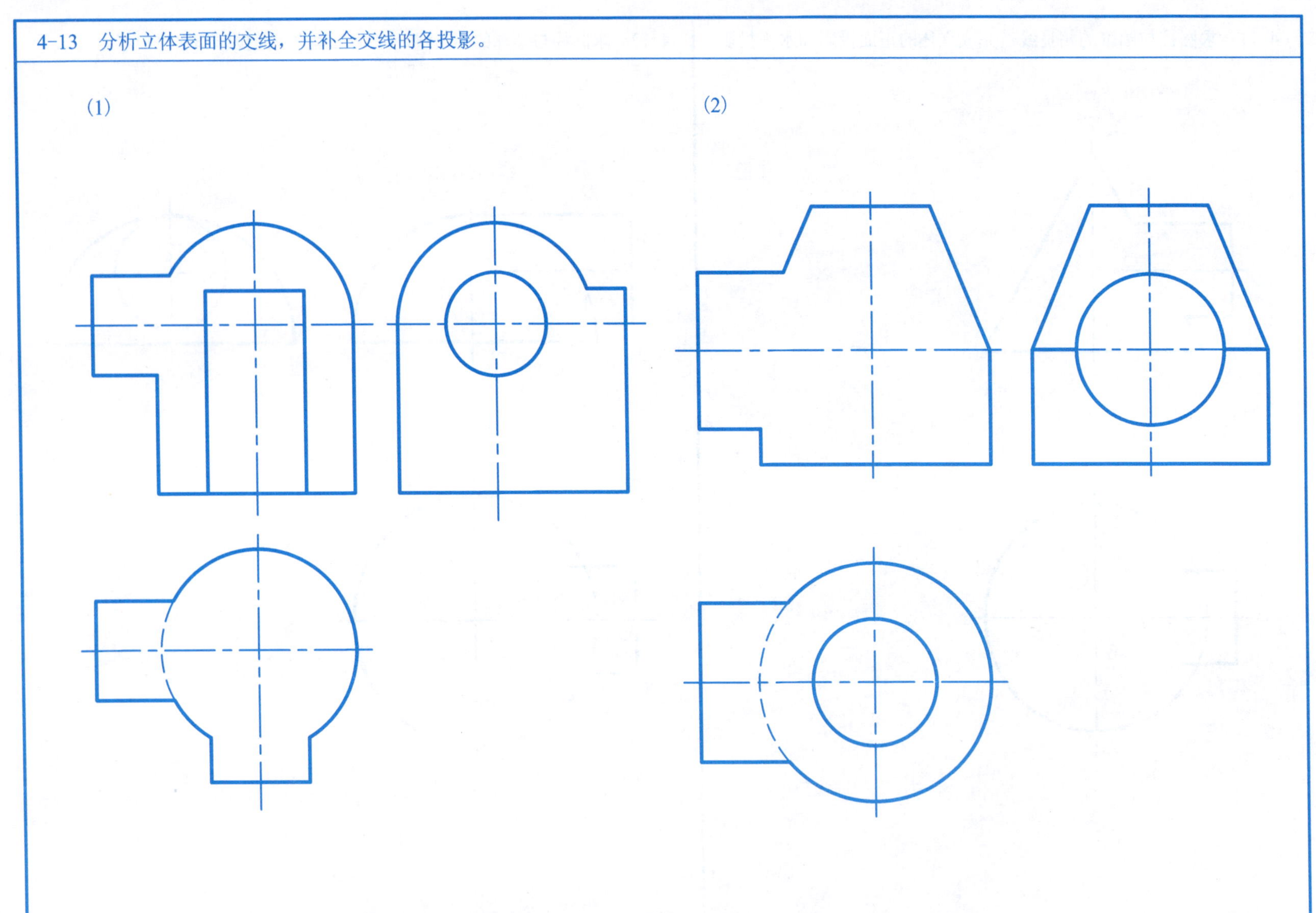

班级______学号______姓名________

5 组合体

5-1 根据轴测图画三视图，尺寸从轴测图上量取，并以箭头所示方向为主视图的投影方向。

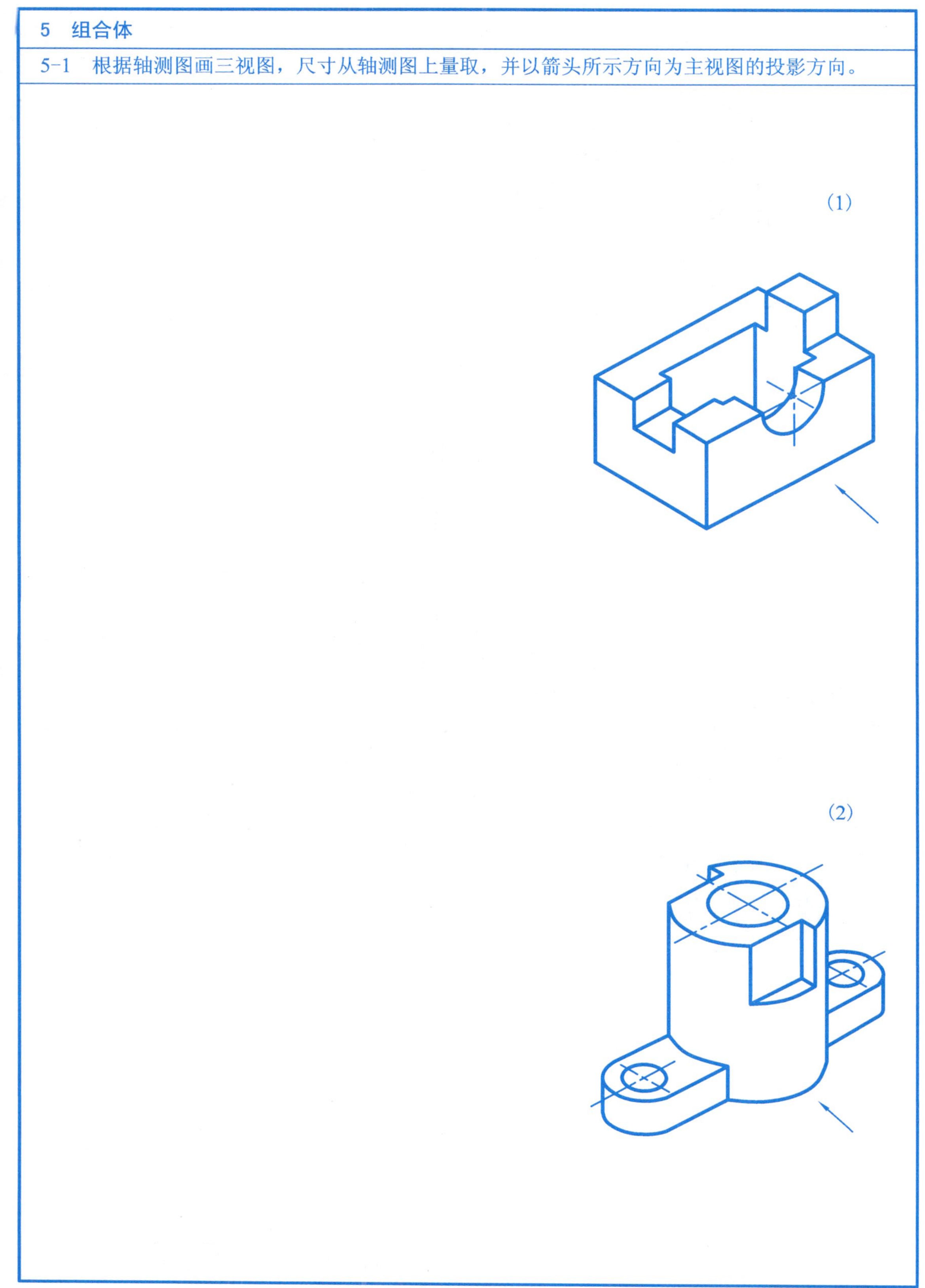

班级______学号______姓名________

5-2 根据轴测图上的尺寸，按1:1画出组合体的三视图。

(1)

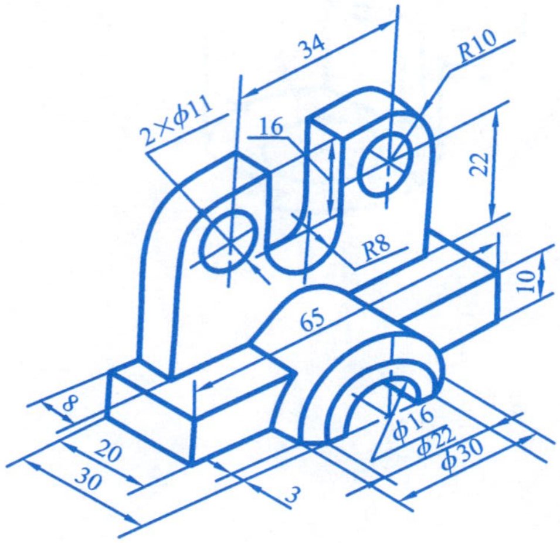

(2)

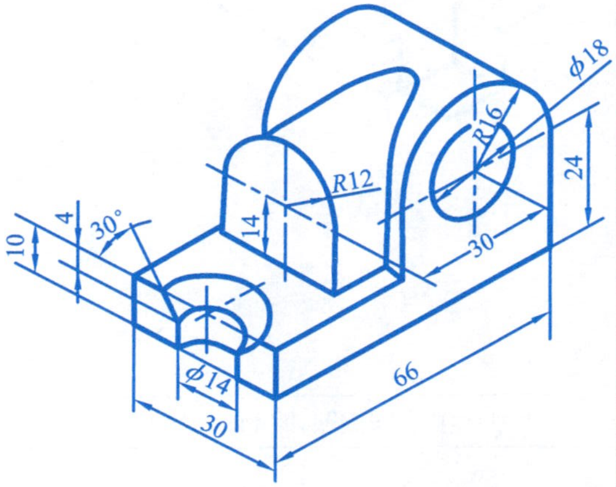

班级______ 学号______ 姓名________

5-3　根据轴测图画三视图，并标注尺寸，使用A3图纸，比例自定。

（1）

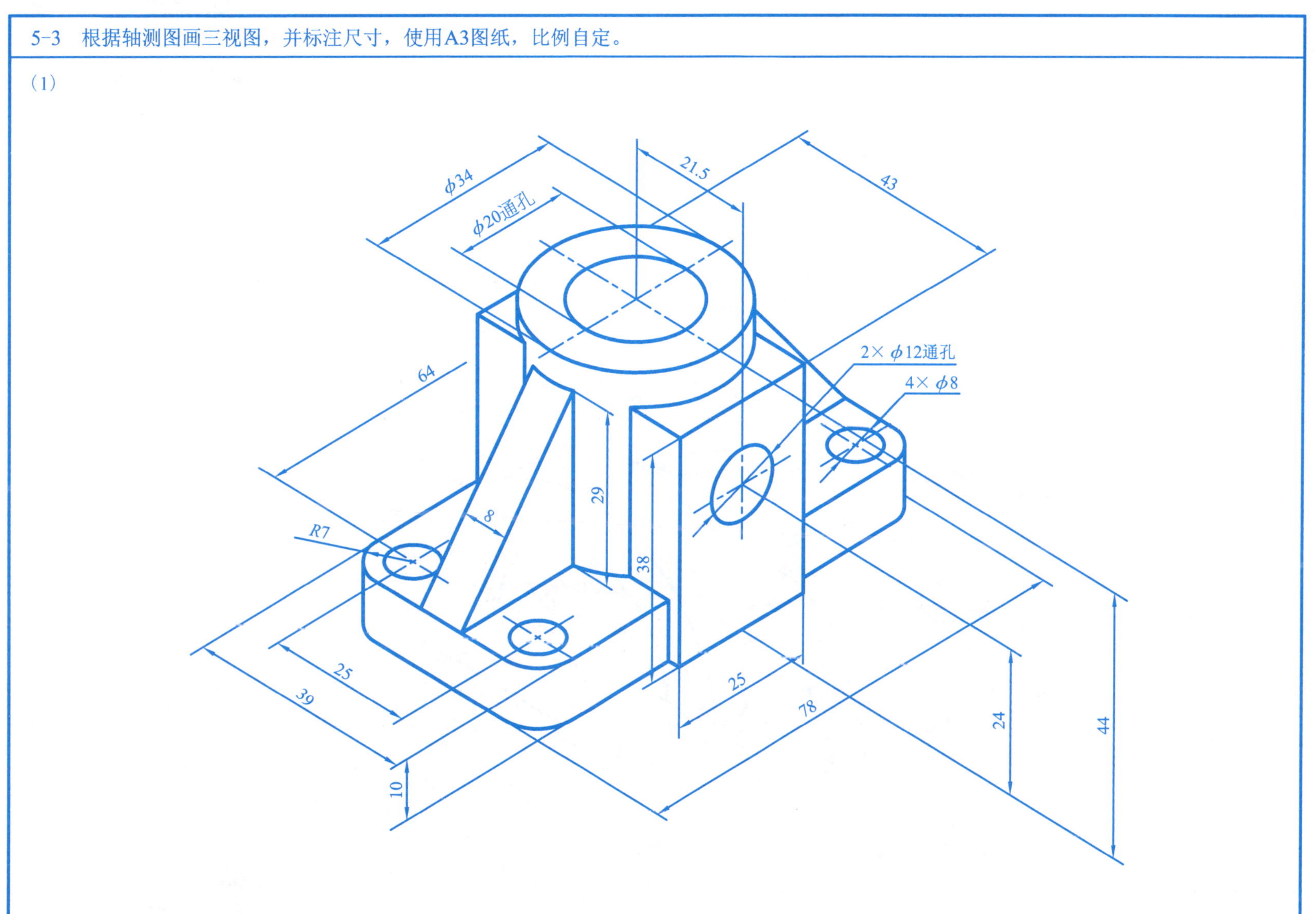

班级______学号______姓名________

(2)

ϕ15通孔
12
R15
中心高62
30
R15
16
ϕ16通孔
4× ϕ15通孔
32
16
R40
R25
118
60
148
10
34
14

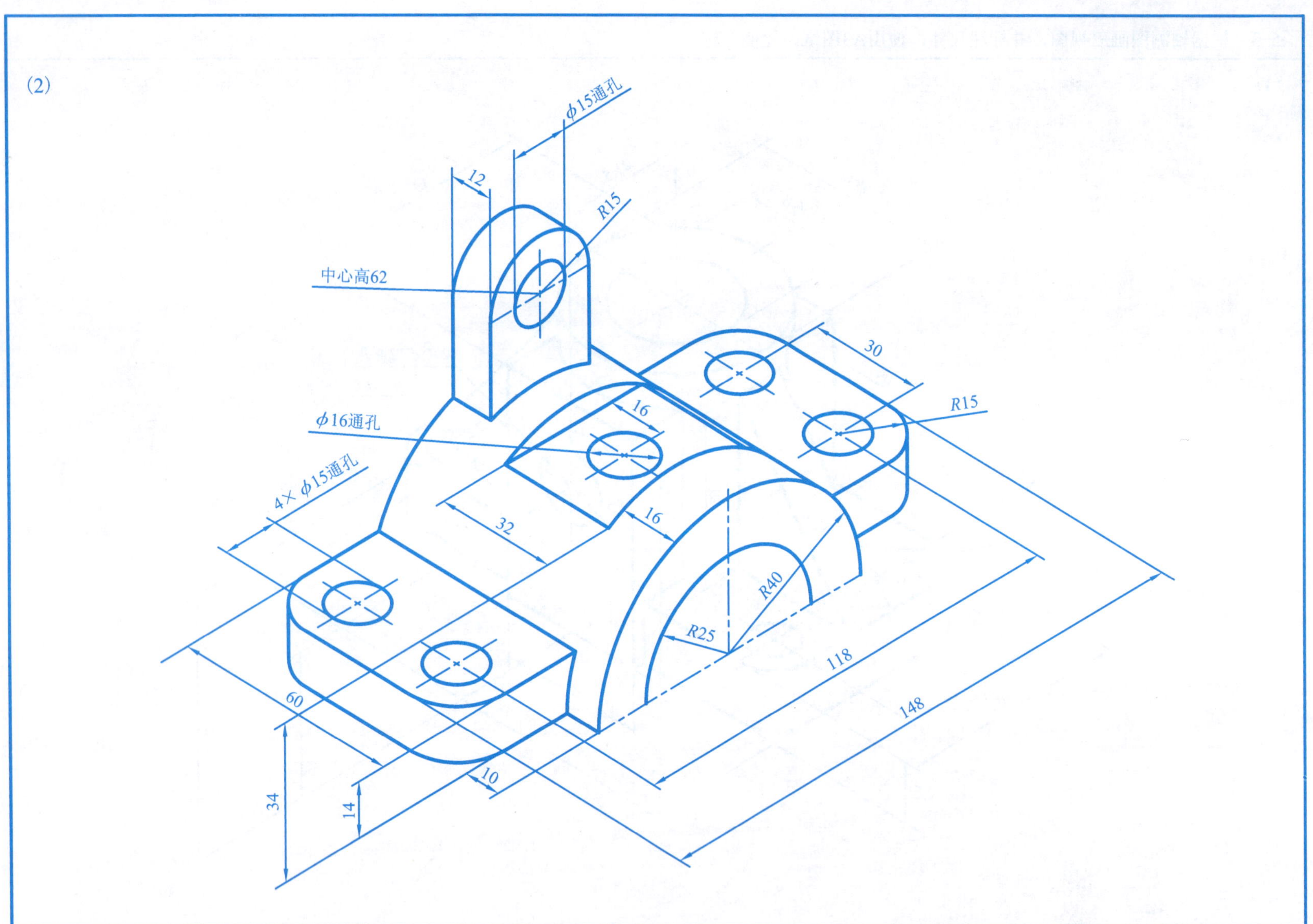

班级______学号______姓名________

5-4 根据轴测图，补画图中所缺的图线。

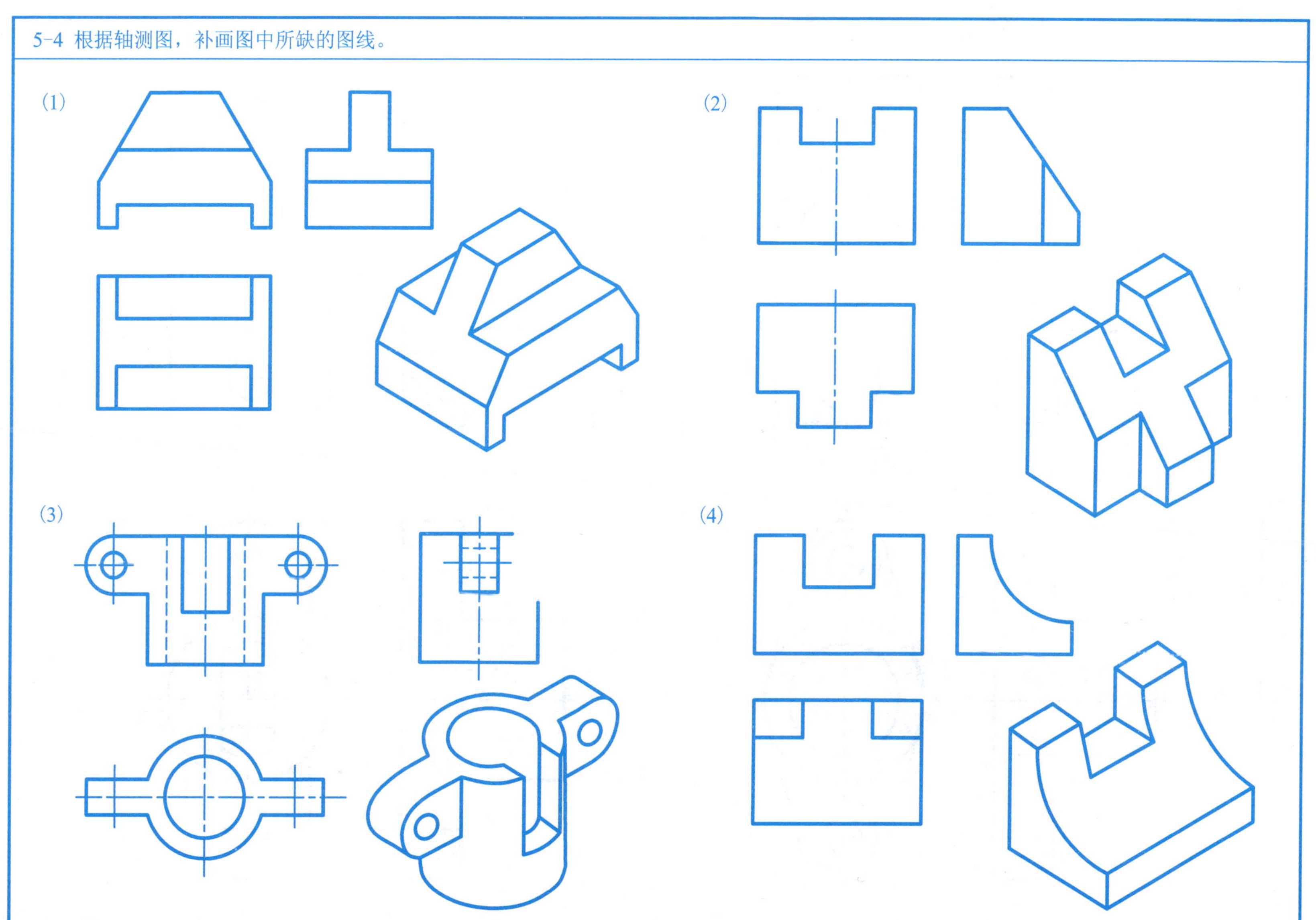

班级______学号______姓名________

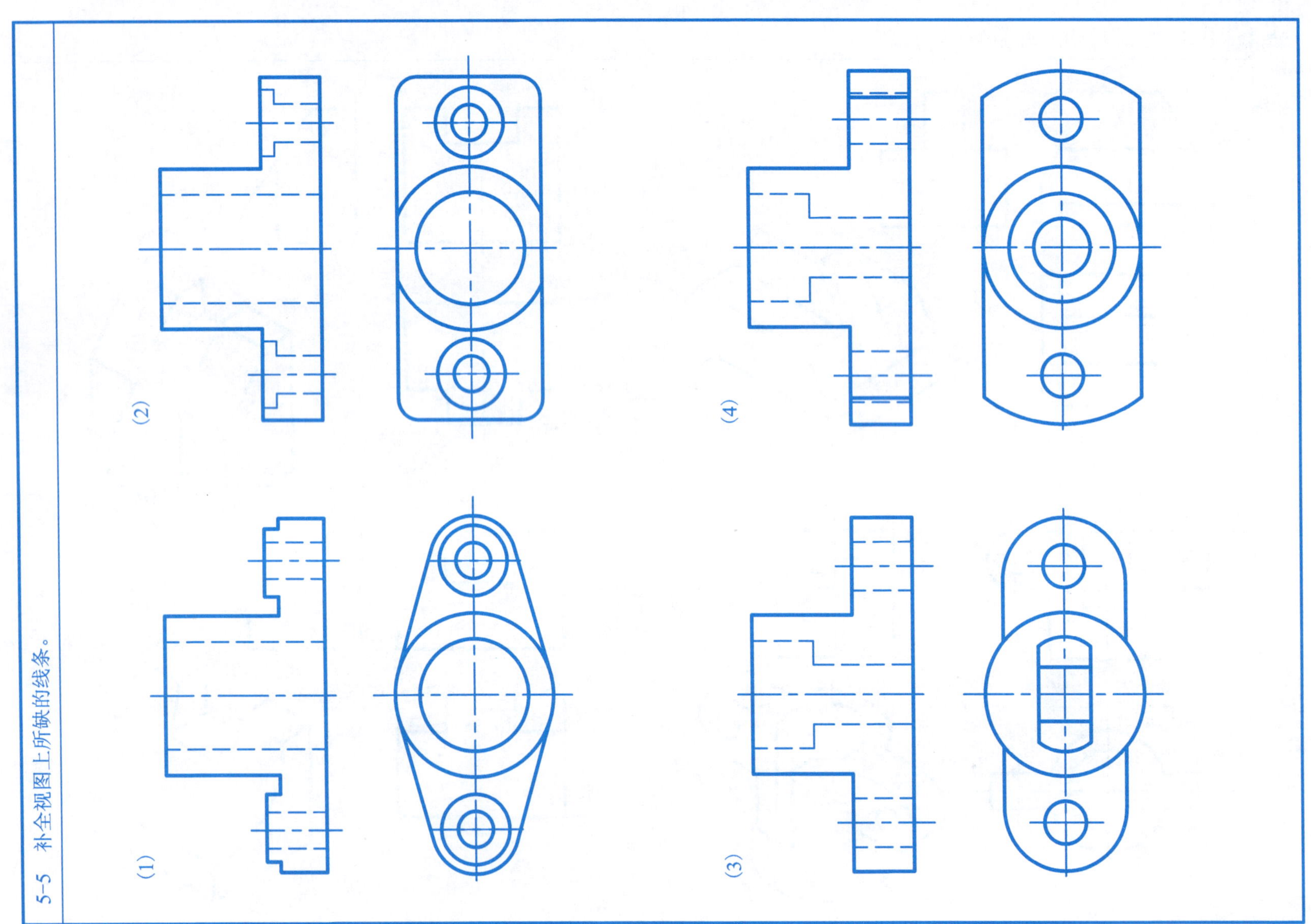

班级________学号________姓名__________

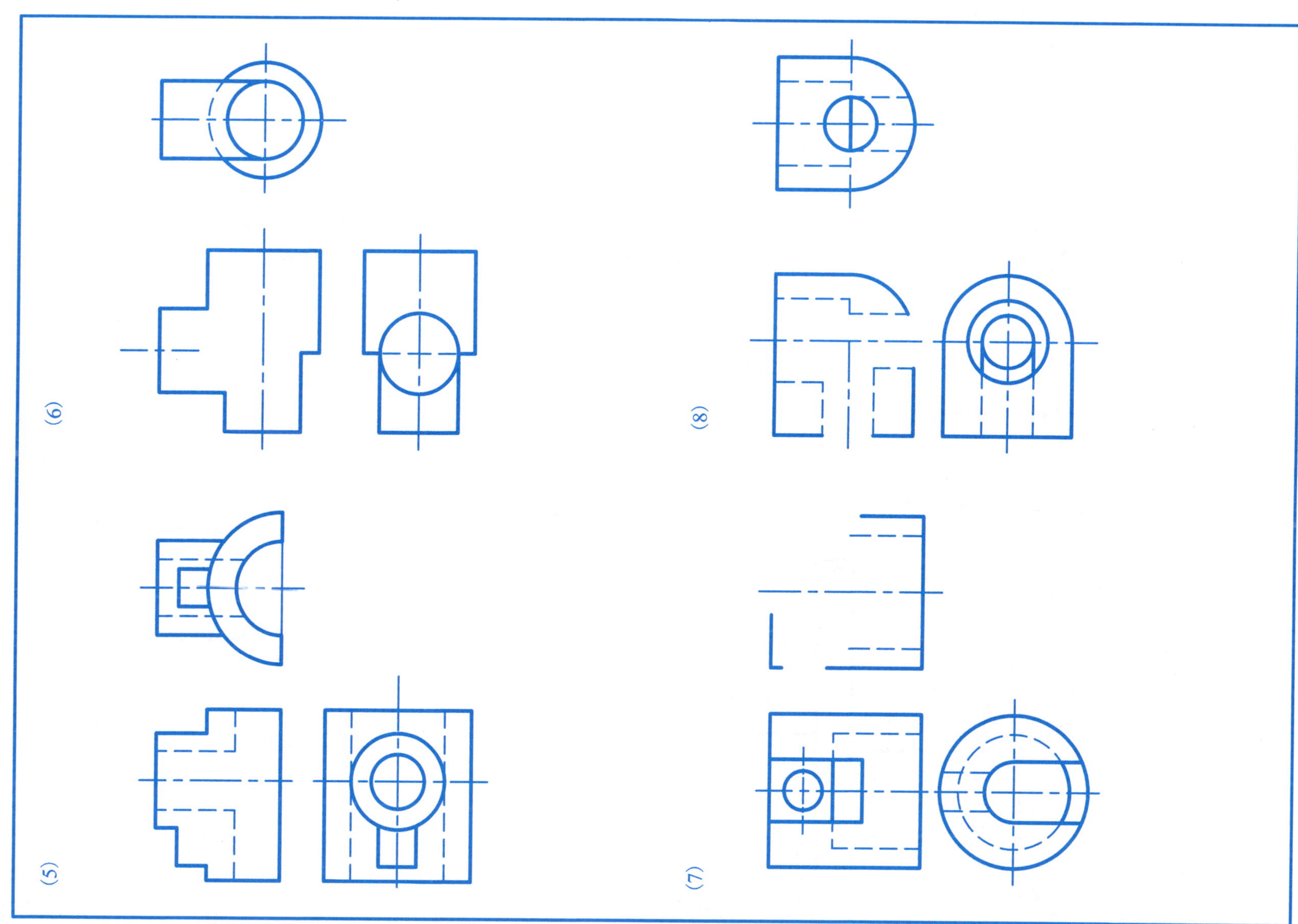

班级________学号________姓名__________

5-6　找出图中尺寸注法的错误，并在右图上正确标注。

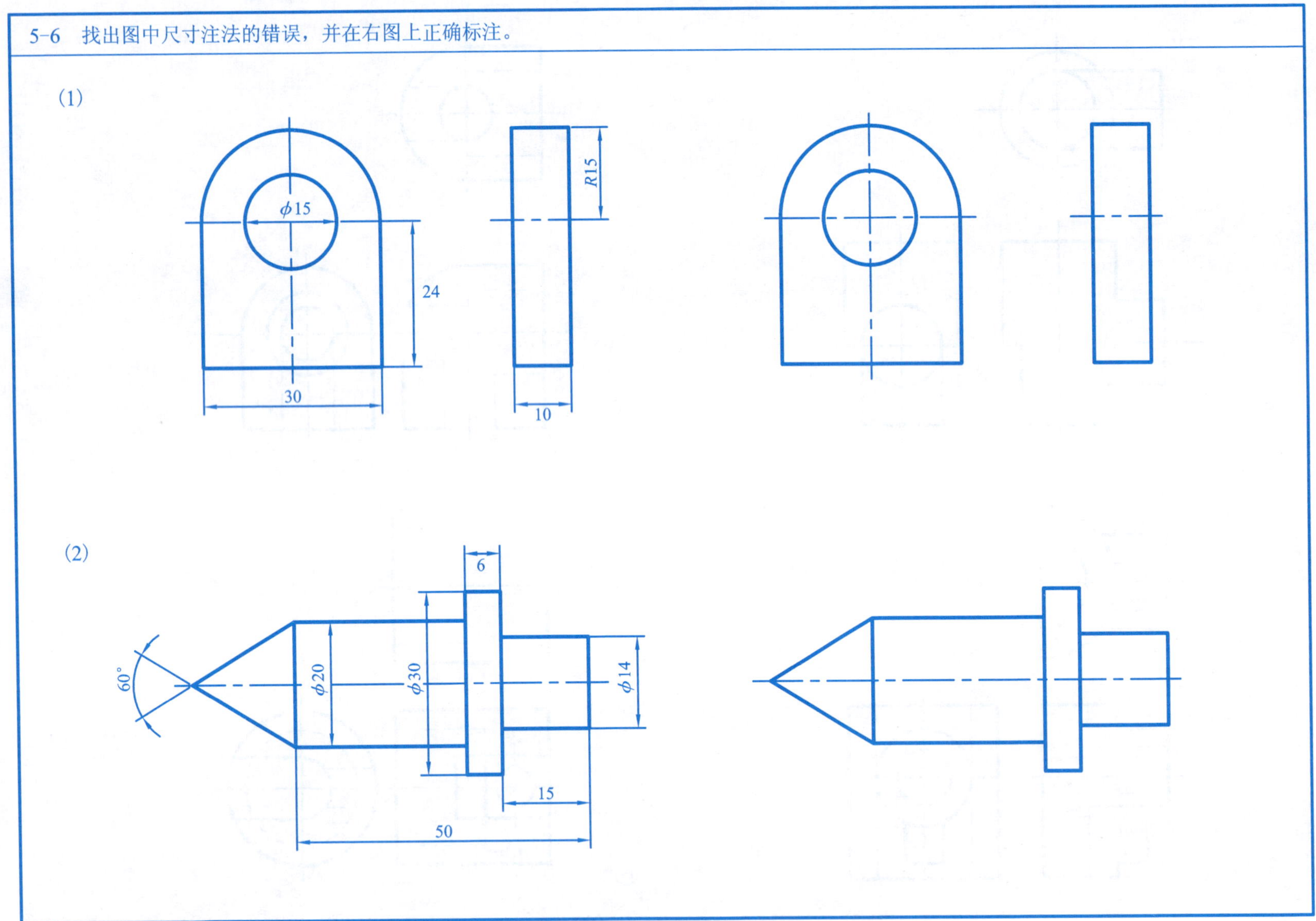

班级______学号______姓名________

5-7 用形体分析法标注组合体的尺寸。

(1) 分别标注出各简单体的尺寸。

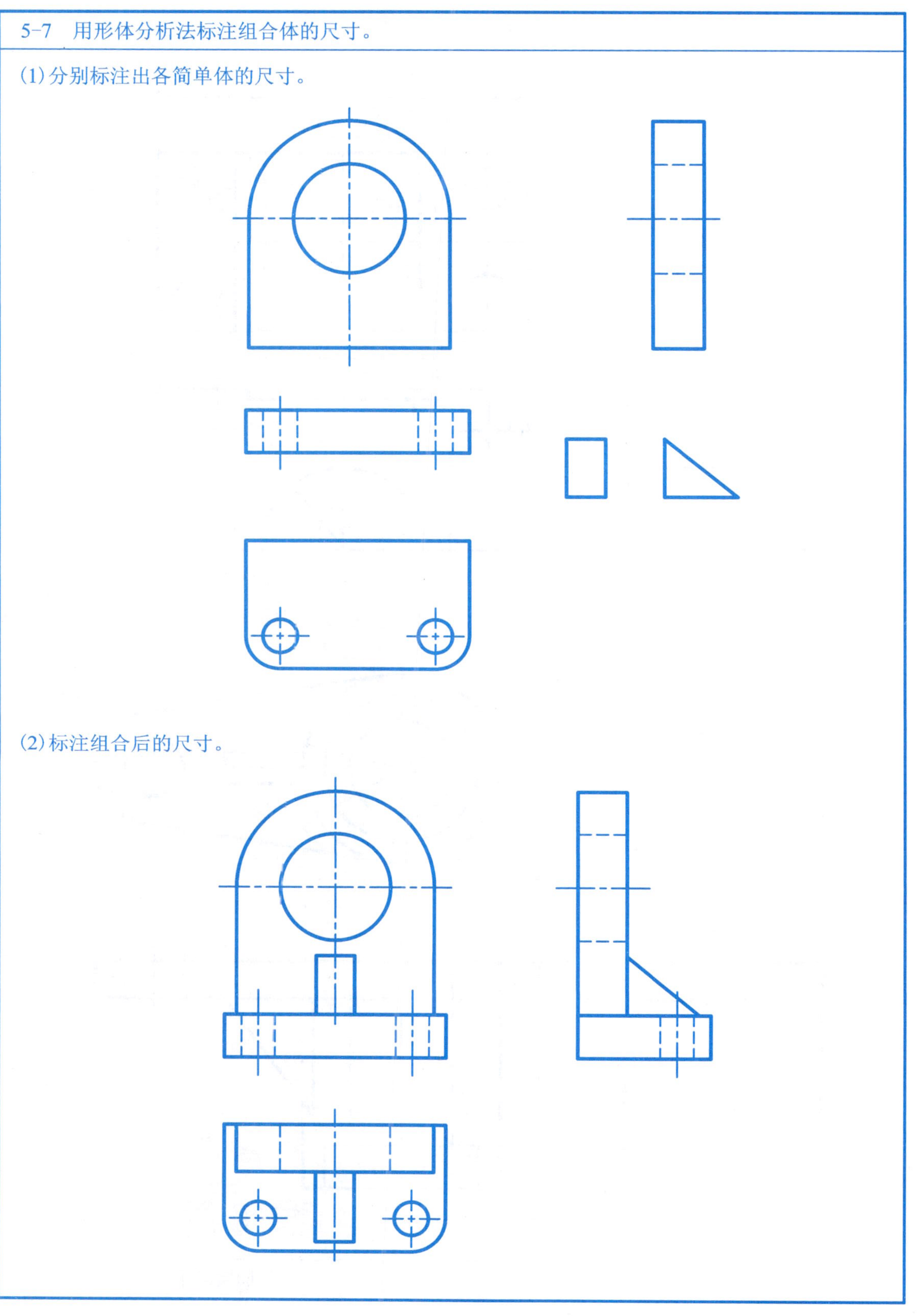

(2) 标注组合后的尺寸。

班级________ 学号________ 姓名__________

5-8 标注全视图上遗漏的尺寸。

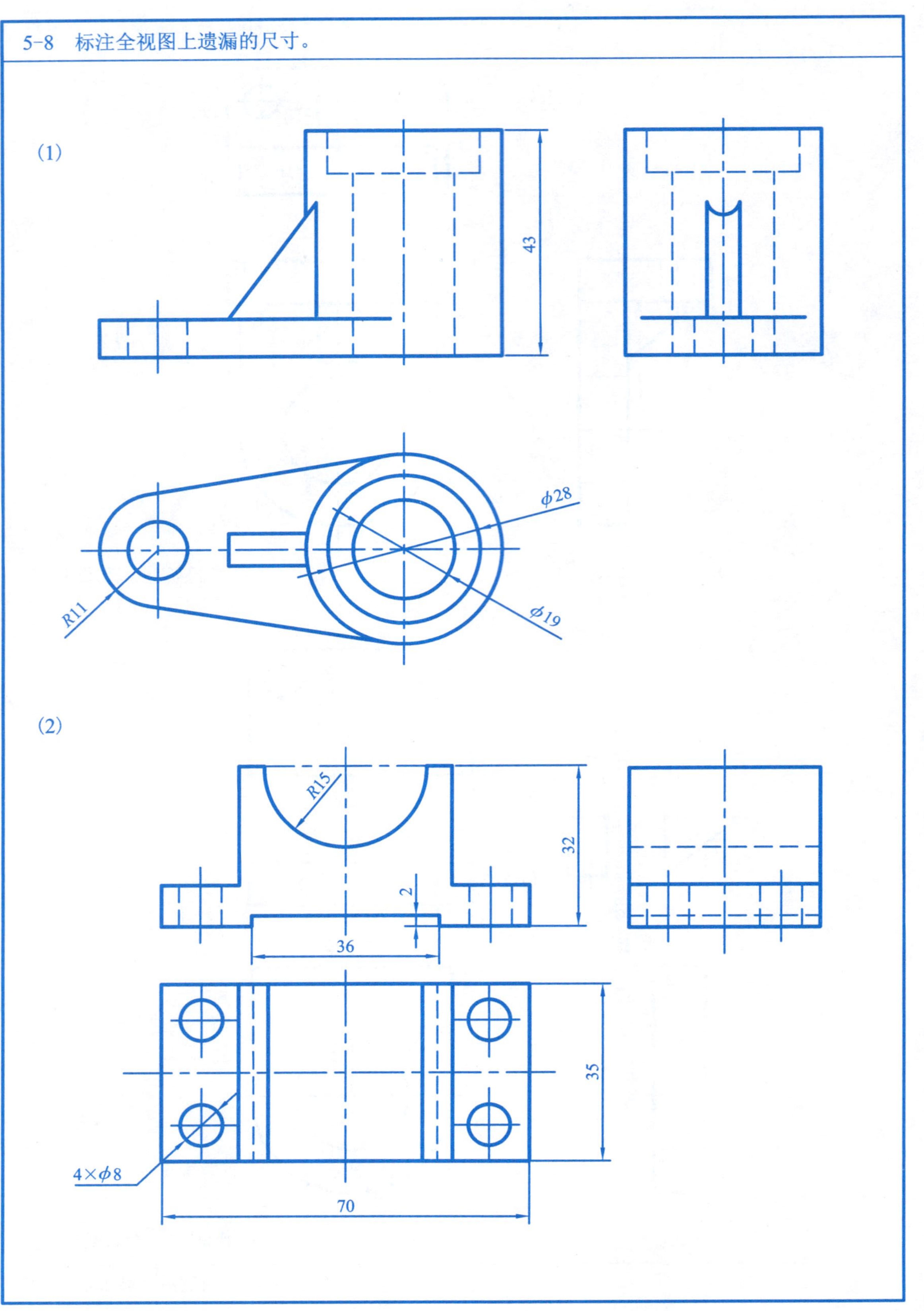

班级______学号______姓名________

5-9　根据视图想出组合体的形状，补齐图中的遗漏尺寸，去掉多余的尺寸，并改正尺寸标注中的错误。

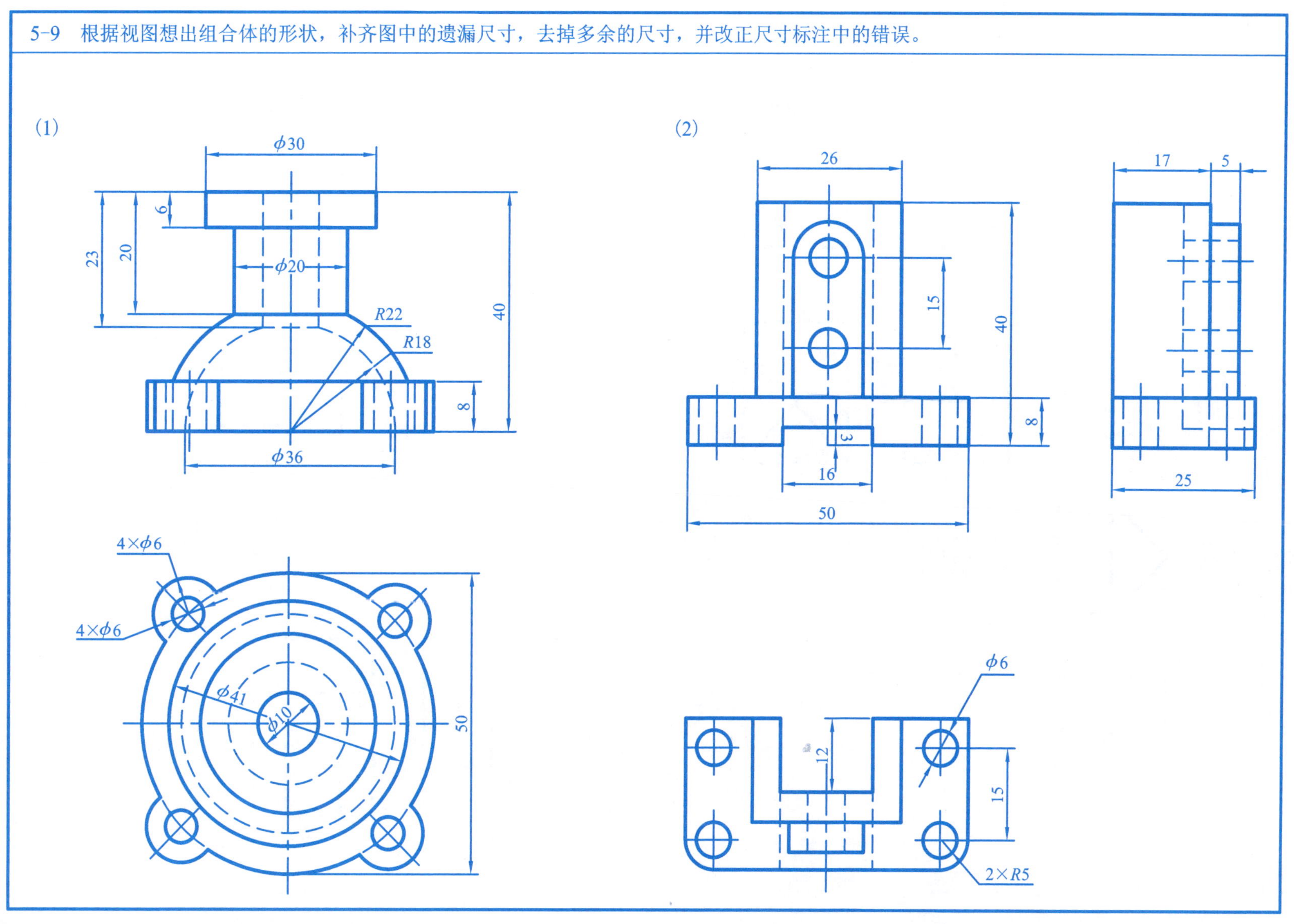

班级______学号______姓名________

5-10　已知物体的两个视图，试确定其正确的第三视图。

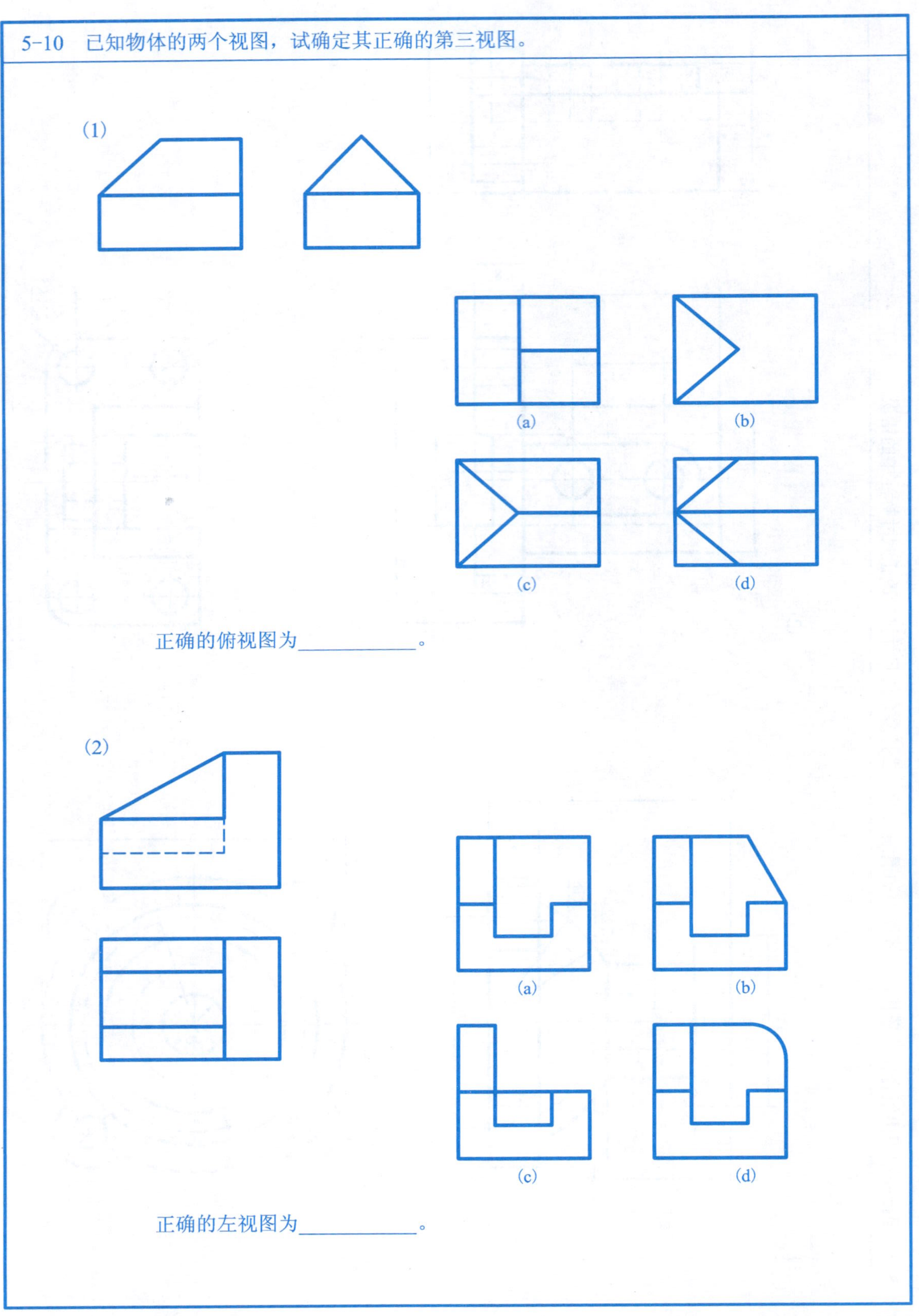

正确的俯视图为________。

正确的左视图为________。

班级______ 学号______ 姓名________

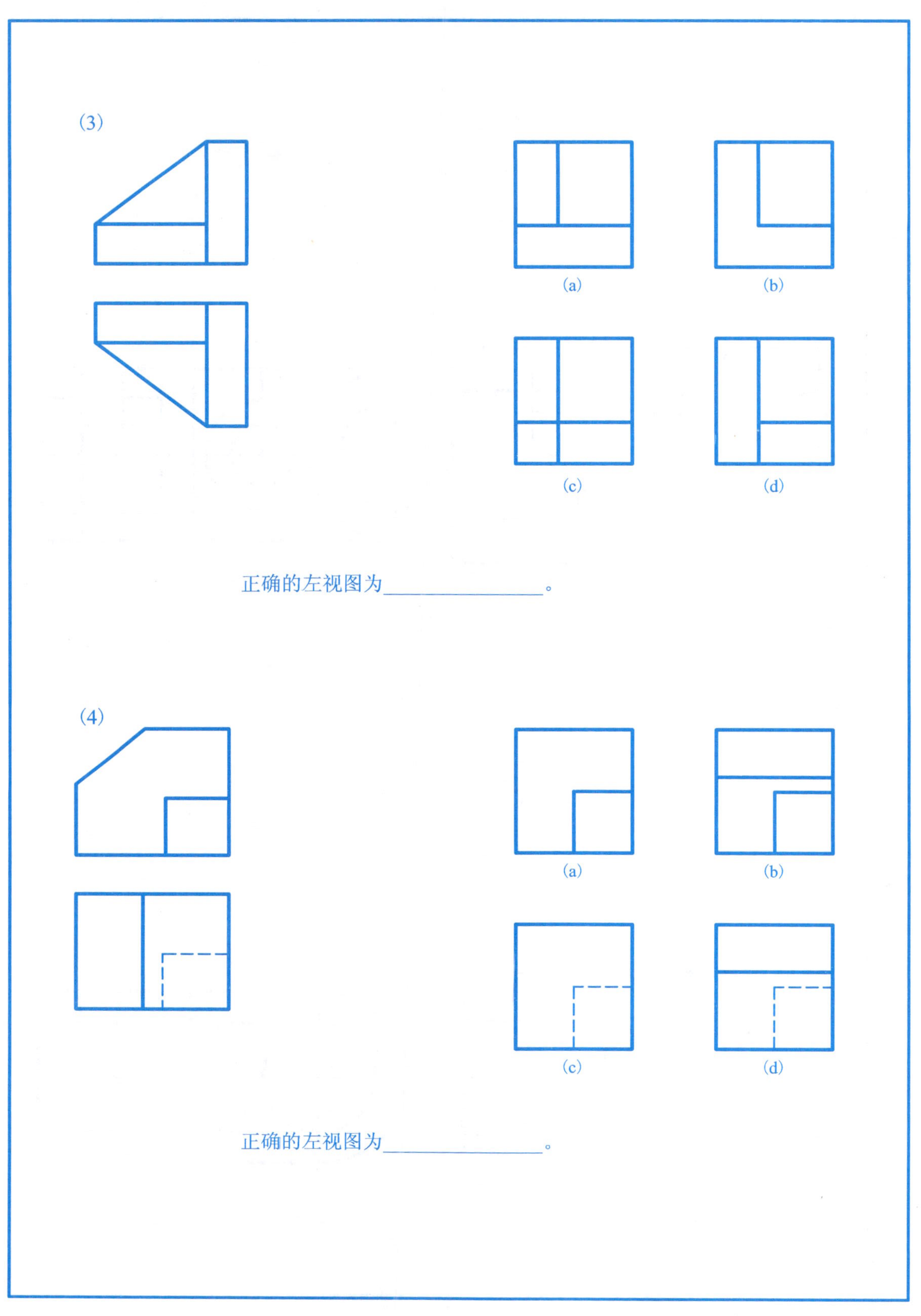

班级______学号______姓名________

5-11　根据组合体的两个投影，画出其第三投影。

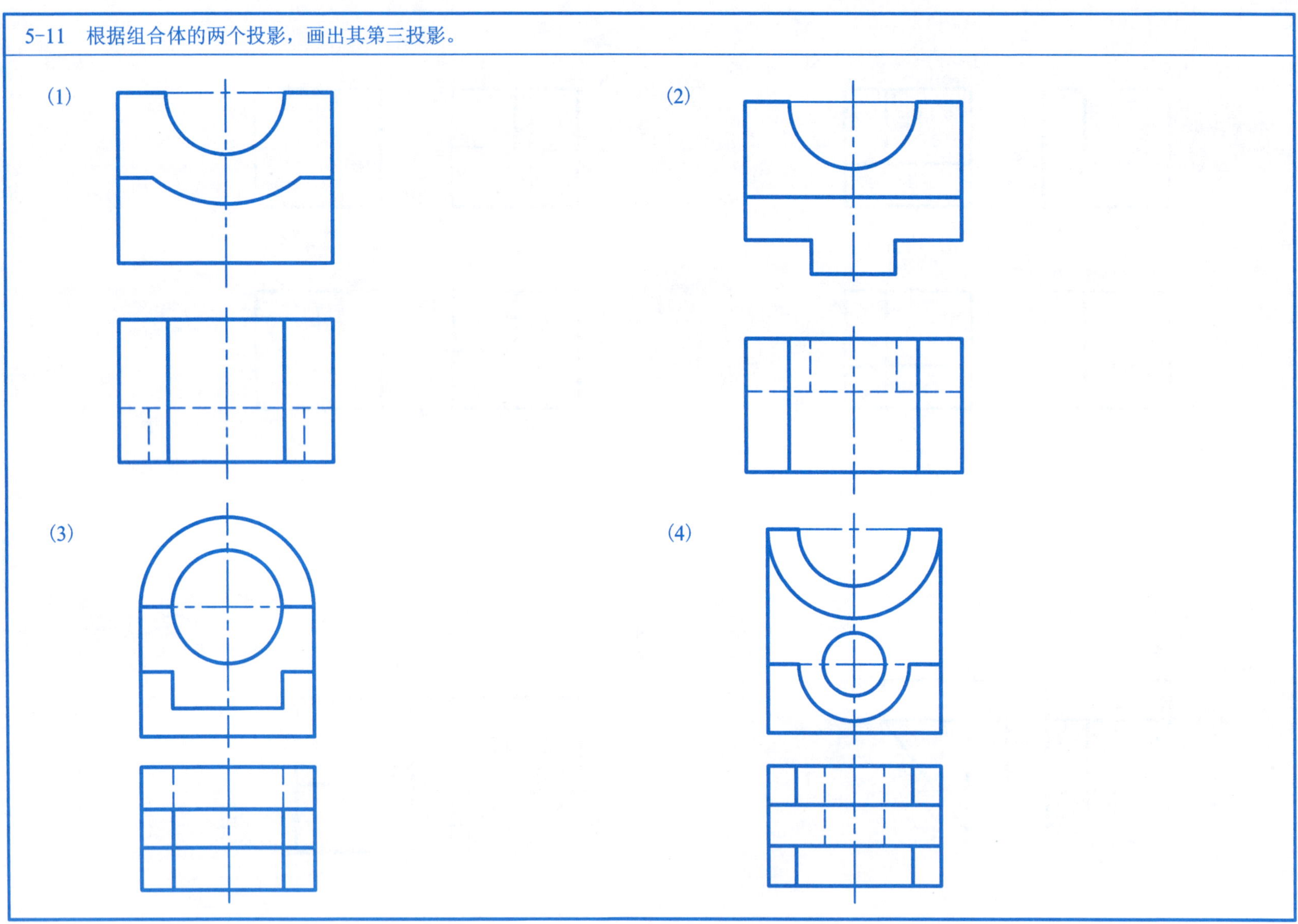

班级______学号______姓名________

5-12 根据组合体的两个投影，画出其第三投影。

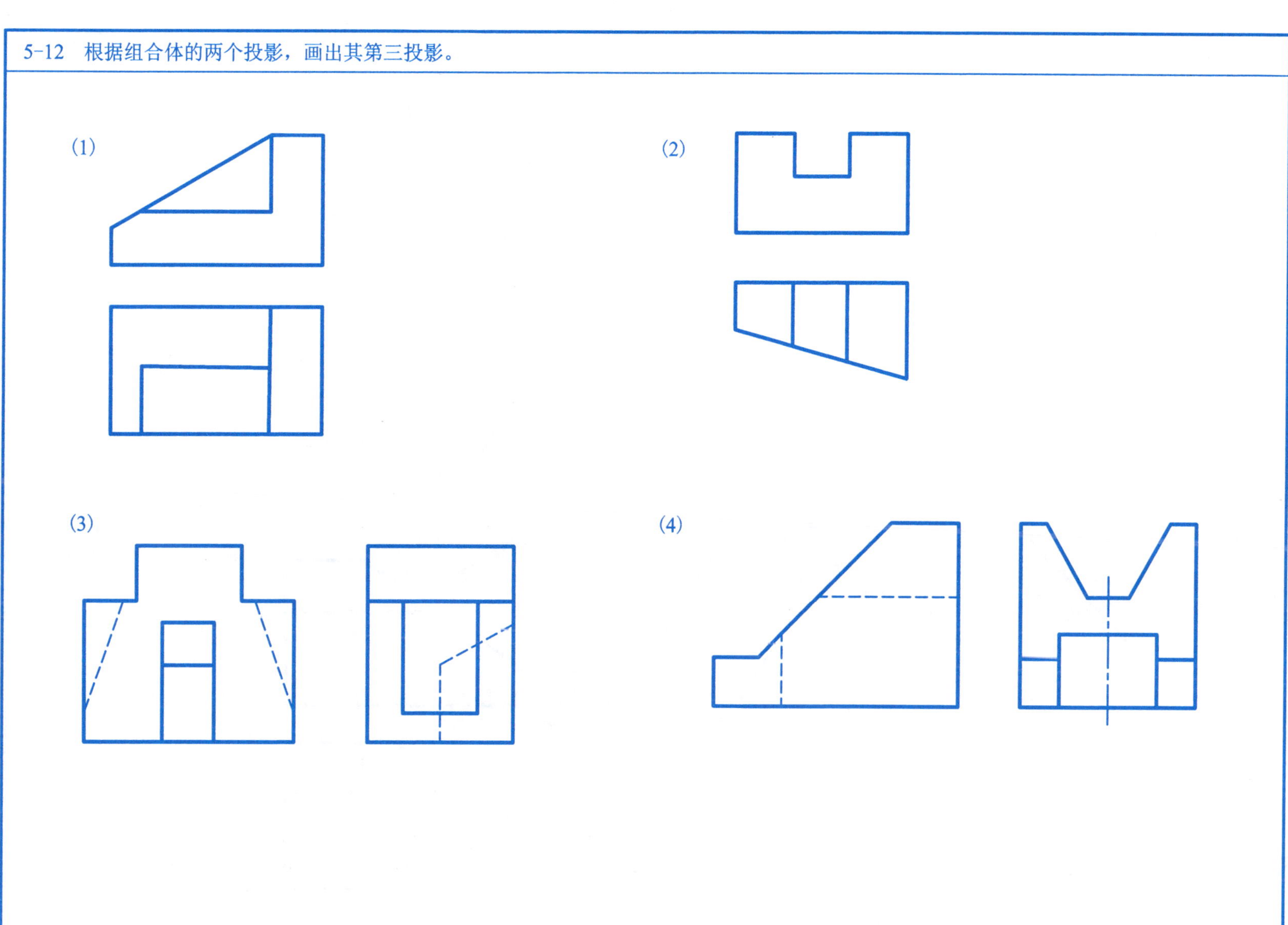

班级______学号______姓名________

5-13 根据组合体的两个投影，画出其第三投影。

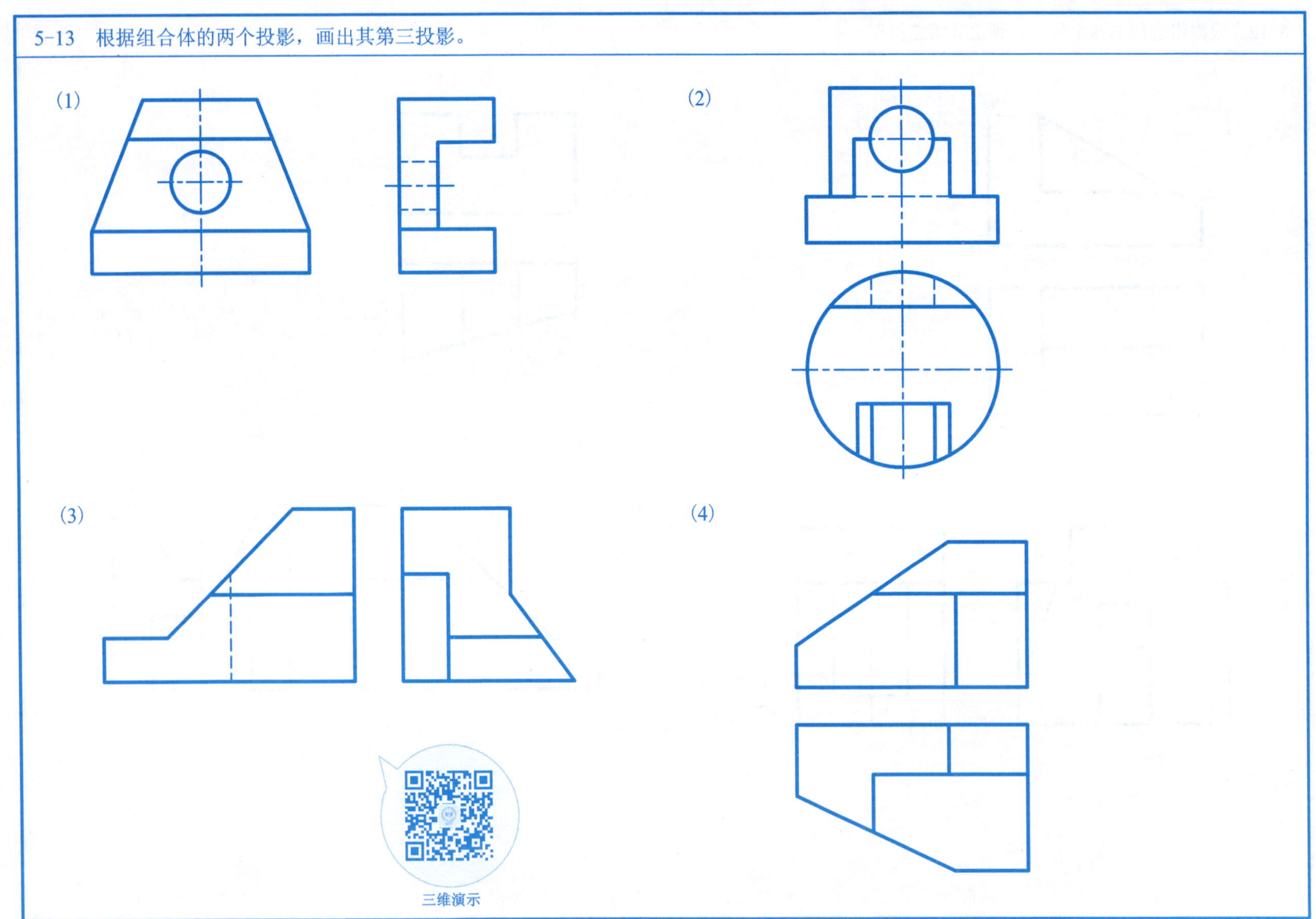

班级______学号______姓名________

5-14 根据组合体的两个投影，画出其第三投影。

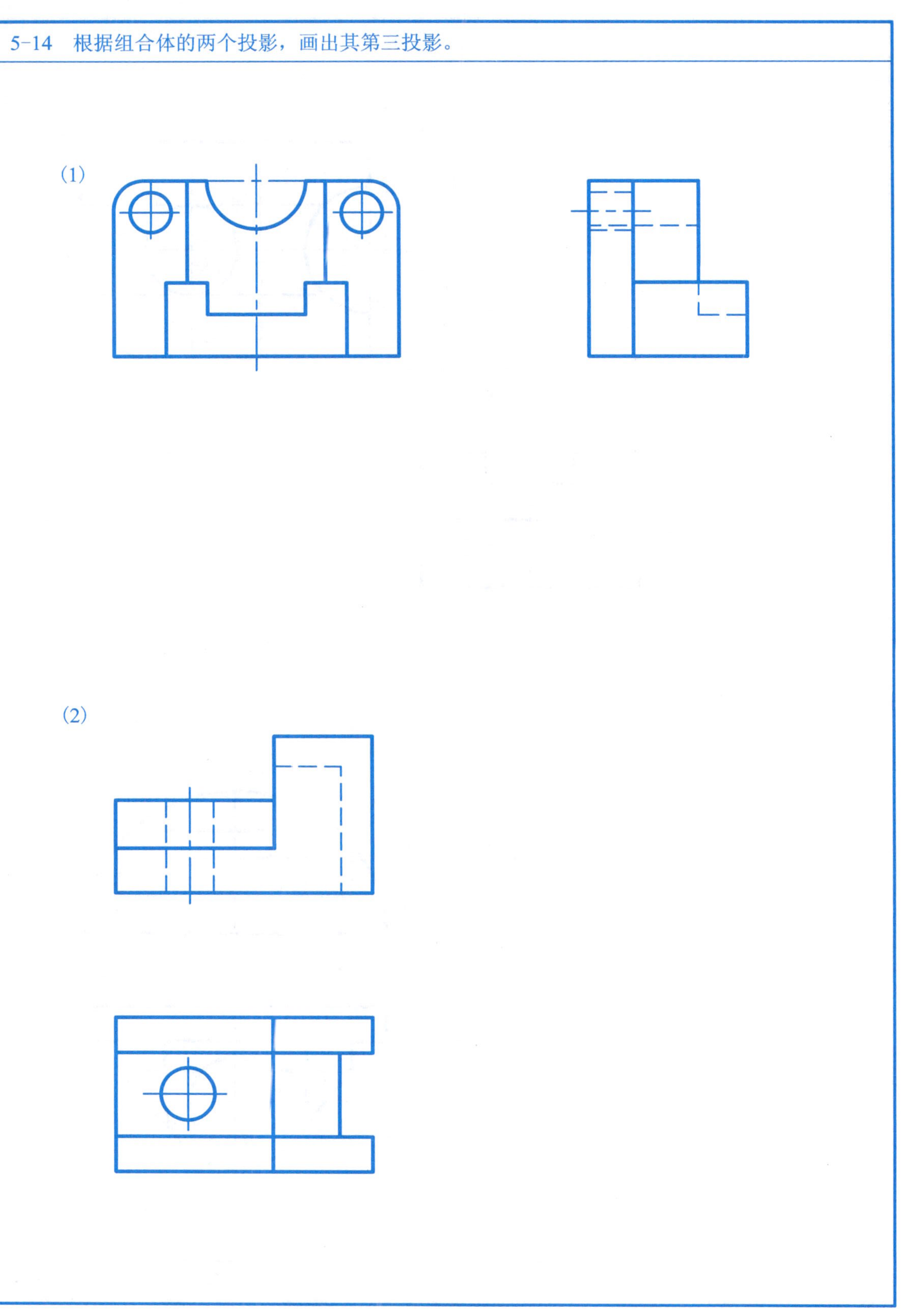

班级______学号______姓名________

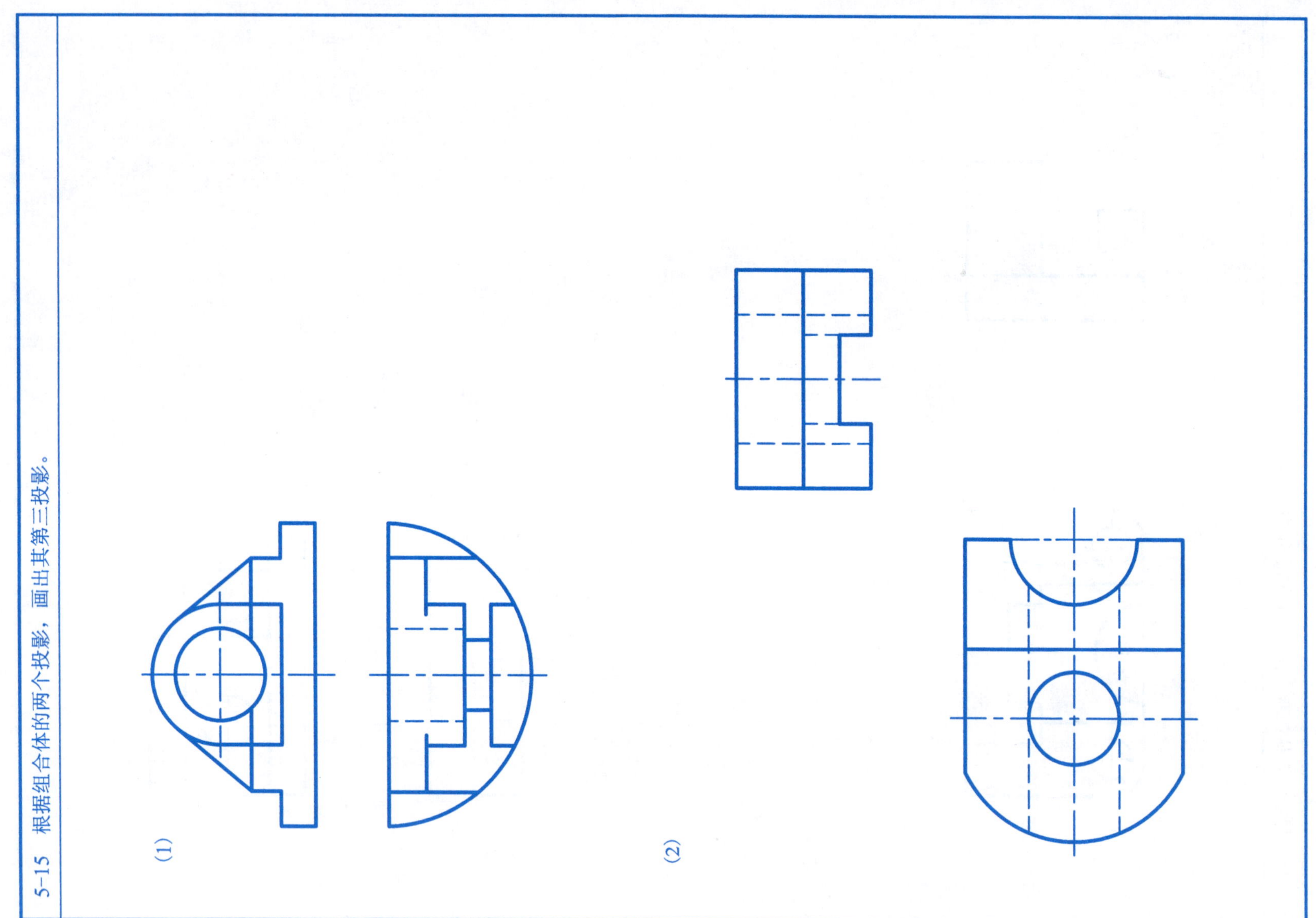

班级______ 学号______ 姓名________

5-16 根据组合体的两个投影，画出其第三投影。

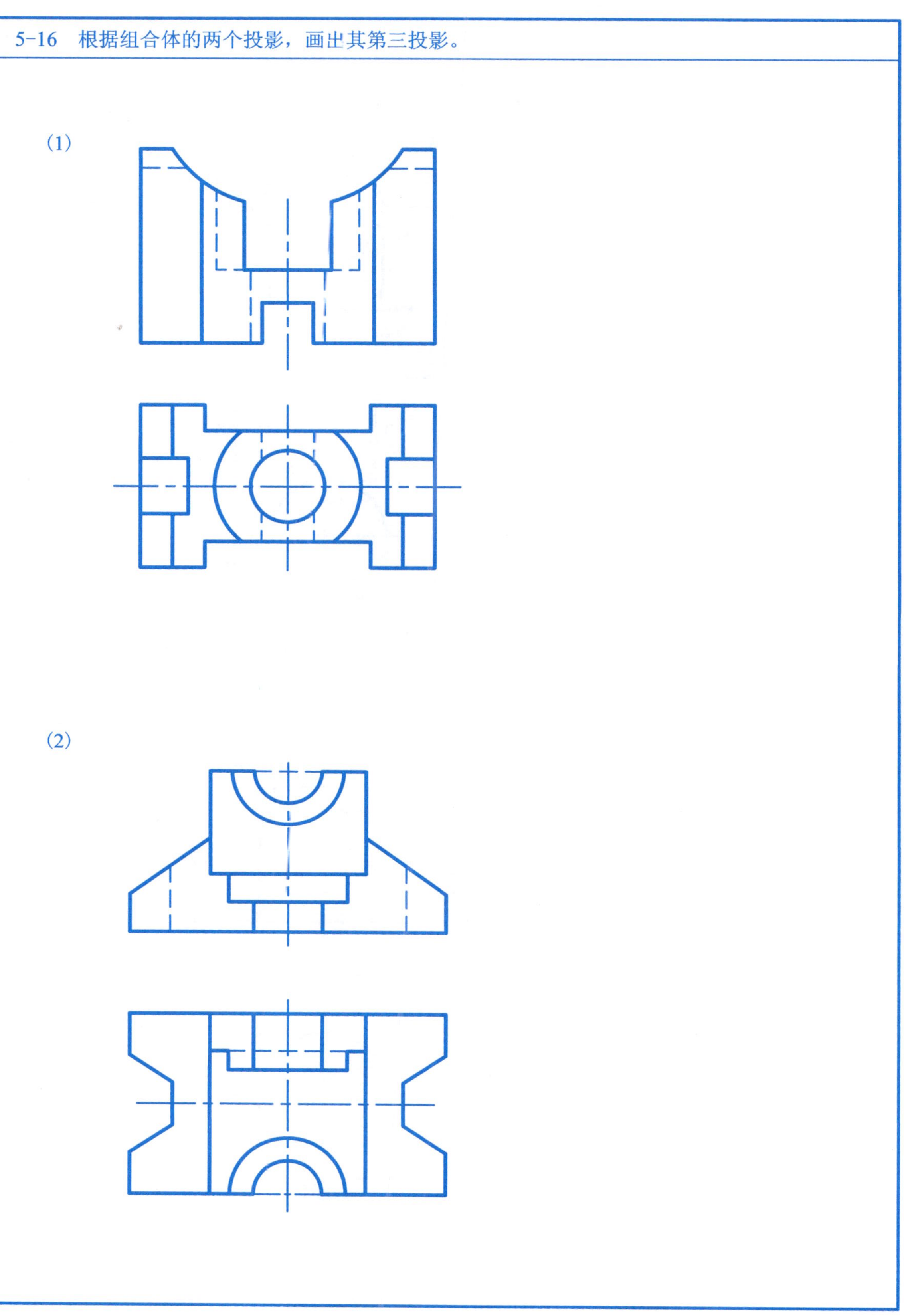

班级______学号______姓名________

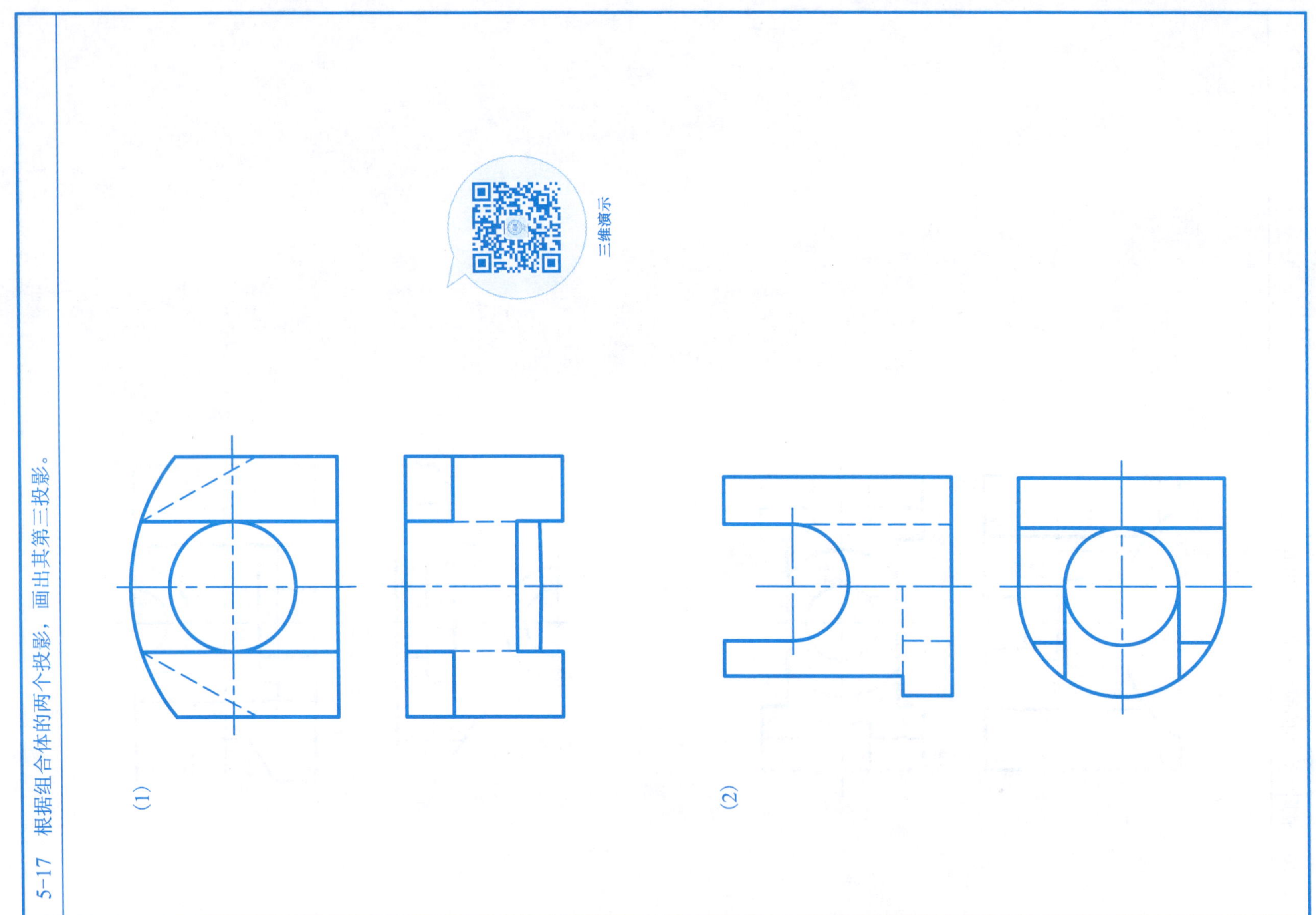

班级______学号______姓名________

5-18 根据组合体的两个投影，画出其第三投影。

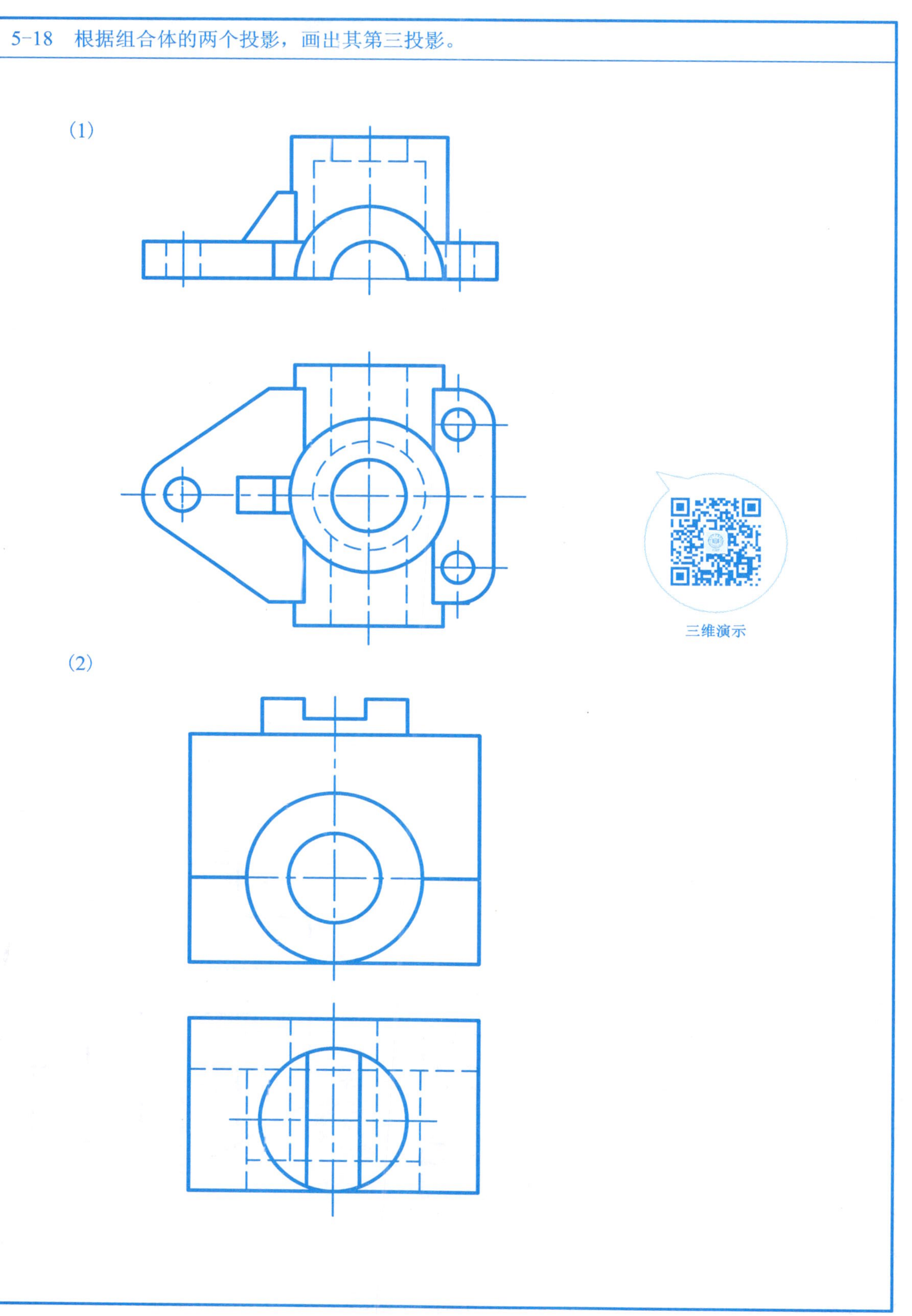

班级______ 学号______ 姓名________

5-19 根据投影图，画正等轴测图。

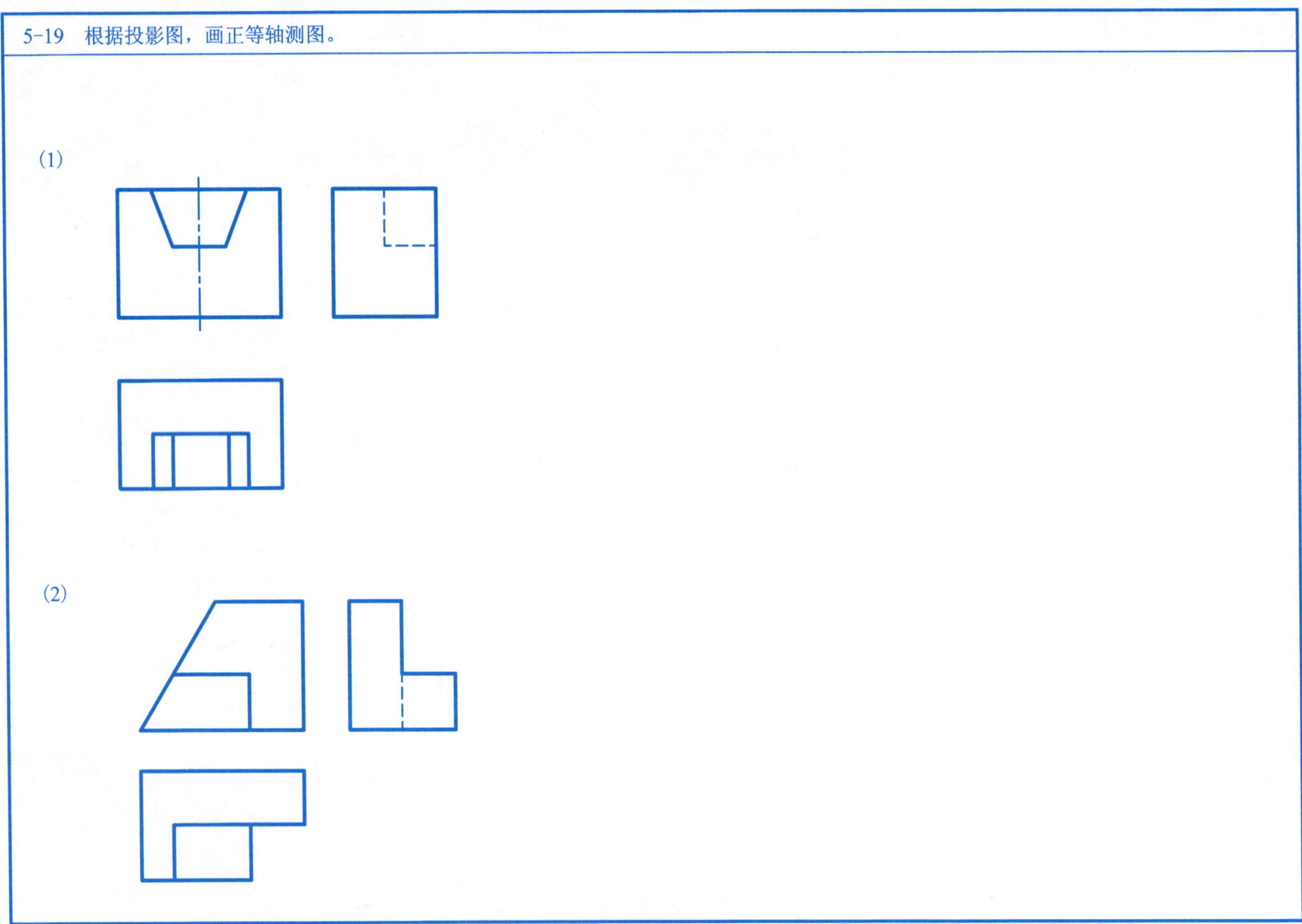

班级______学号______姓名________

(3)

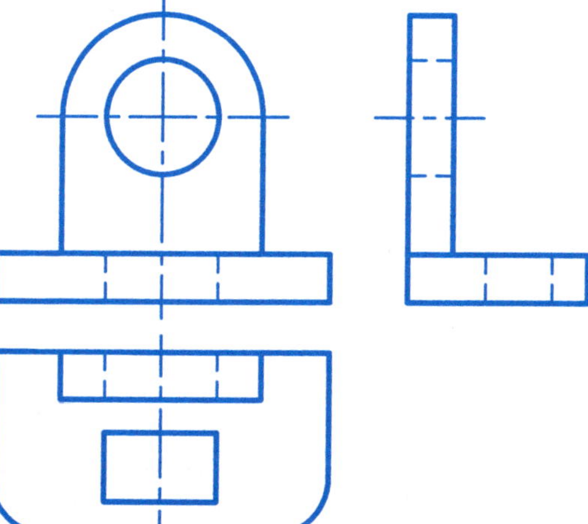

(4)

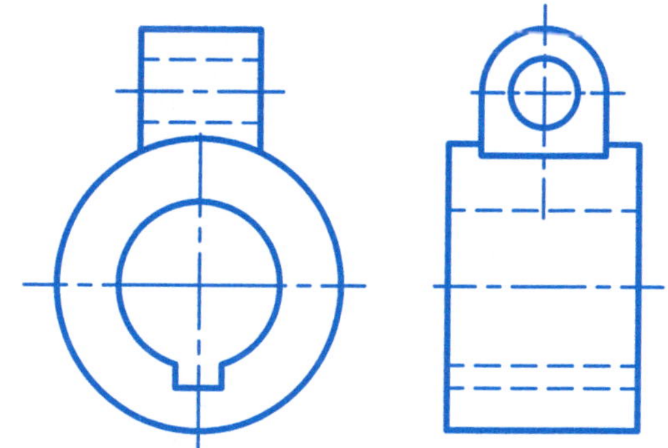

班级______学号______姓名________

5-20　根据投影图画斜二测图。

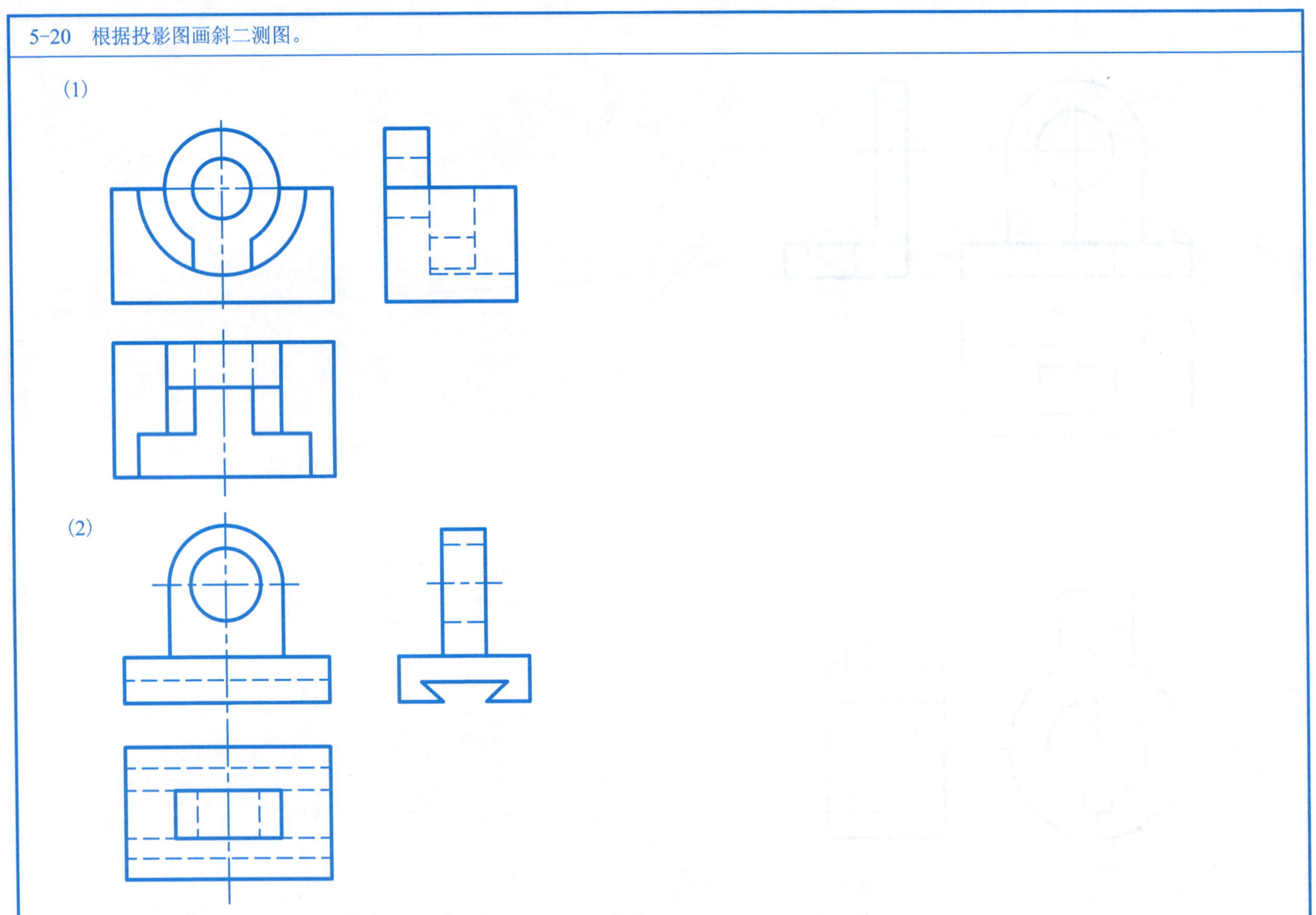

班级______学号______姓名________

(3)

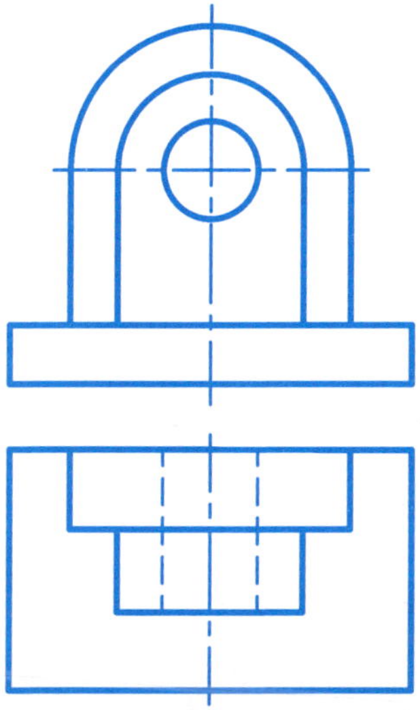

(4)

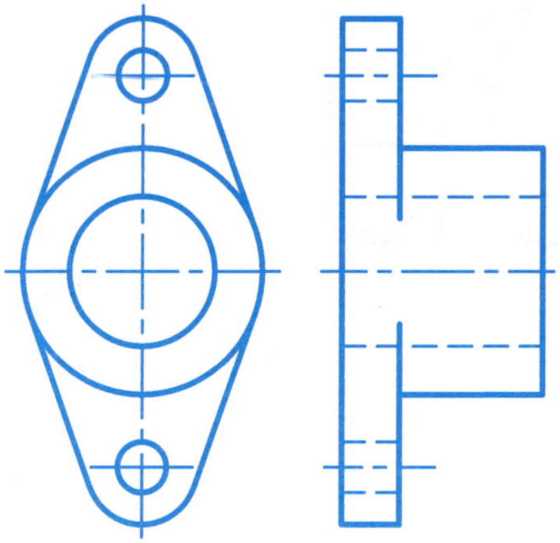

班级______学号______姓名________

5-21　根据已知的一个视图，构型设计出不同形状的组合体，并补画出另两个视图。

(1) 已知俯视图。

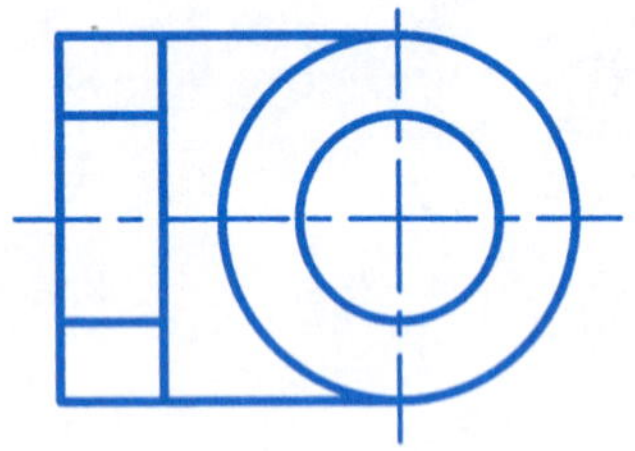

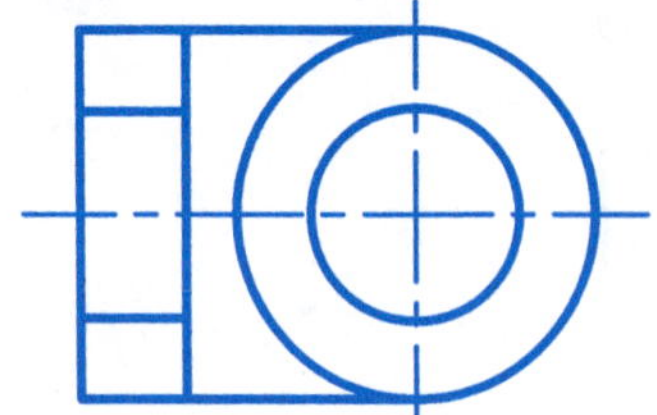

(2) 已知主视图。

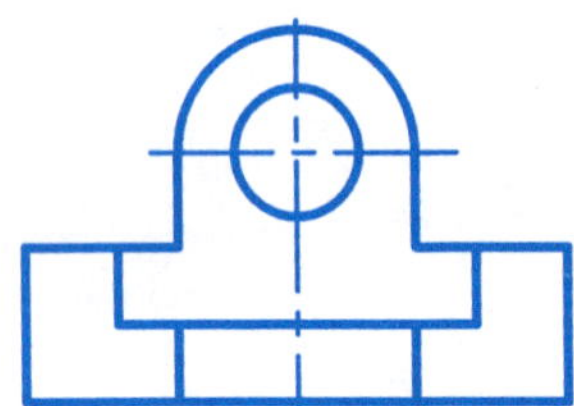

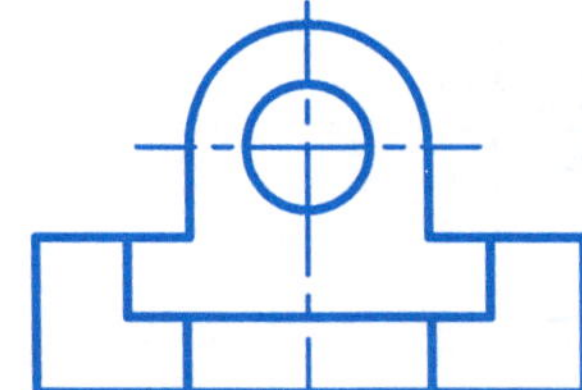

班级______学号______姓名________

5-22　根据已知的主、左视图，画俯视图和轴测图(两种答案)。

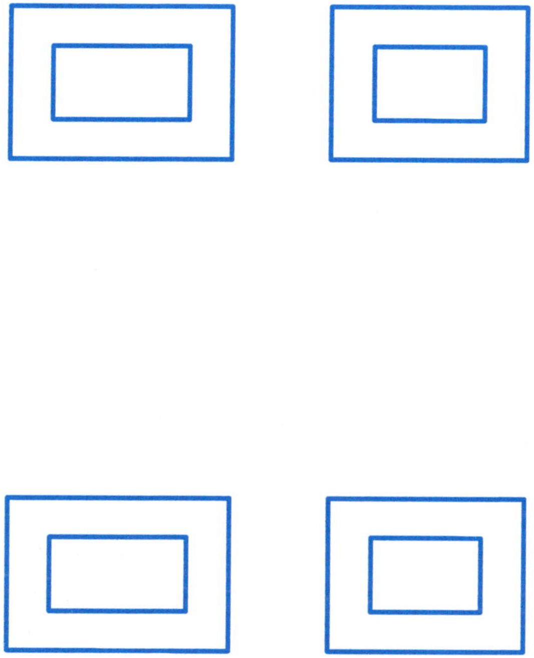

5-23　根据已知的主、俯视图，画左视图和轴测图(两种答案)。

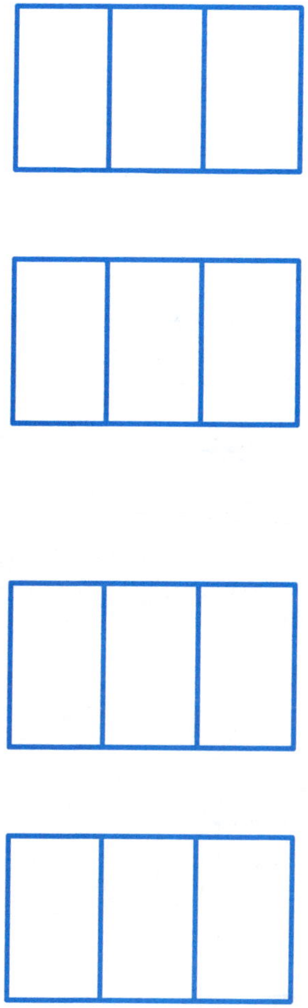

班级______学号______姓名________

5-24 由俯视图构思出组合体，画全三视图。

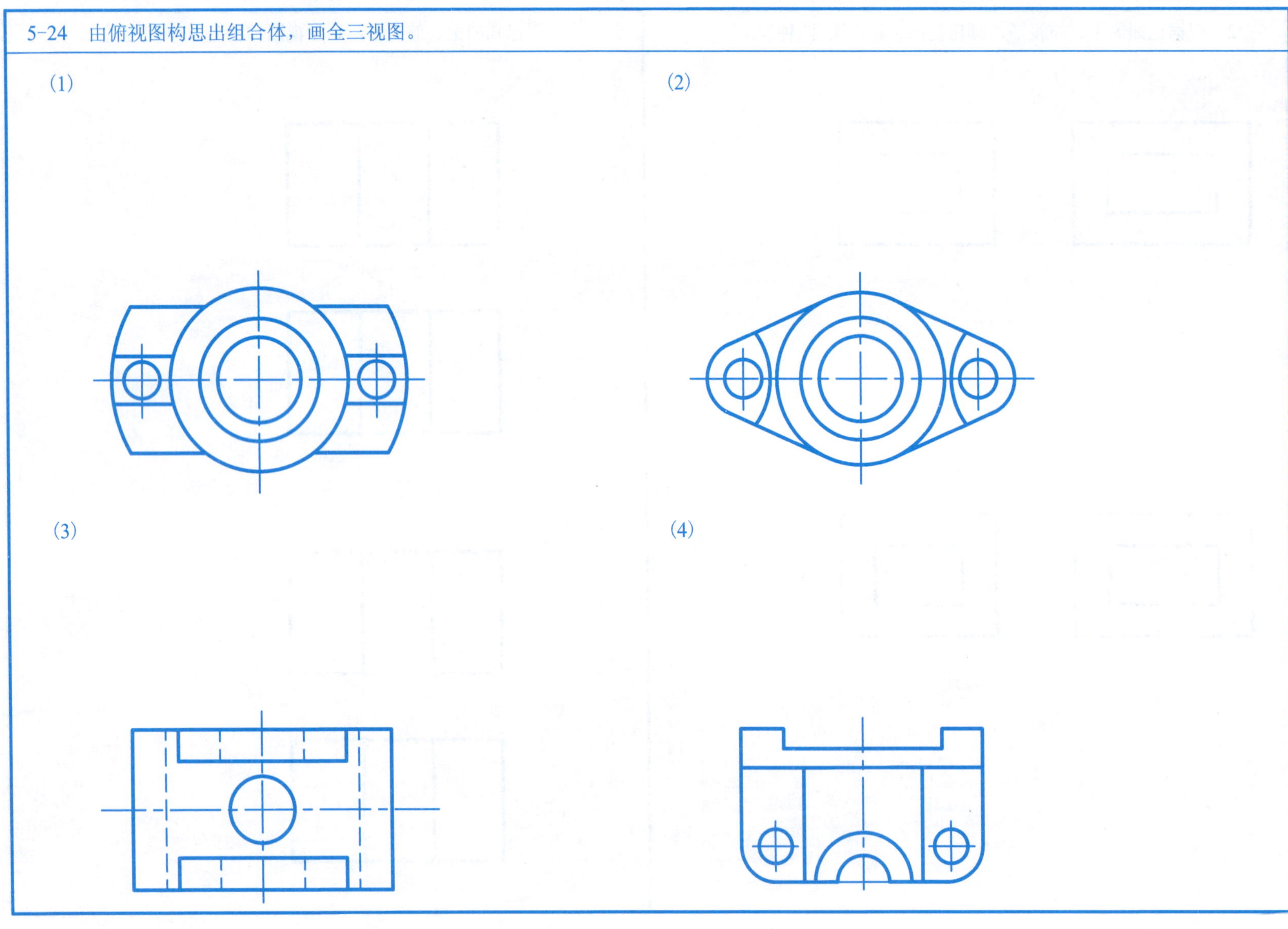

班级______ 学号______ 姓名________

6-1 补全其他四个基本视图,保留图中虚线。

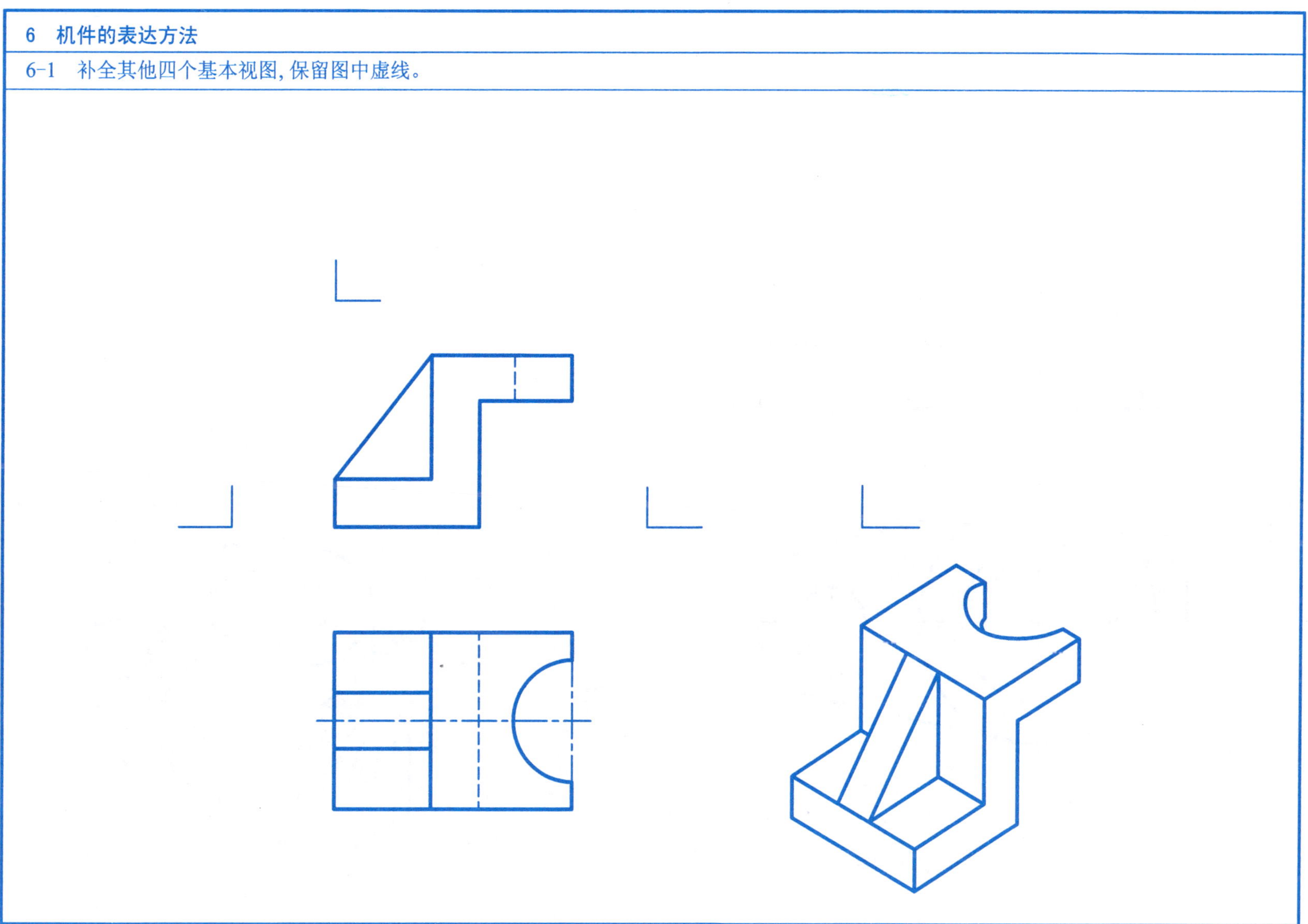

班级______学号______姓名________

6-2 画出*A*向局部视图并标注。

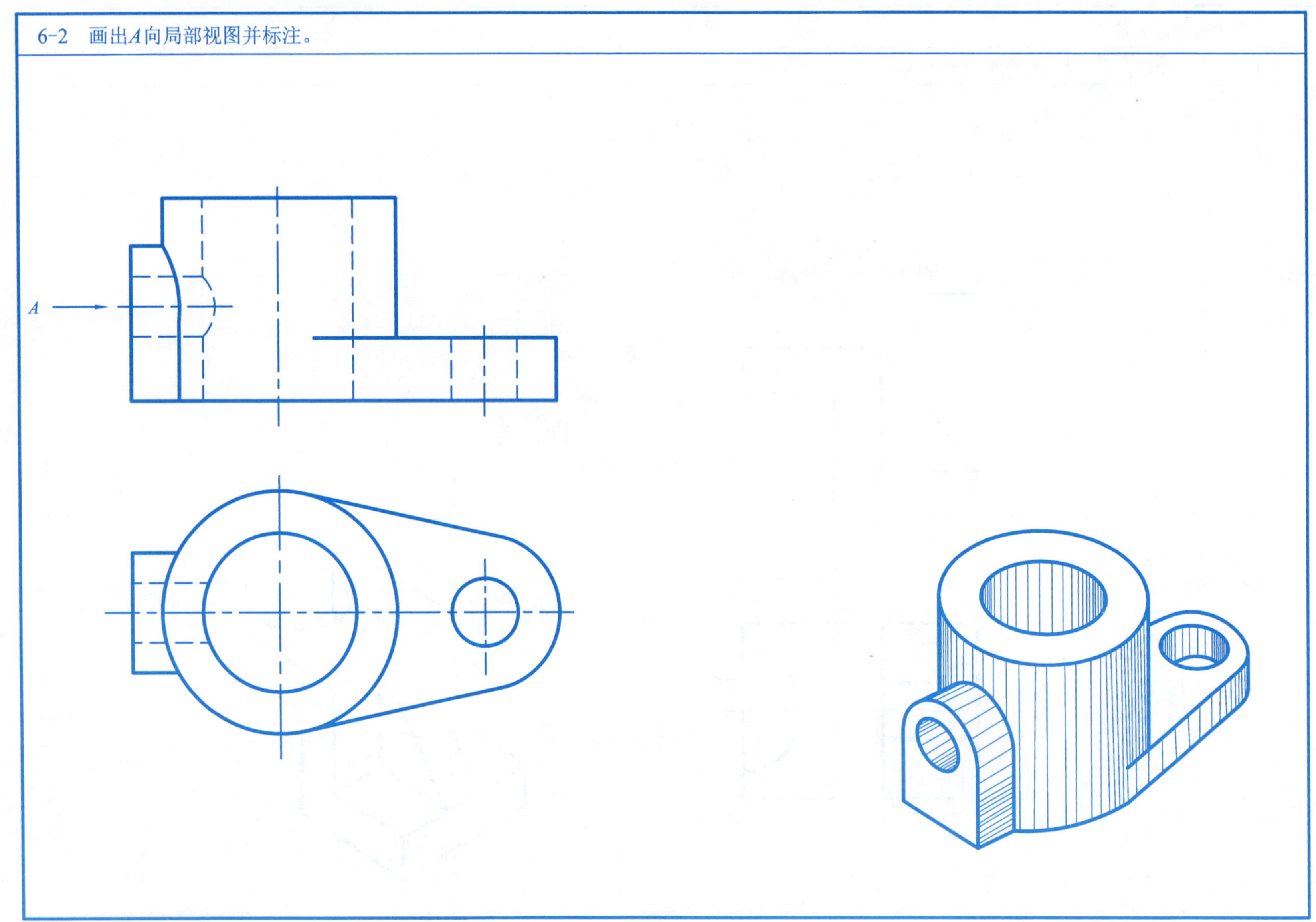

班级______学号______姓名________

6-3 根据所给的主视图和轴测图，画出指定的局部视图和斜视图。

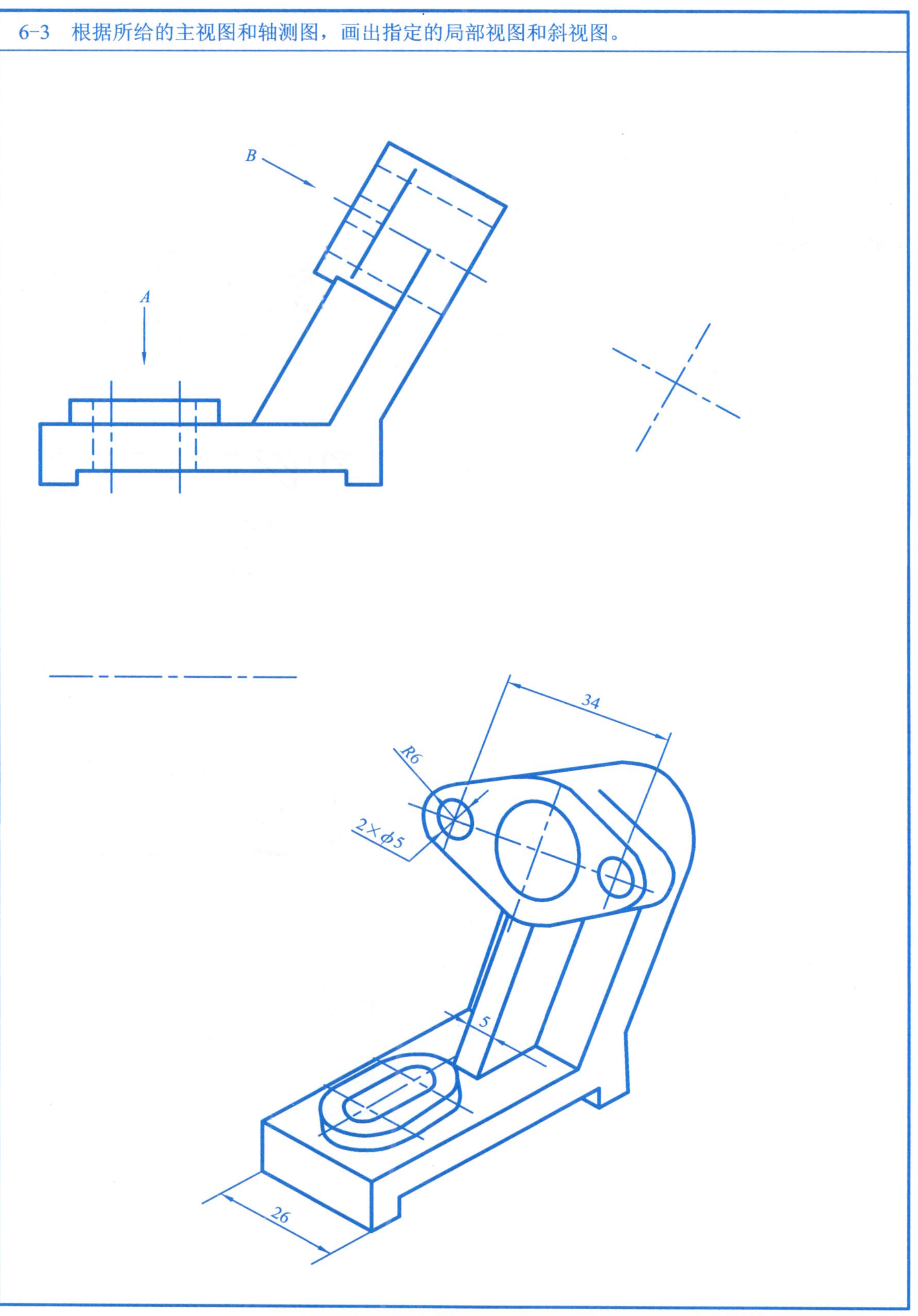

班级______学号______姓名________

6-4 对照立体图，补全剖视图中所缺画的图线。

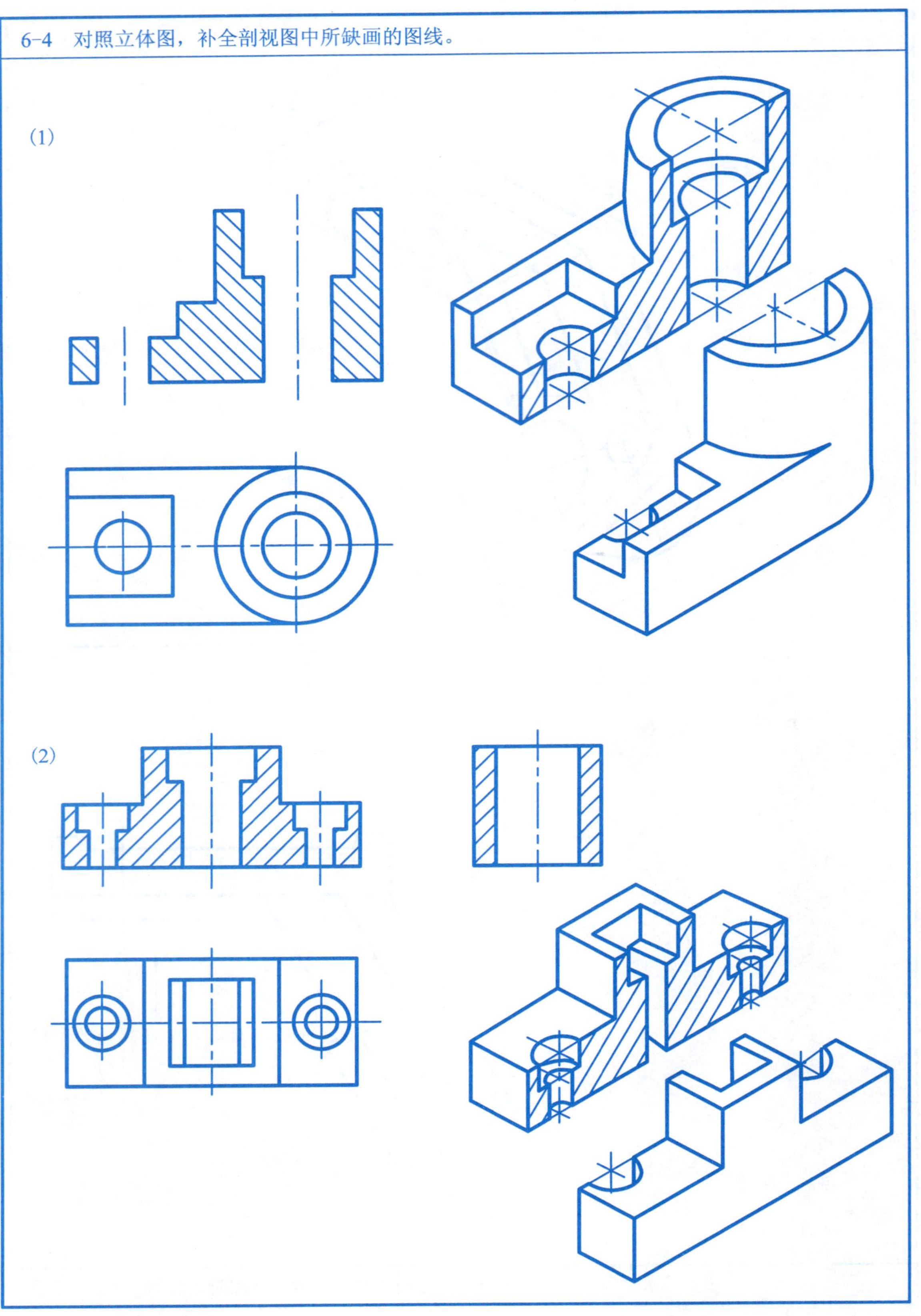

班级______学号______姓名________

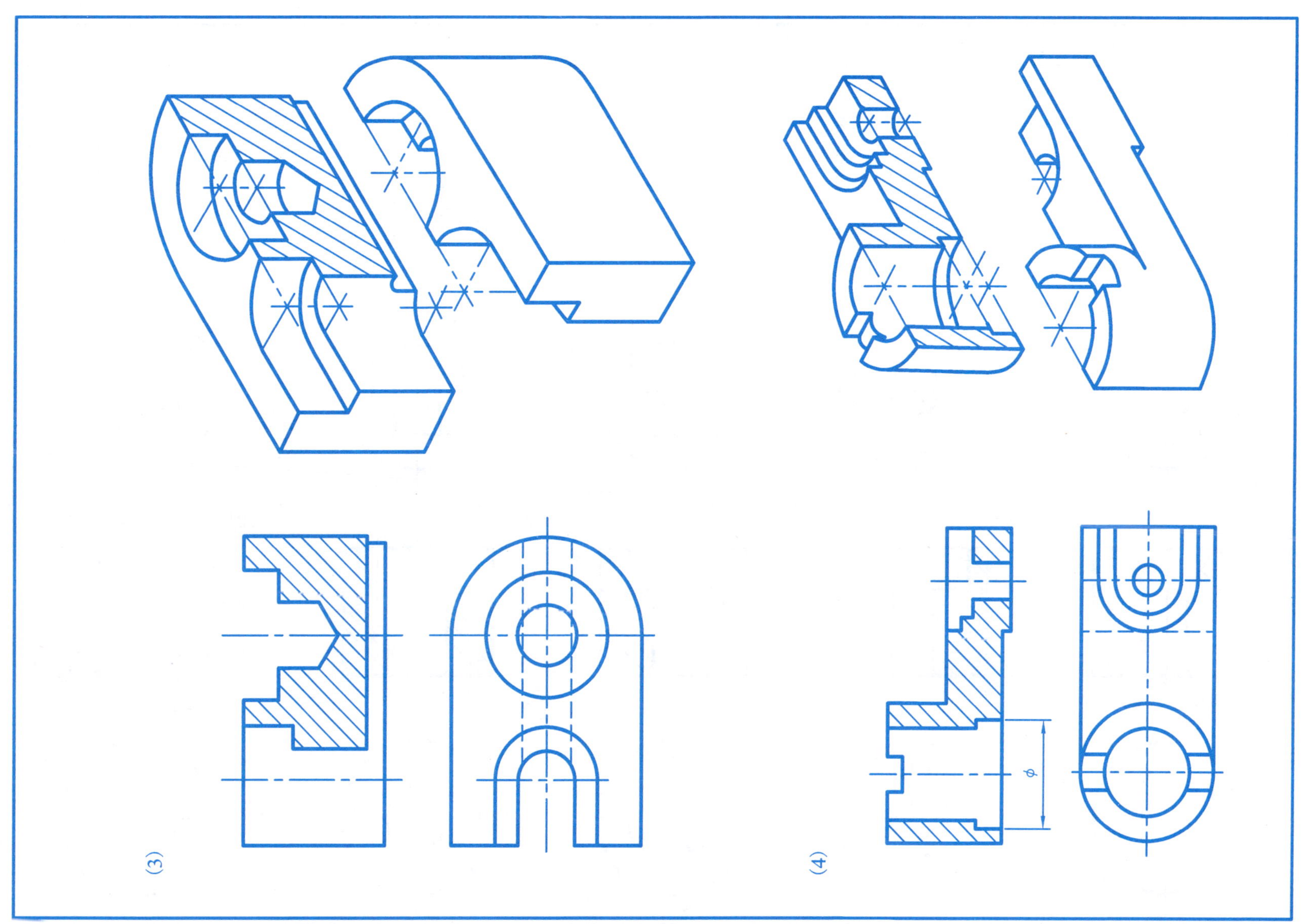

班级________学号________姓名__________

6-5 补全下列各剖视图中缺漏的线条。

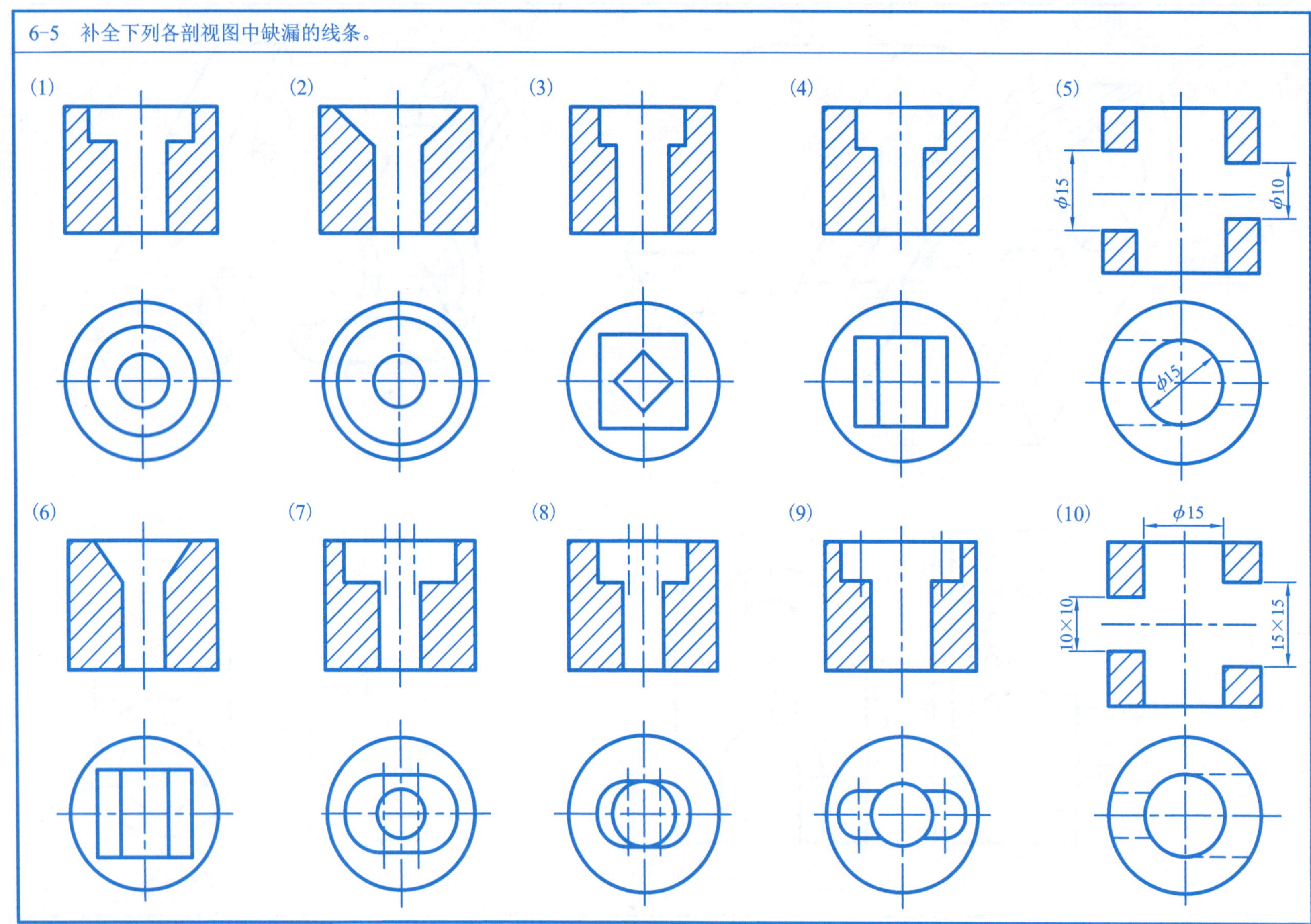

班级______ 学号______ 姓名________

6-6 将下列机件的主视图改为全剖视图(不要的线在上面打“×”)。

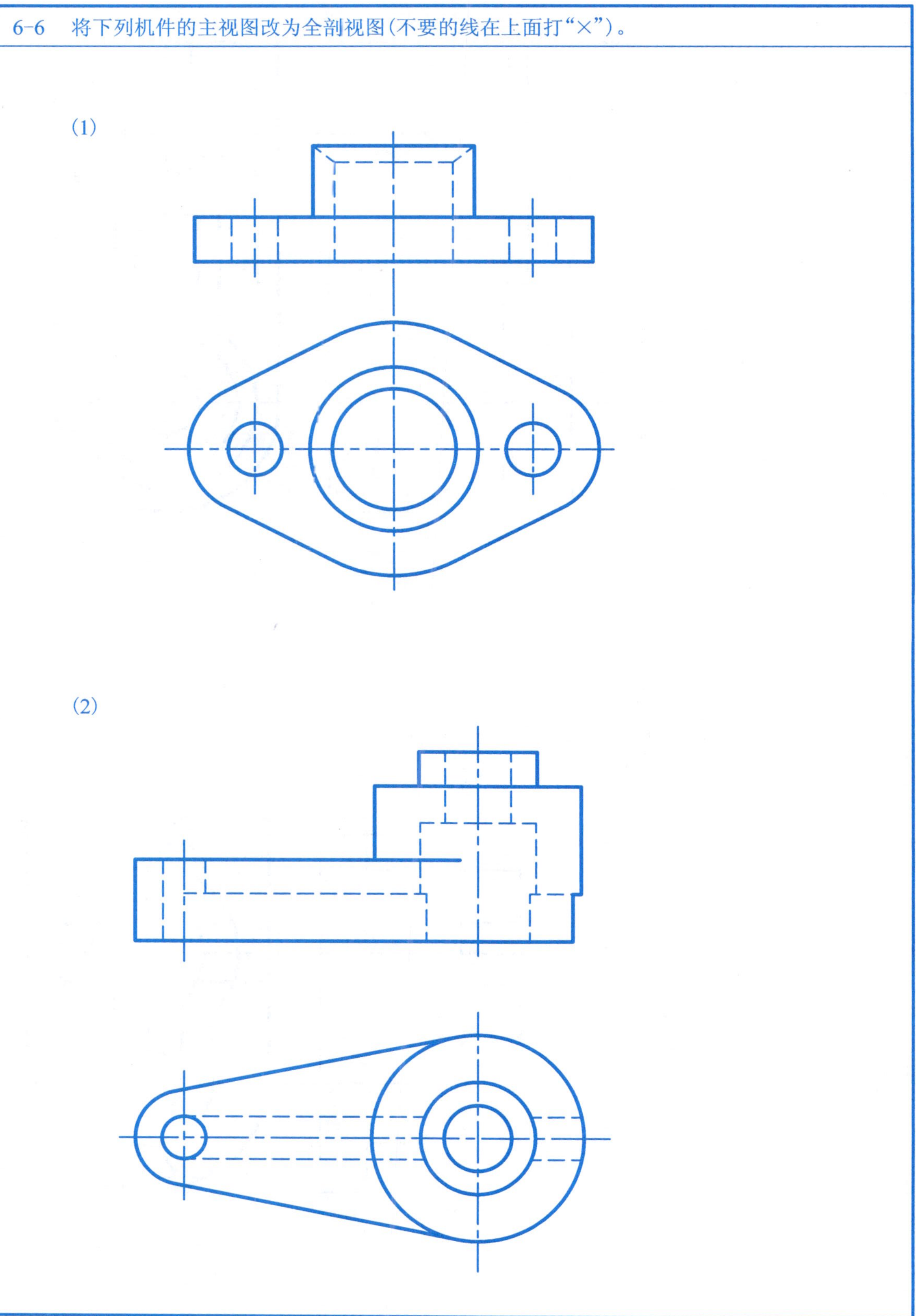

班级______学号______姓名________

6-7 在指定位置上，把主视图改画为全剖视图。

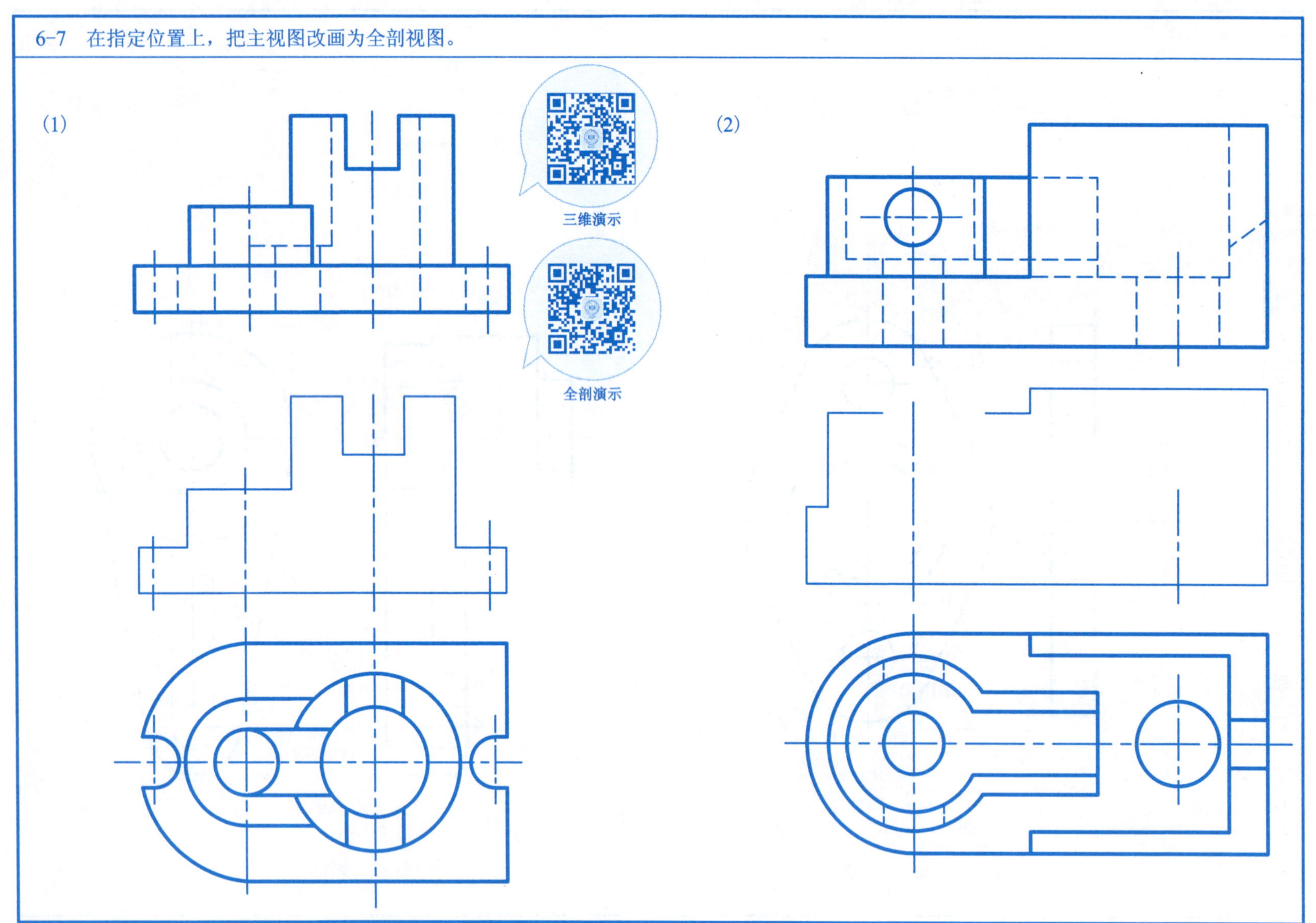

班级______学号______姓名________

(3)

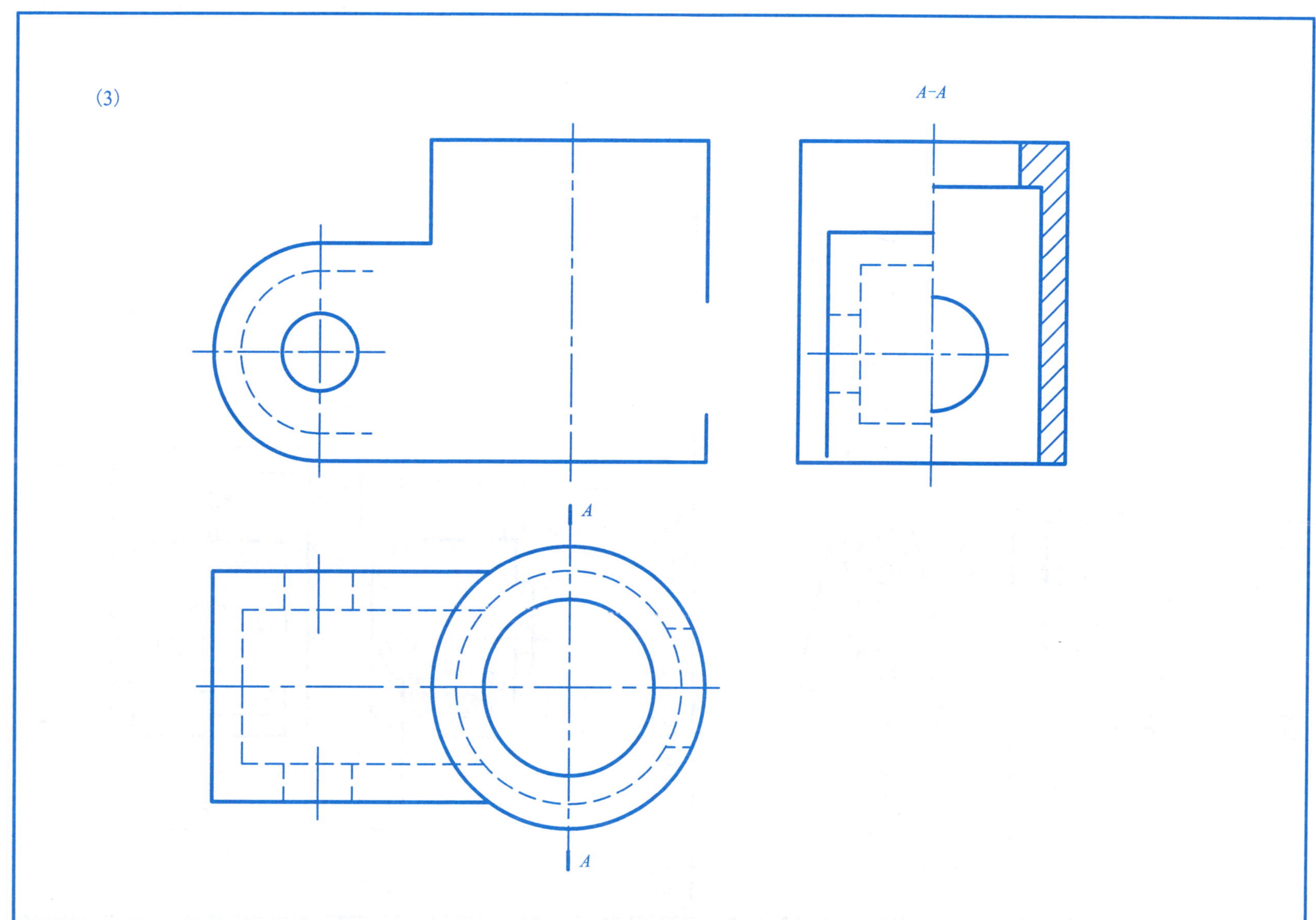

班级______学号______姓名________

6-8 在指定的位置将主视图改画成半剖视图。

6-9 将主视图改画成半剖视图，求作左视图并改画成全剖视图(不要的线打“×”)。

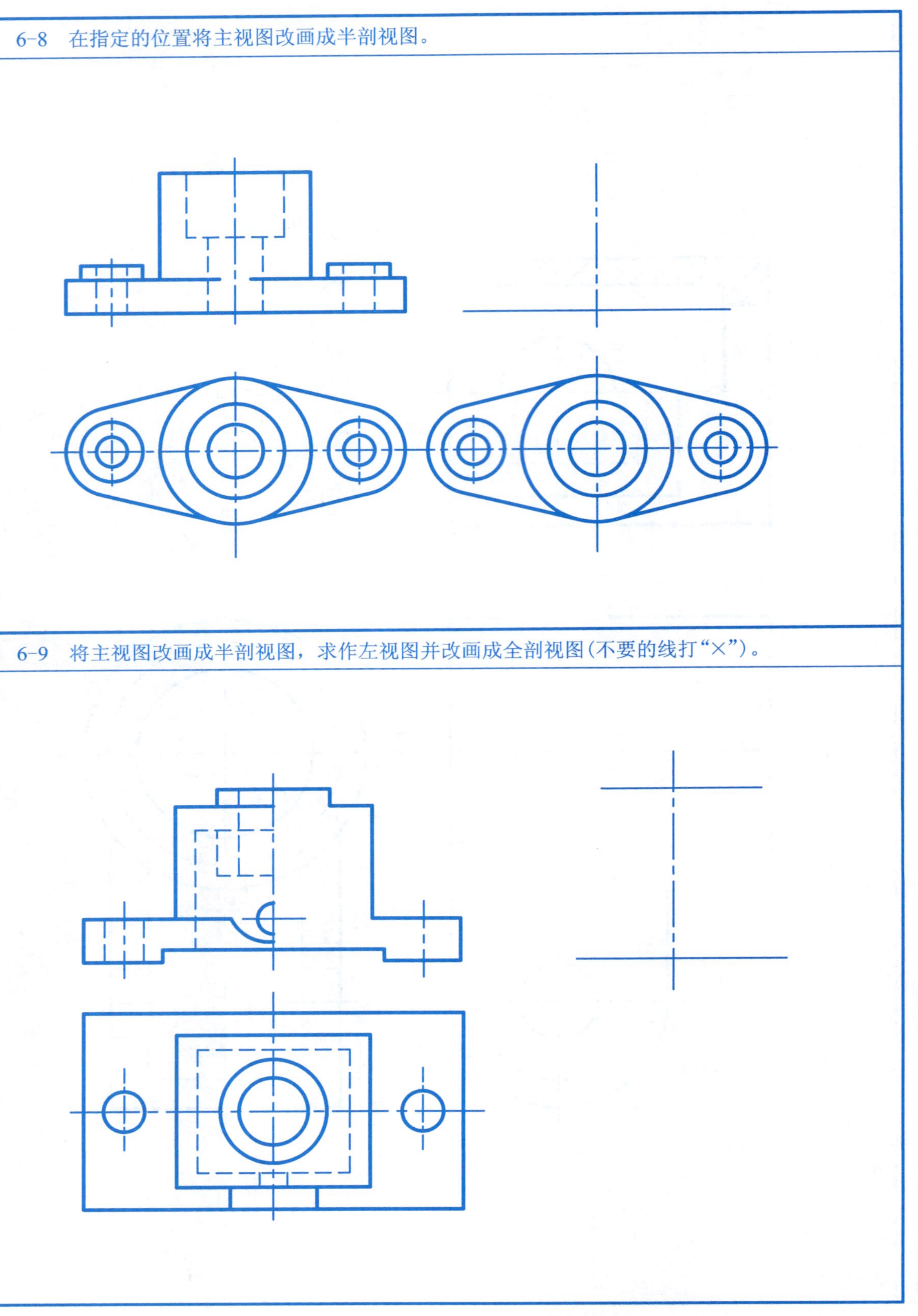

班级______ 学号______ 姓名________

6-10　看懂主、俯视图，补画出半剖视图的左视图，并在主视图上取半剖视(不要的线打“×”)。

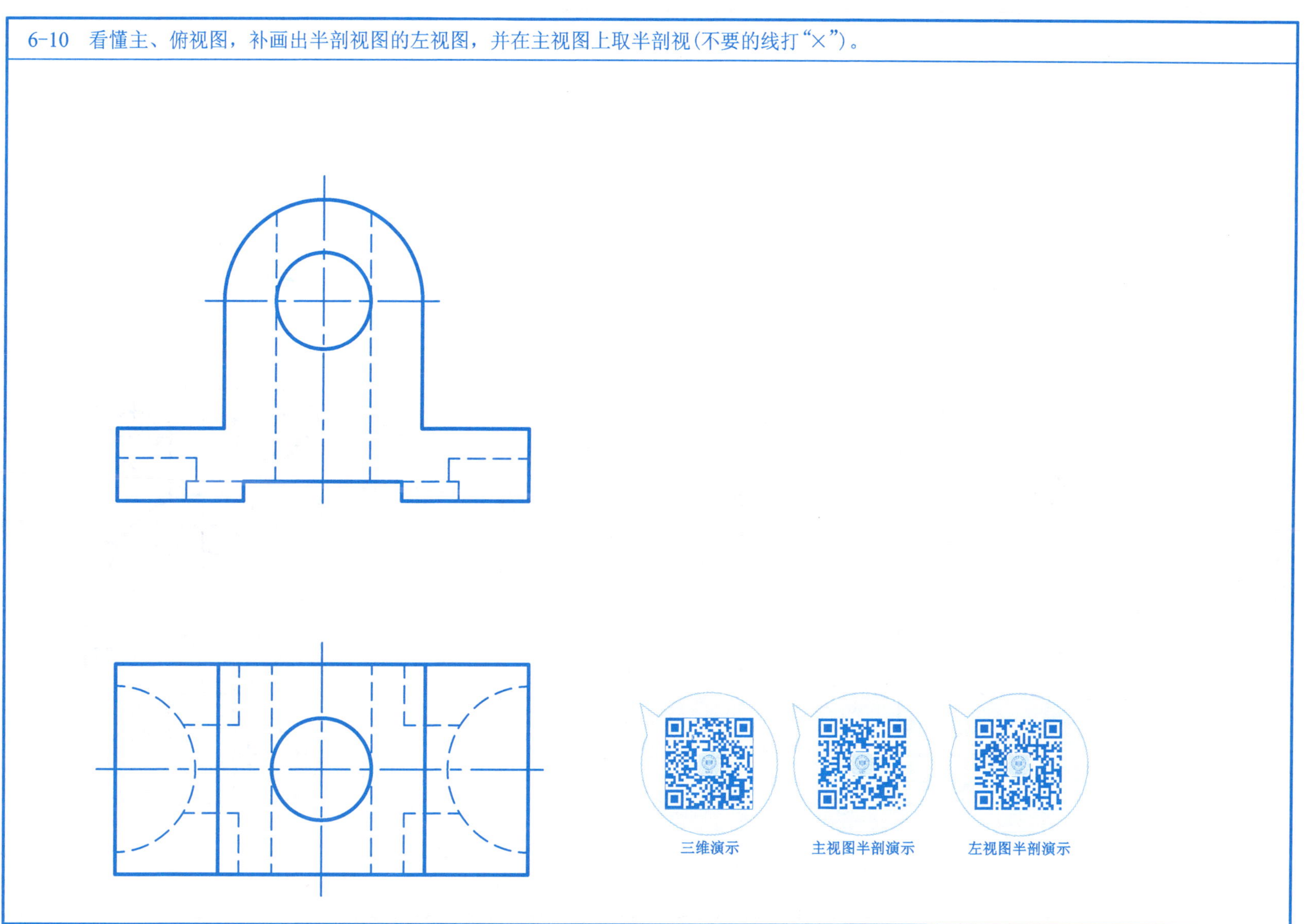

班级______学号______姓名________

6-11 在指定的位置将主视图画成半剖视图，并画出全剖视的左视图。

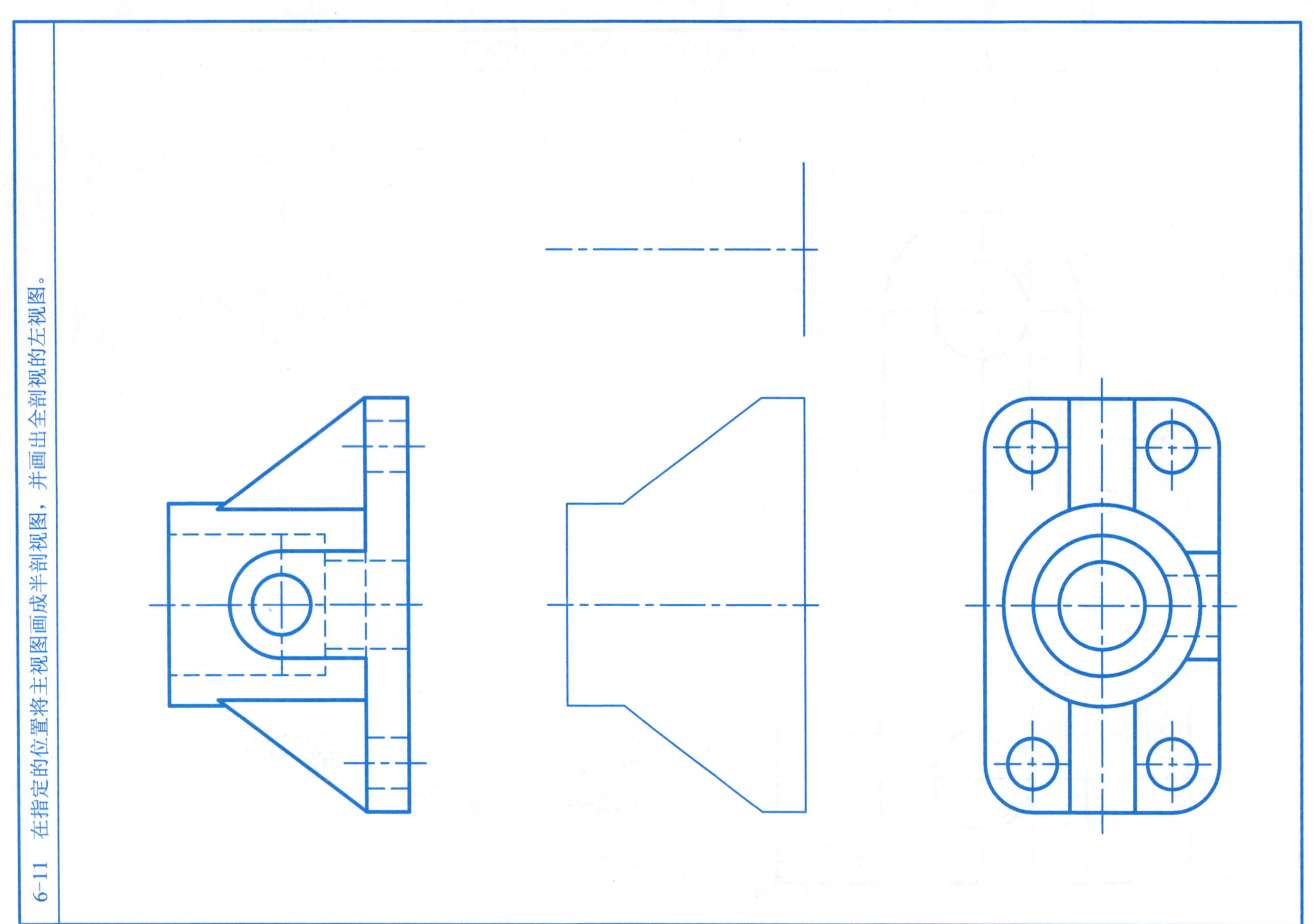

班级______学号______姓名________

6-12 求作左视图并改画成半剖视图。

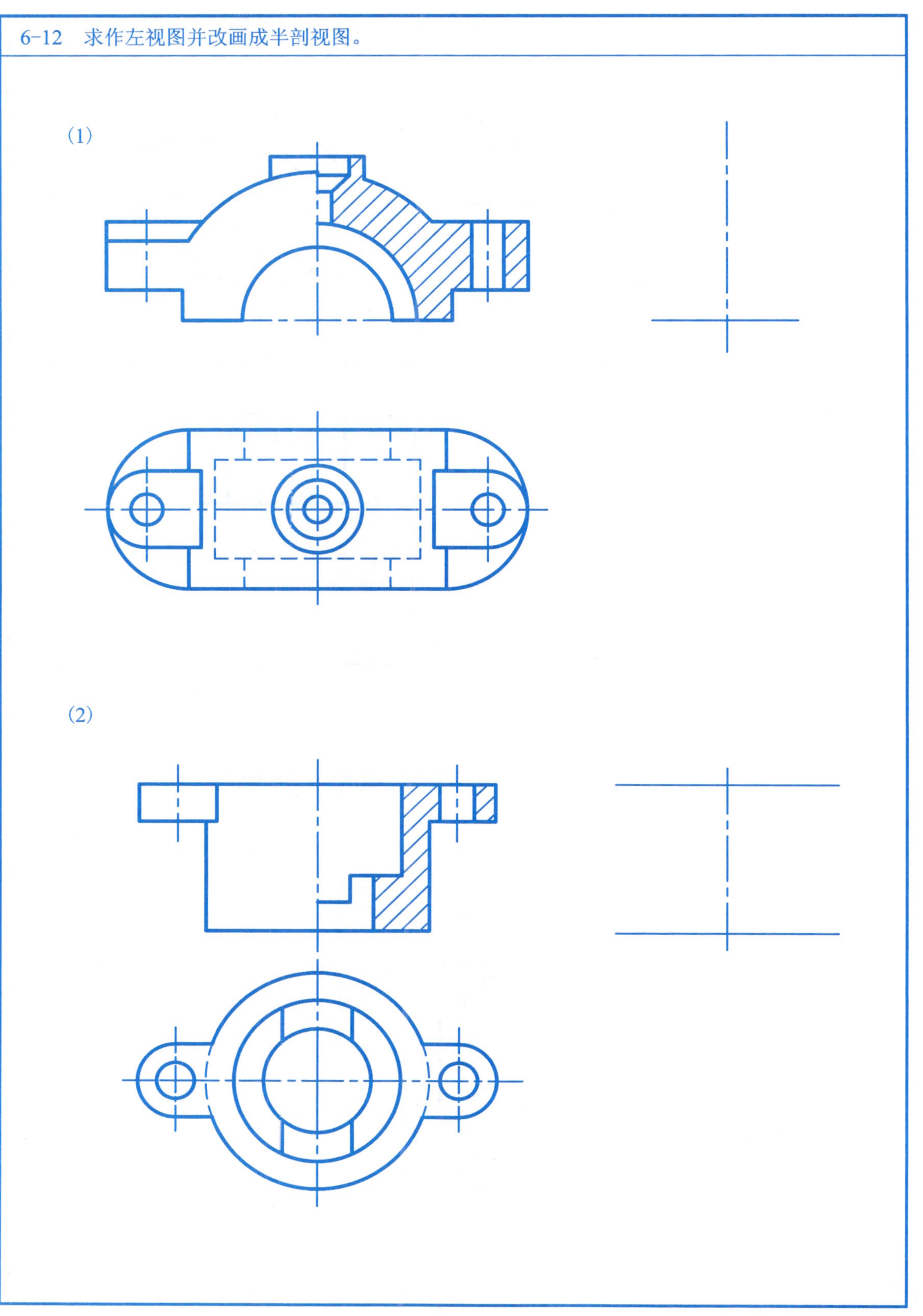

班级______学号______姓名________

6-13　将主、俯视图作局部剖视图。

6-14　将主、俯视图在指定位置作局部剖视图。

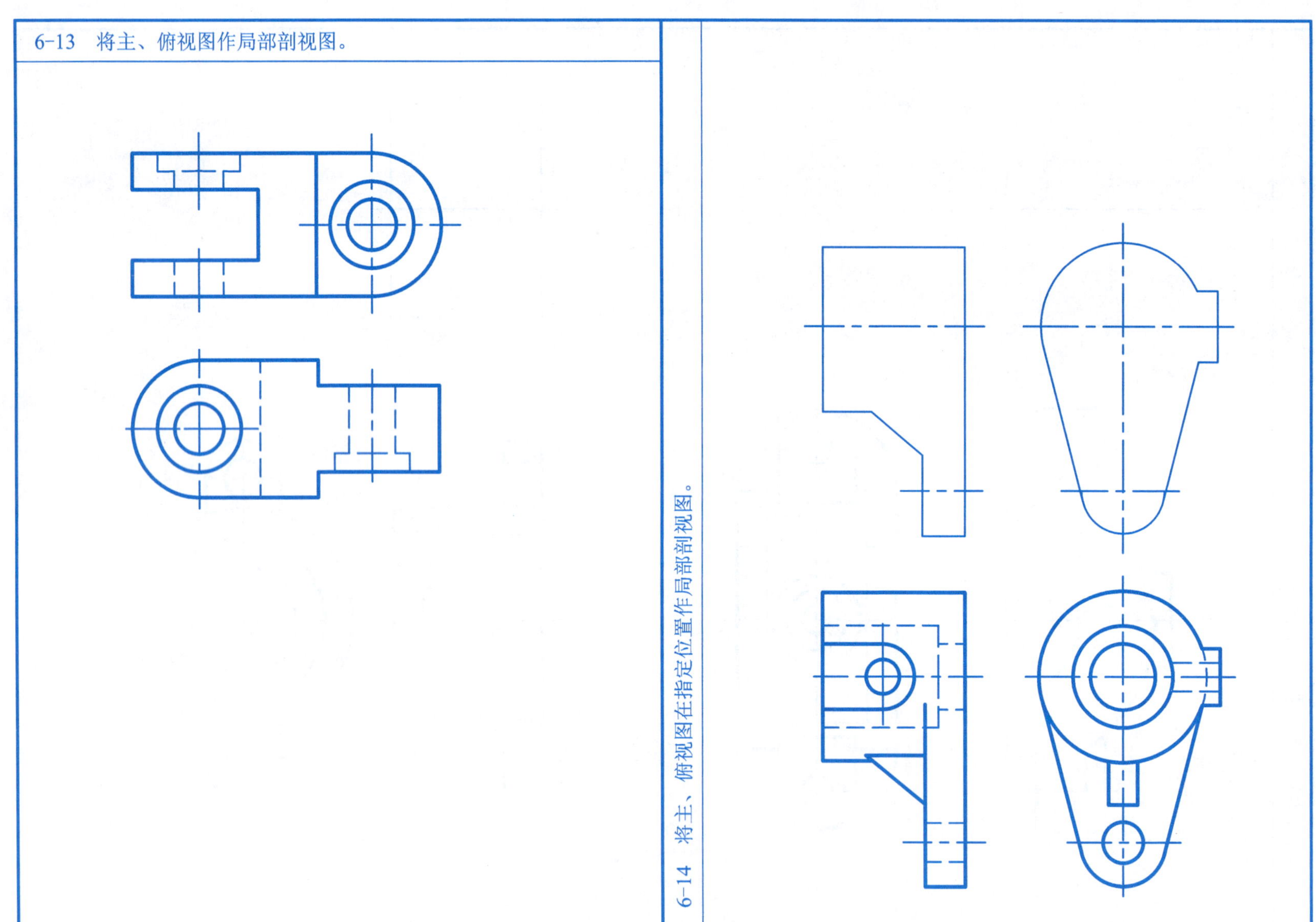

班级______学号______姓名________

6-15　将主、俯视图在指定位置作局部剖视图。

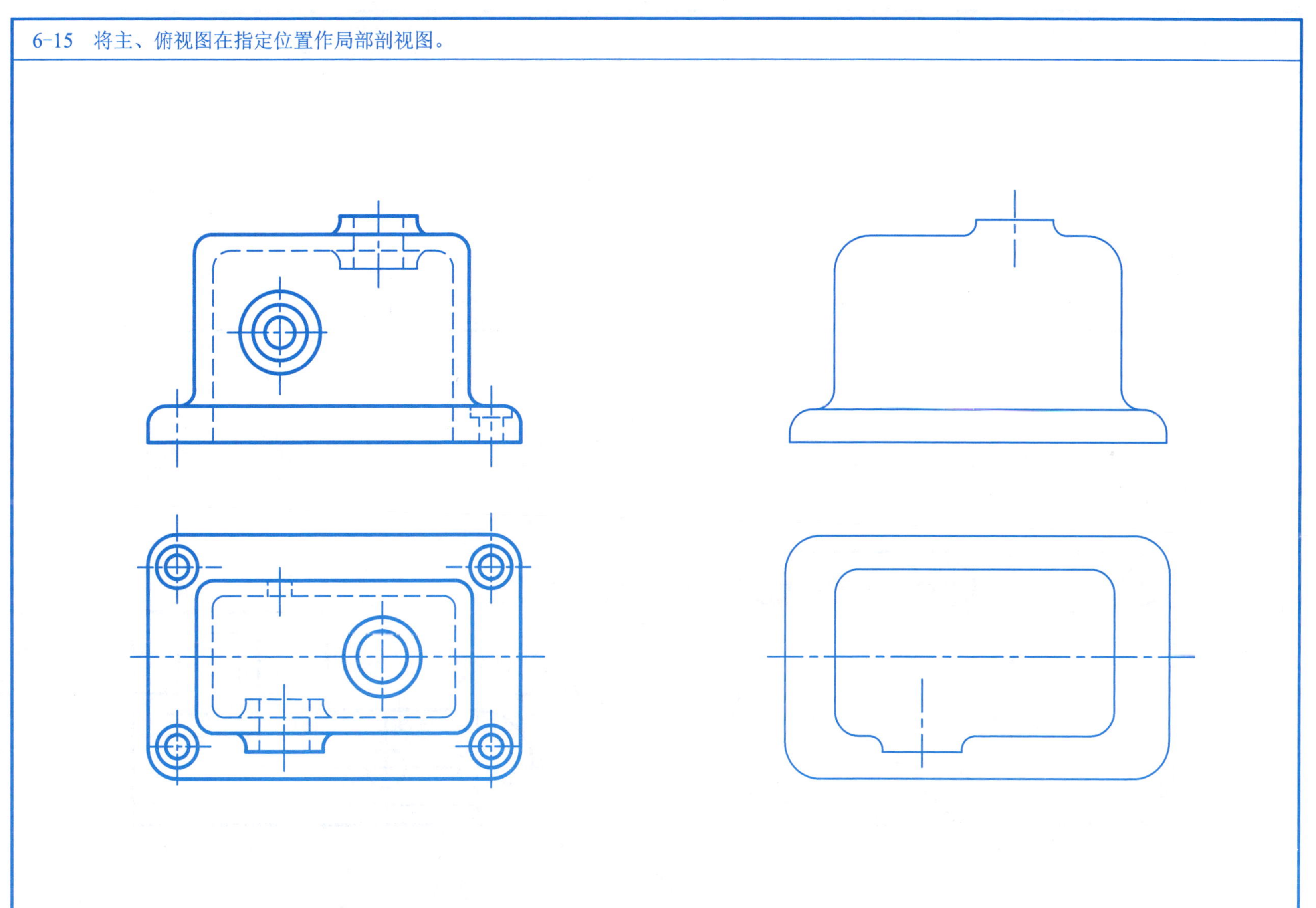

班级______学号______姓名________

6-16 将主视图改画成阶梯剖视图(不要的线打“×”)。

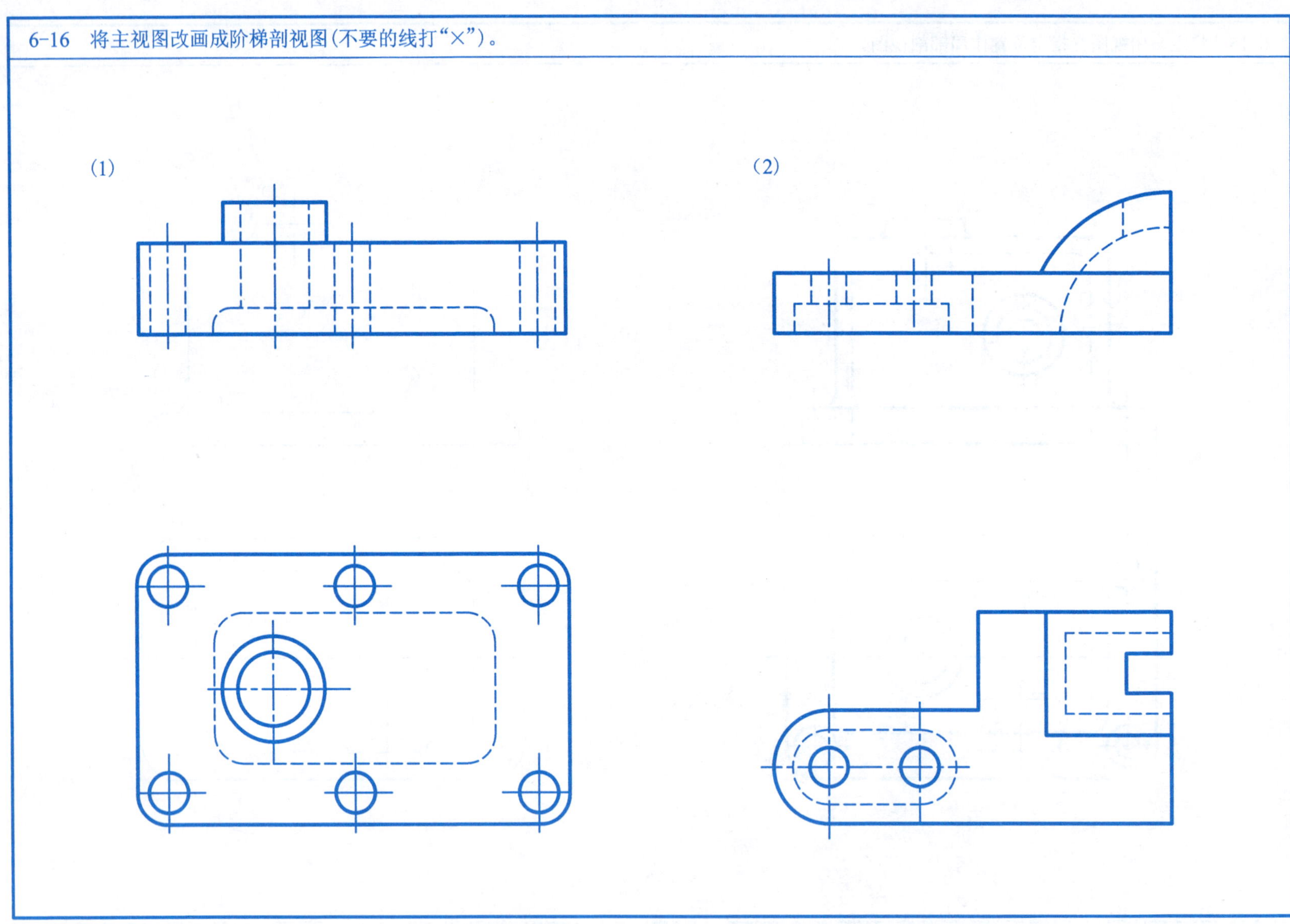

班级______学号______姓名________

6-17　将左视图改画成阶梯剖视图(不要的线打"×")。

6-18　将主视图在指定位置画成旋转剖视图。

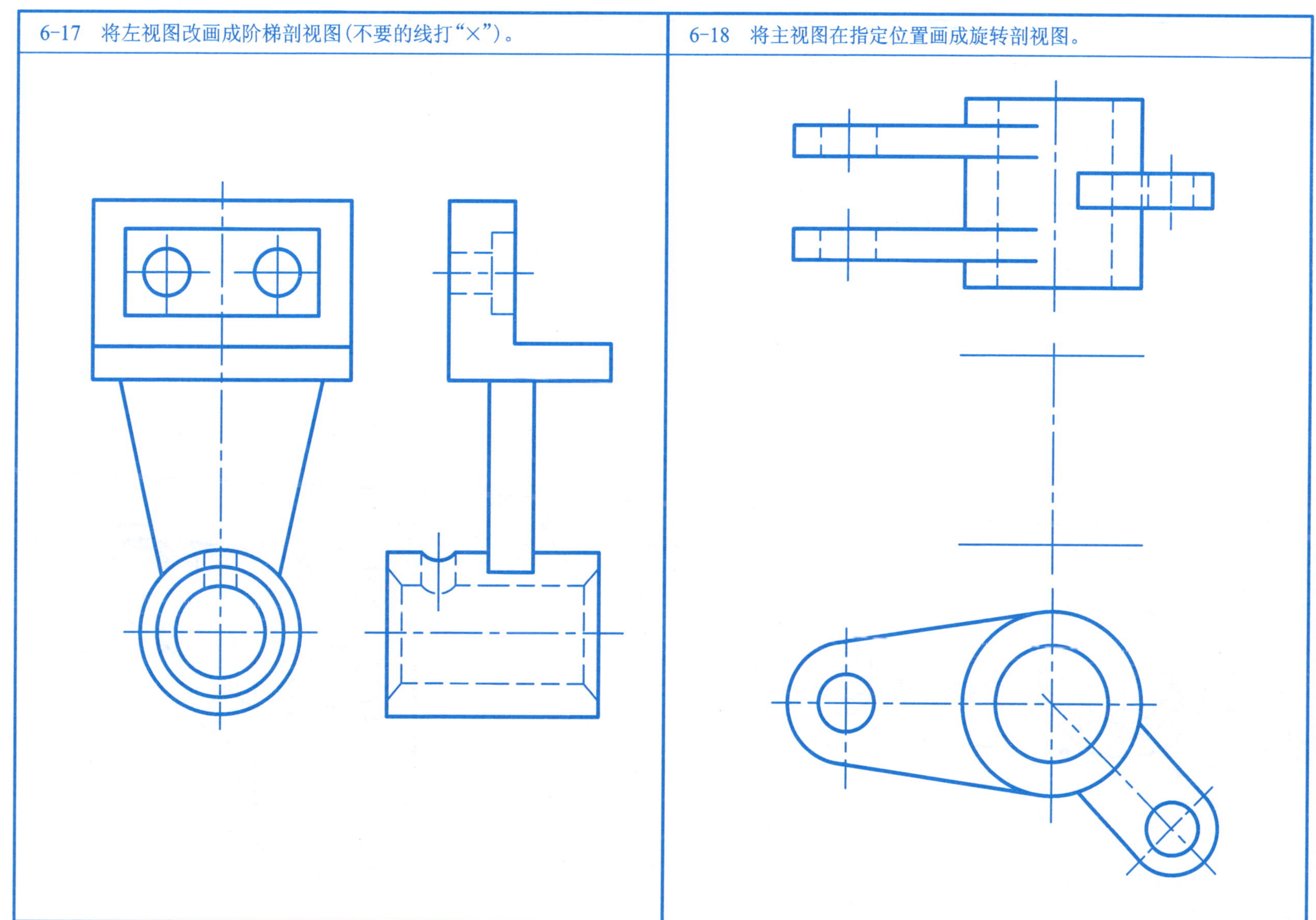

班级______学号______姓名________

6-19　根据已知的视图，在指定的位置画*B*-*B*剖视图。

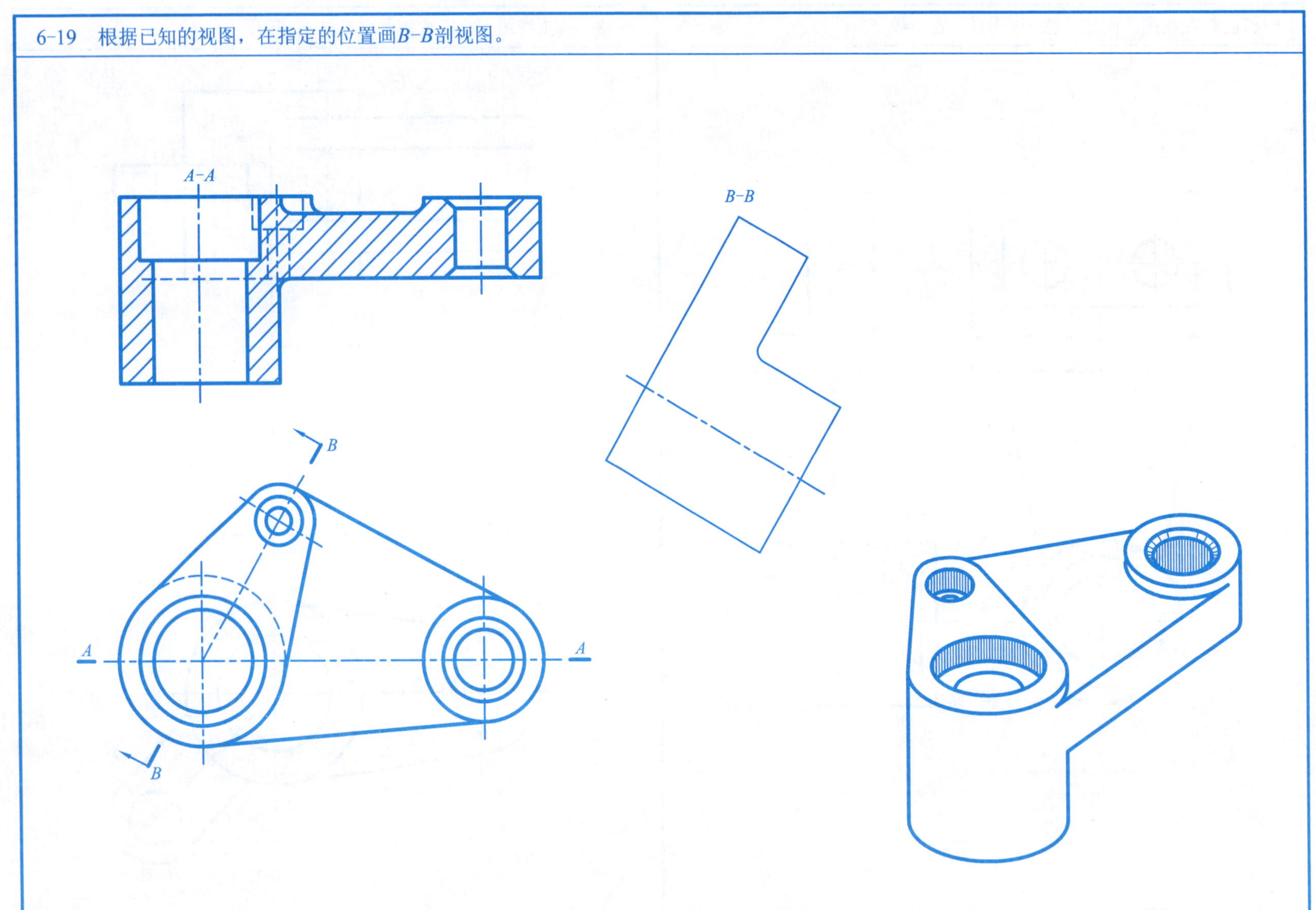

班级______学号______姓名________

6-20 根据所给视图，在指定位置将主视图画成适当的剖视图。

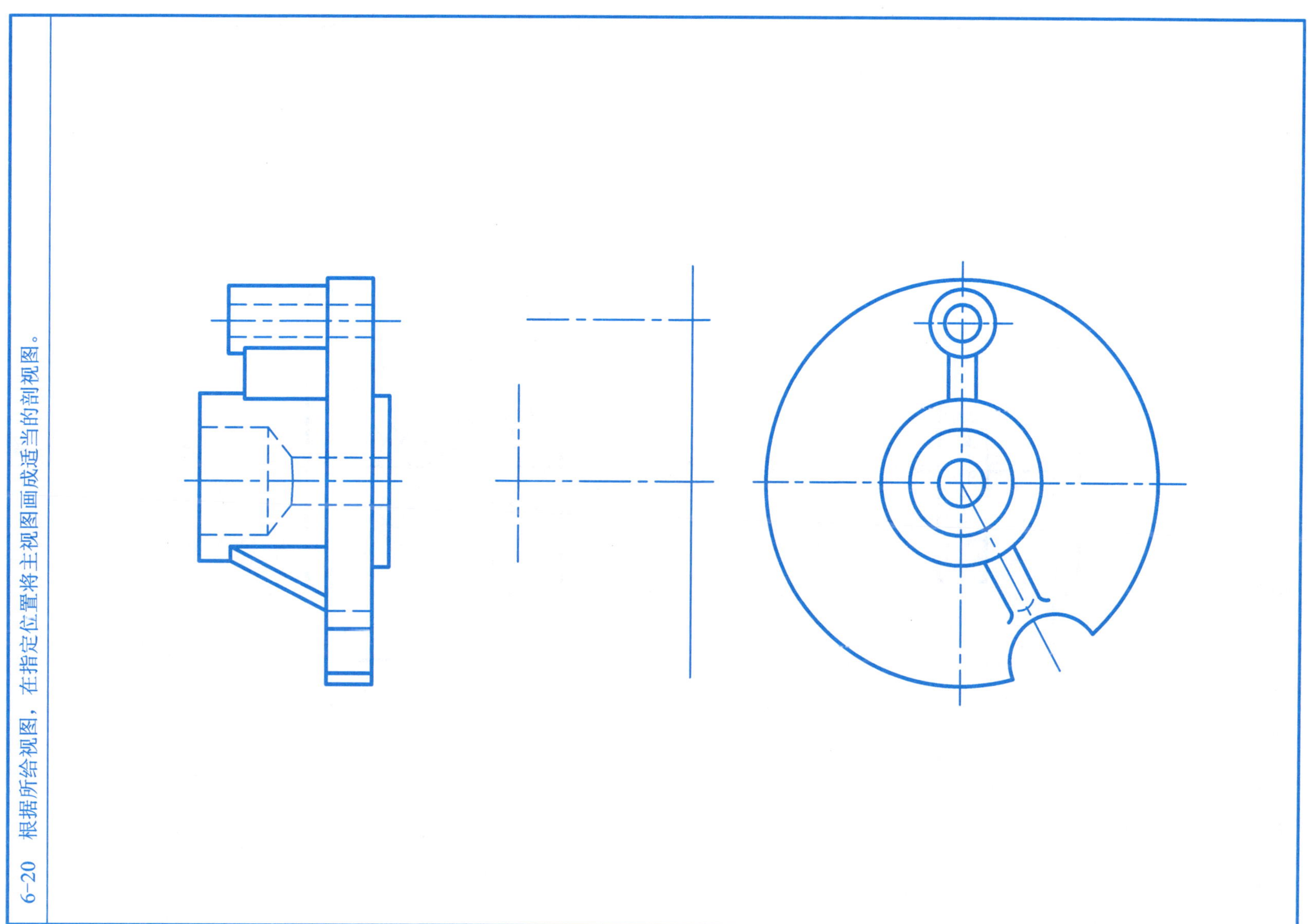

班级______学号______姓名________

6-21　画出机件的 A-A 剖视图。

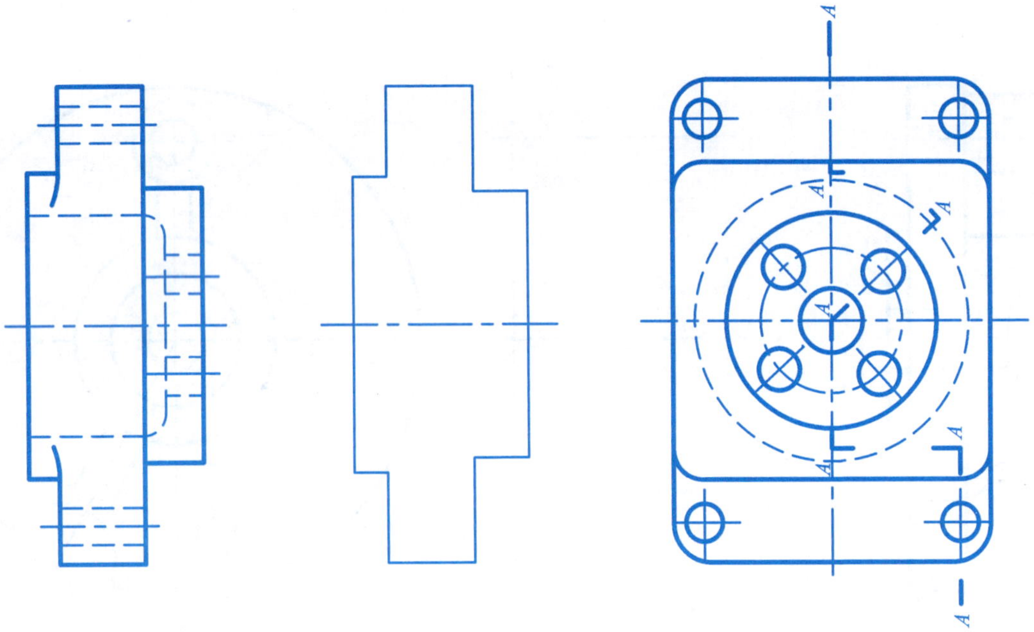

班级______学号______姓名________

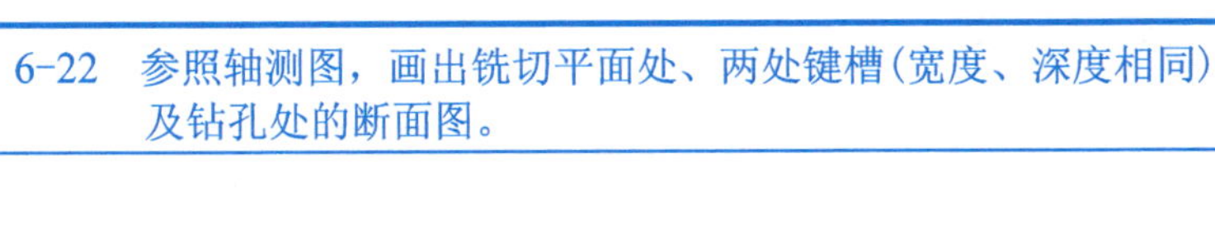

6-22　参照轴测图，画出铣切平面处、两处键槽(宽度、深度相同)及钻孔处的断面图。

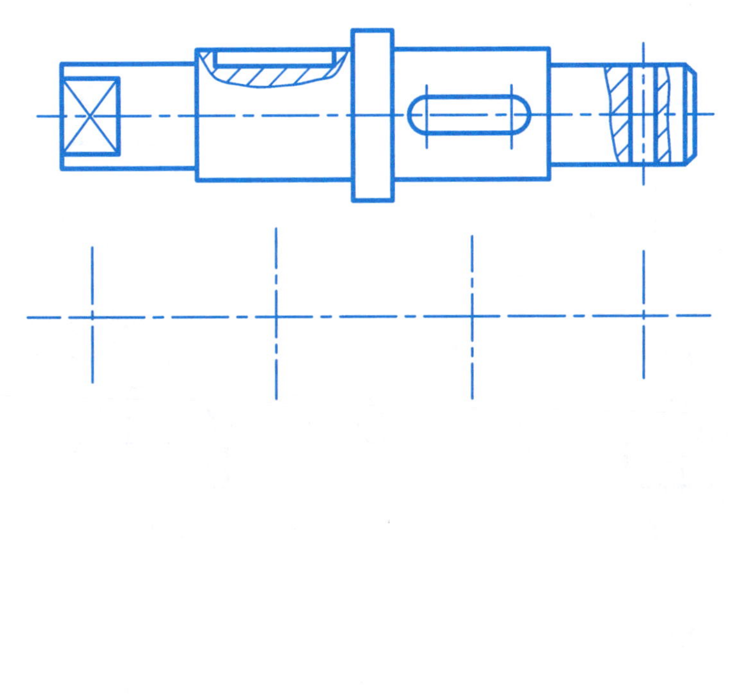

6-23　读懂机件形状，根据图中剖切平面的位置，画移出断面A-A。

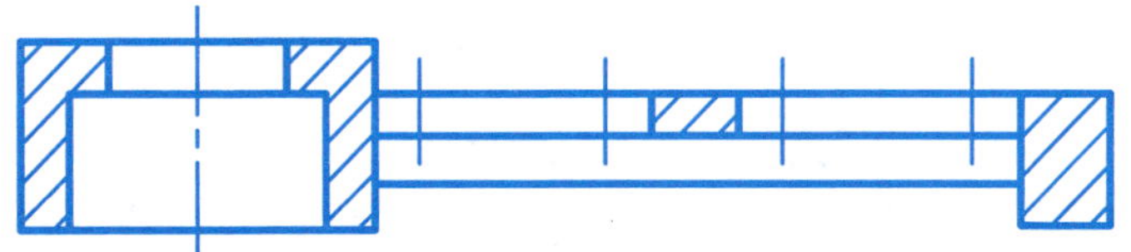

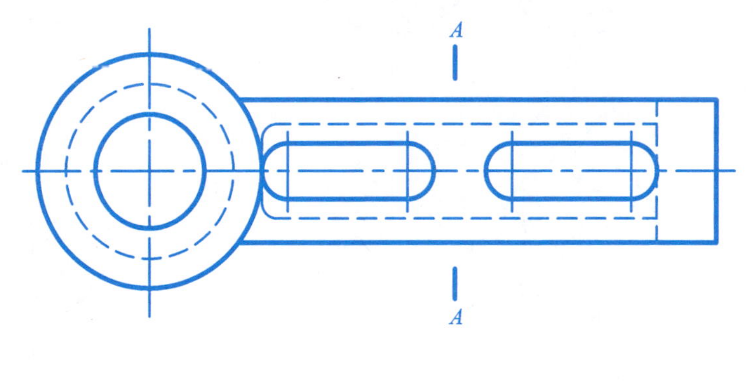

班级______学号______姓名________

6-24 在视图下方的断面图中选出正确的断面图形，并将其画上“√”号。

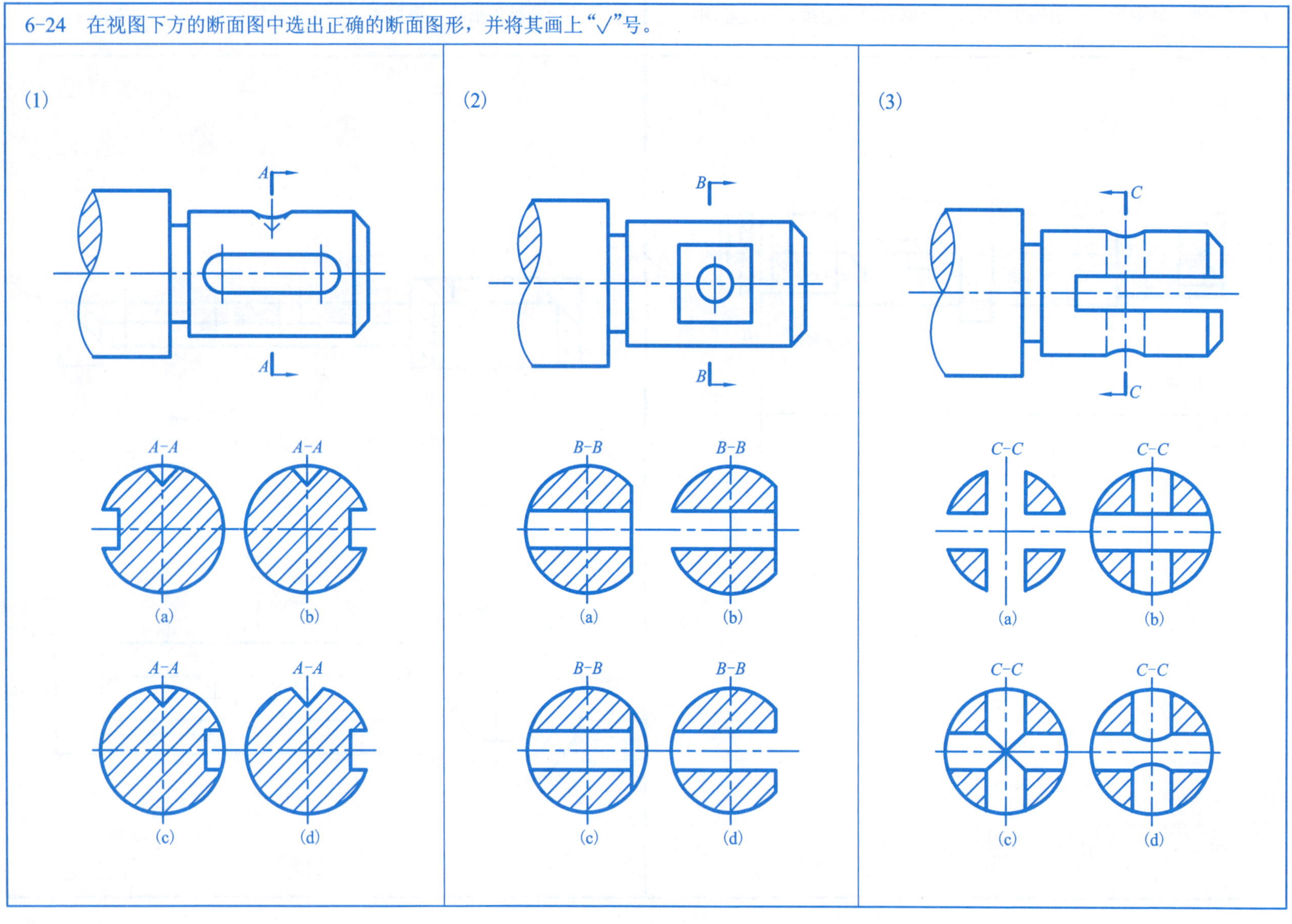

班级______学号______姓名________

6-25　根据图中两相交剖切平面的位置，在指定的位置作移出断面。

6-26　根据图中剖切平面的位置，作*A*-*A*移出断面。

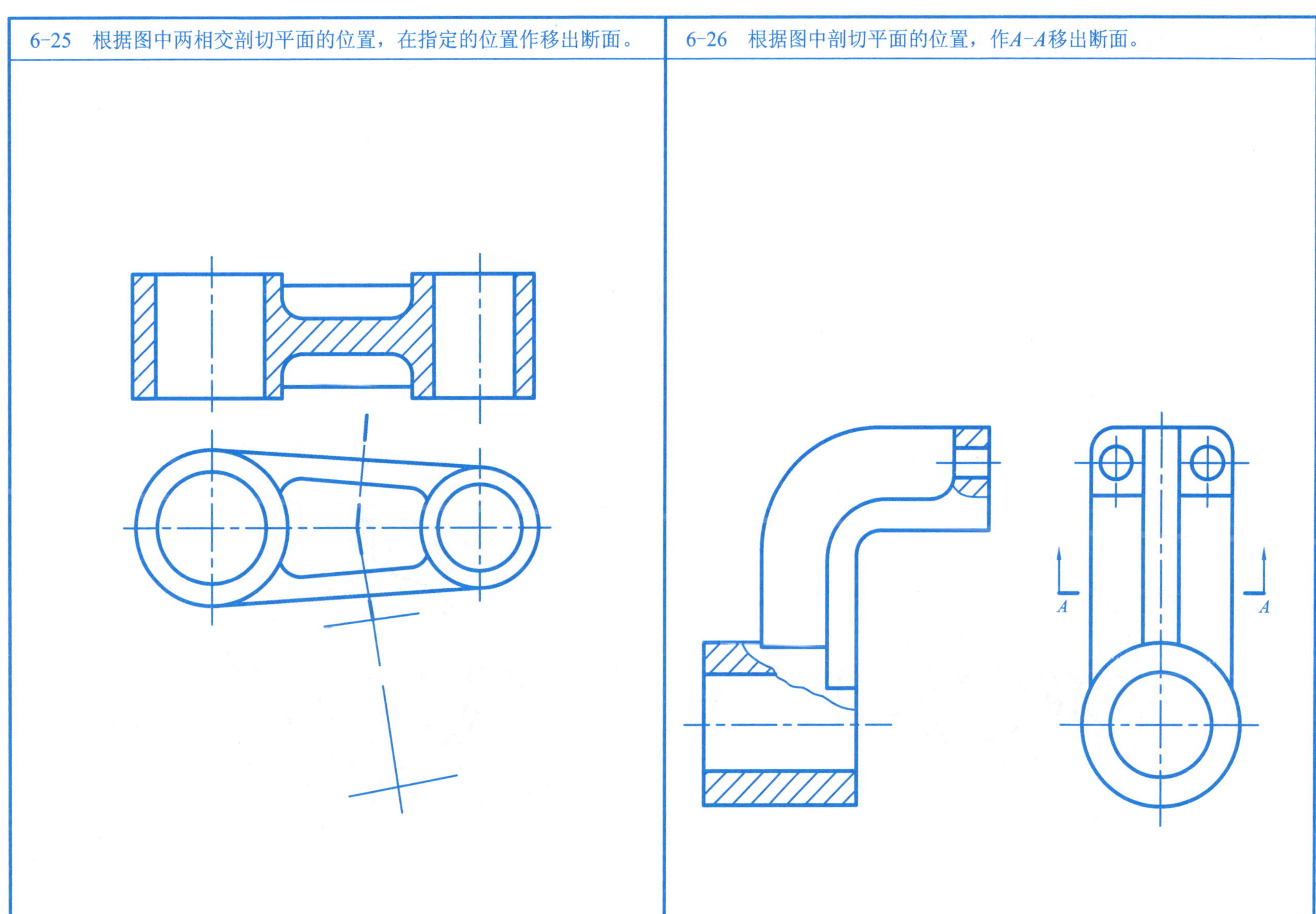

班级______学号______姓名________

6-27 在给定位置上，画出全剖视主视图。

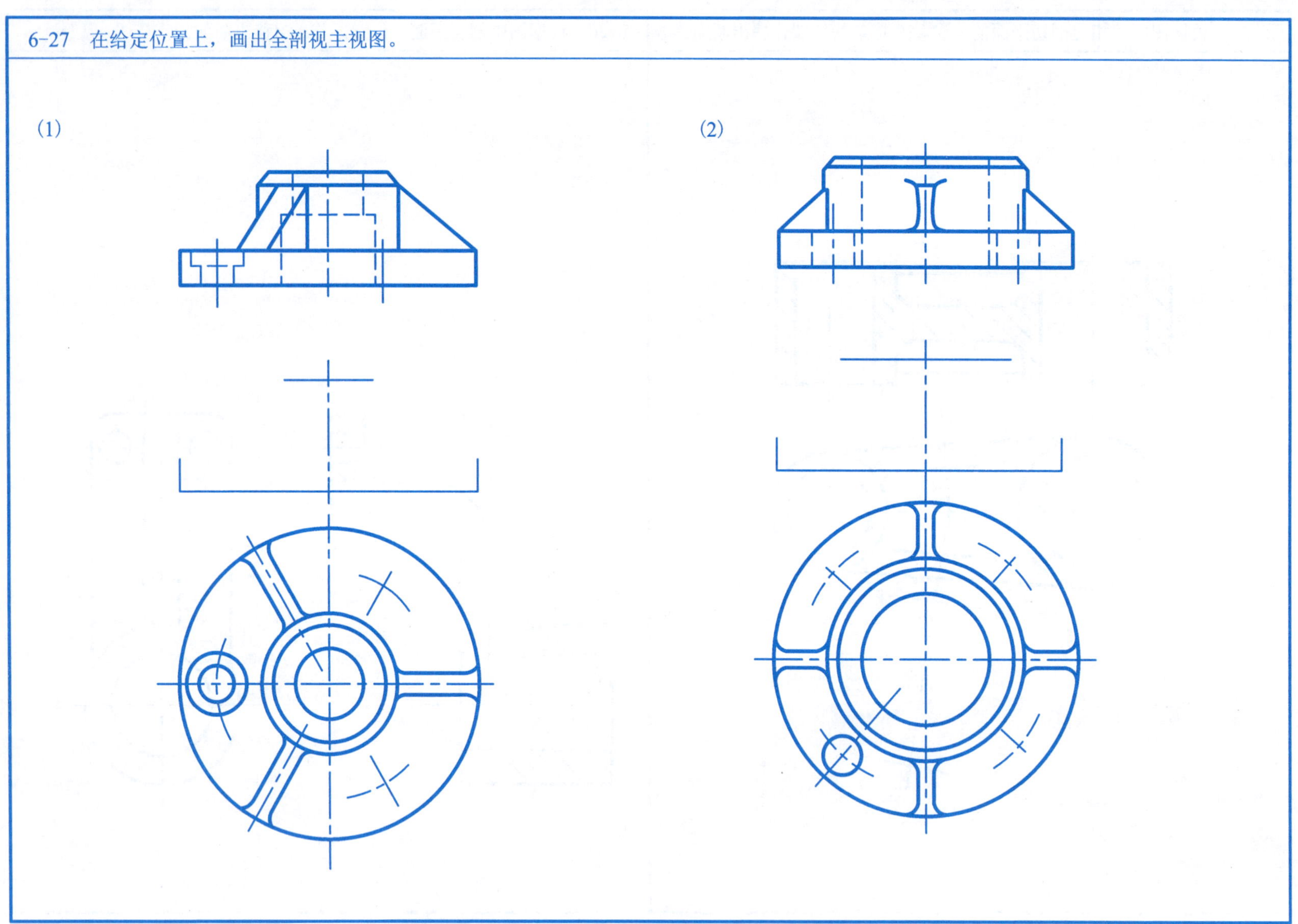

班级______ 学号______ 姓名________

6-28　由主、俯视图求左视图，在主视图与左视图上取适当剖视。

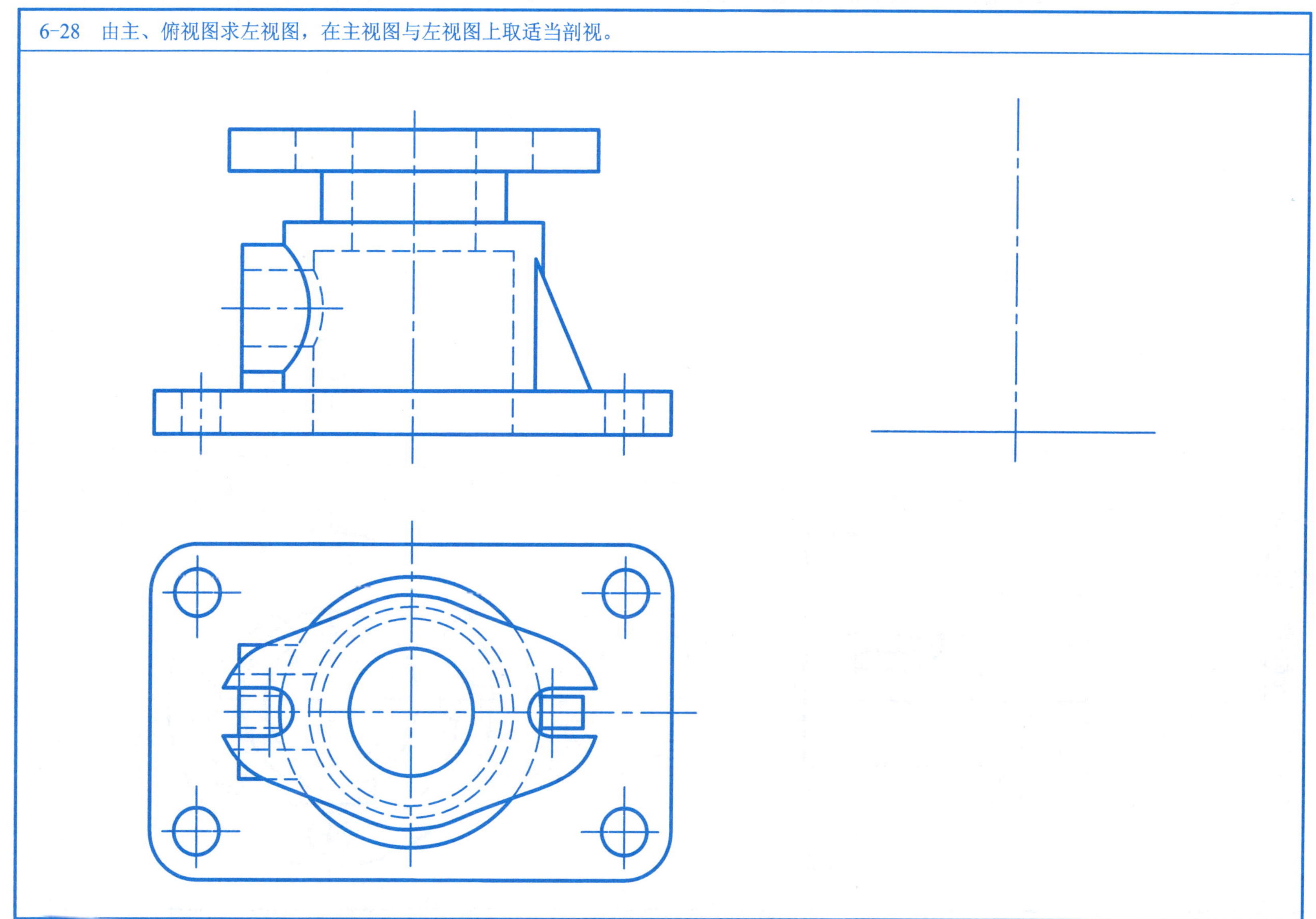

班级______学号______姓名________

6-29 在指定的位置用适当的表达方法重新表达该机件。

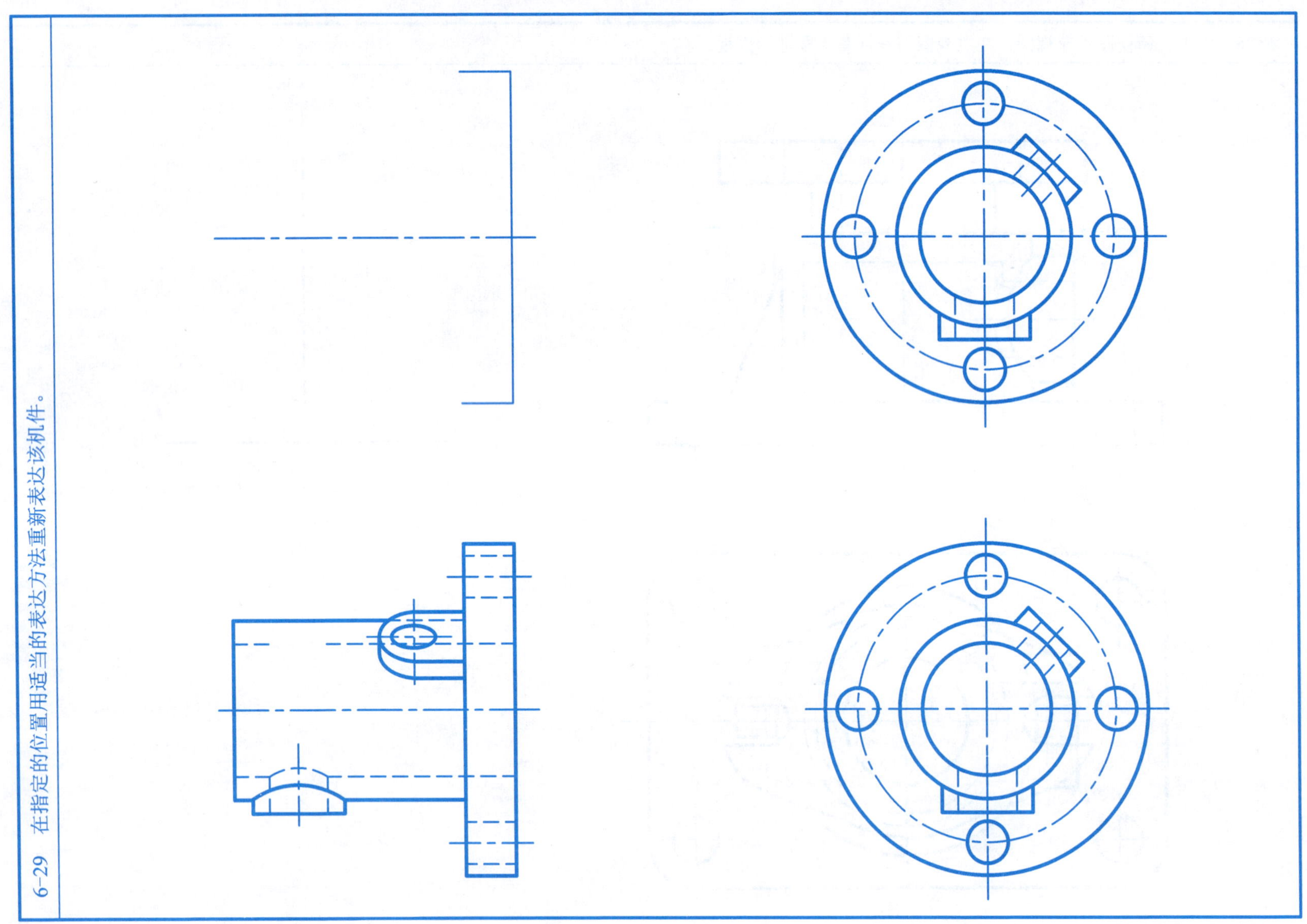

班级______学号______姓名______

6-30 读懂各视图，并注写相应的标注。

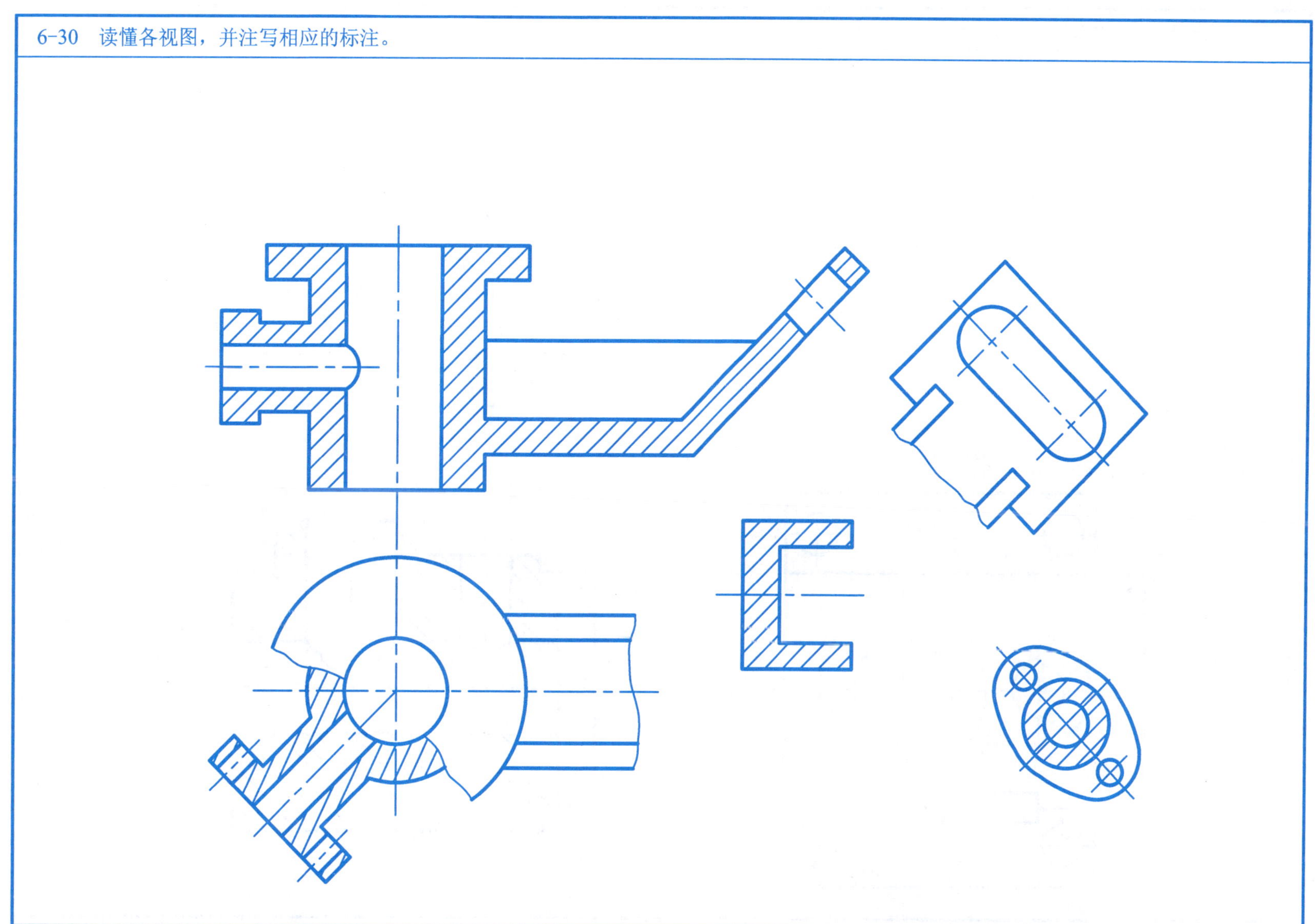

班级______学号______姓名________

6-31 根据已知的三个视图，想象机件的形状，求作主视图的外形图。

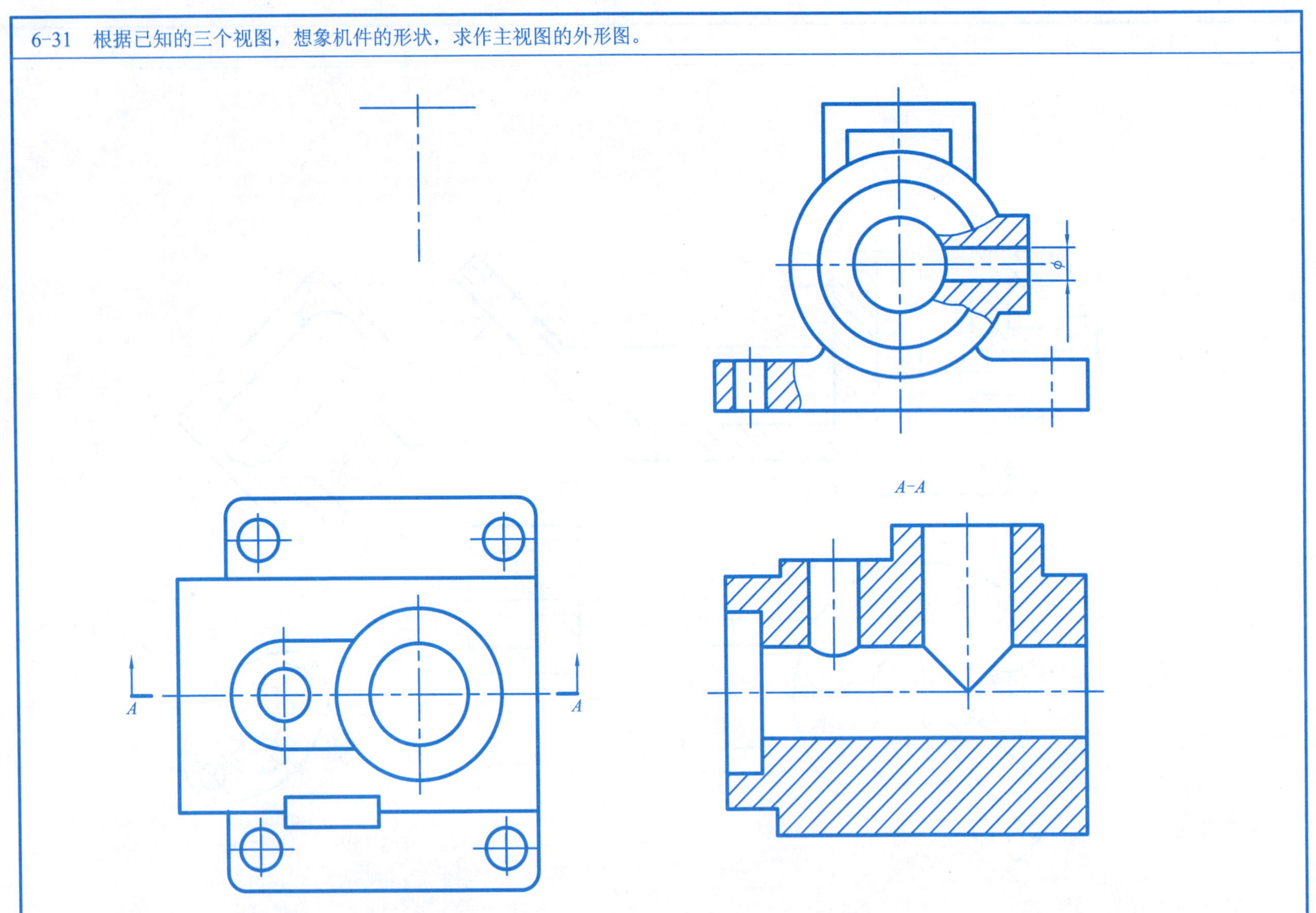

班级______ 学号______ 姓名________

6-32　根据轴测图和给出的主视图，采用适当的表达方法表达该机件(主视图在原图上改，不要的线打“×”)。

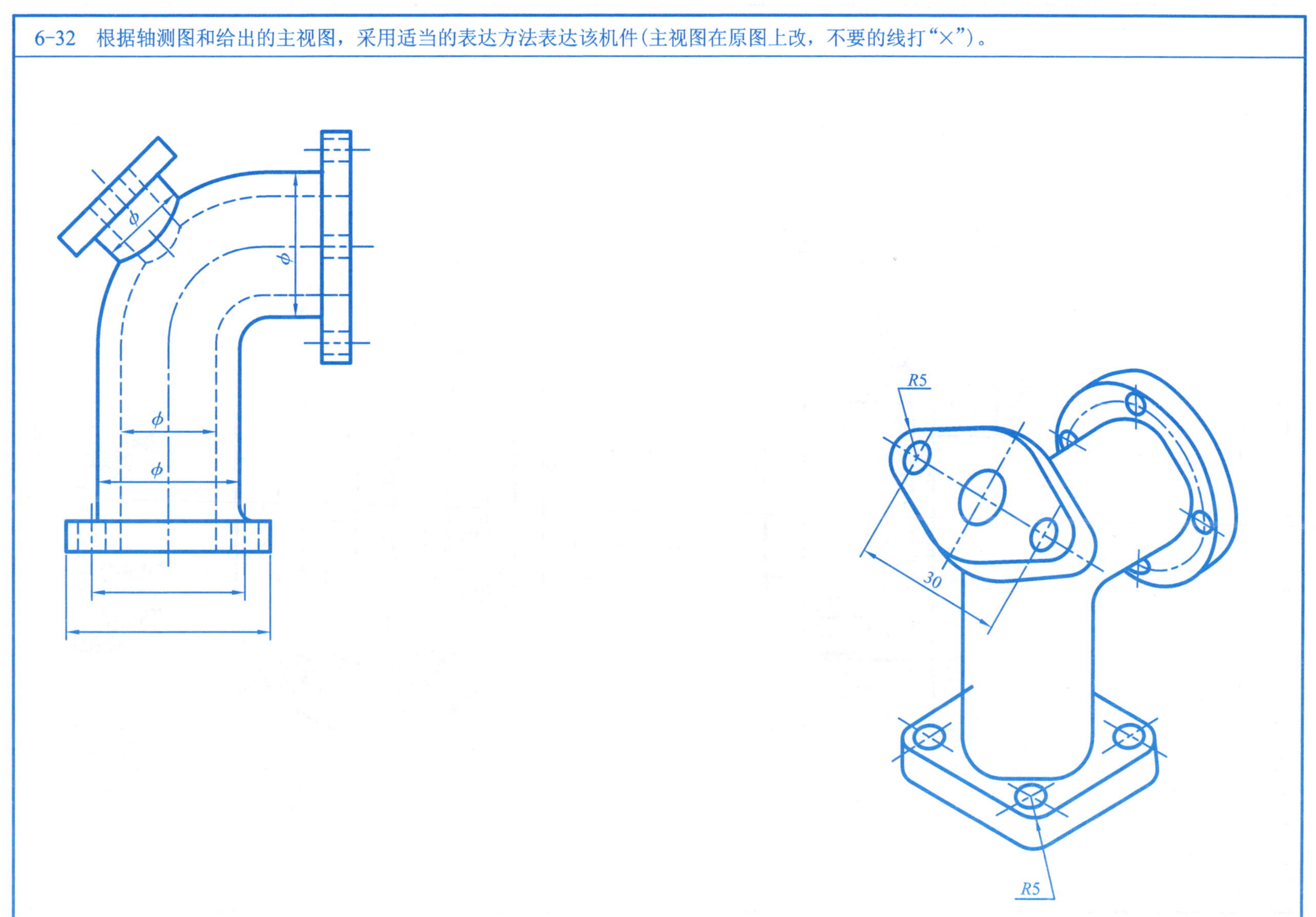

班级______学号______姓名________

6-33 根据已知视图读懂机件形状，然后采用适当的表达方法重新表达该机件，并标注尺寸（A3图纸）。

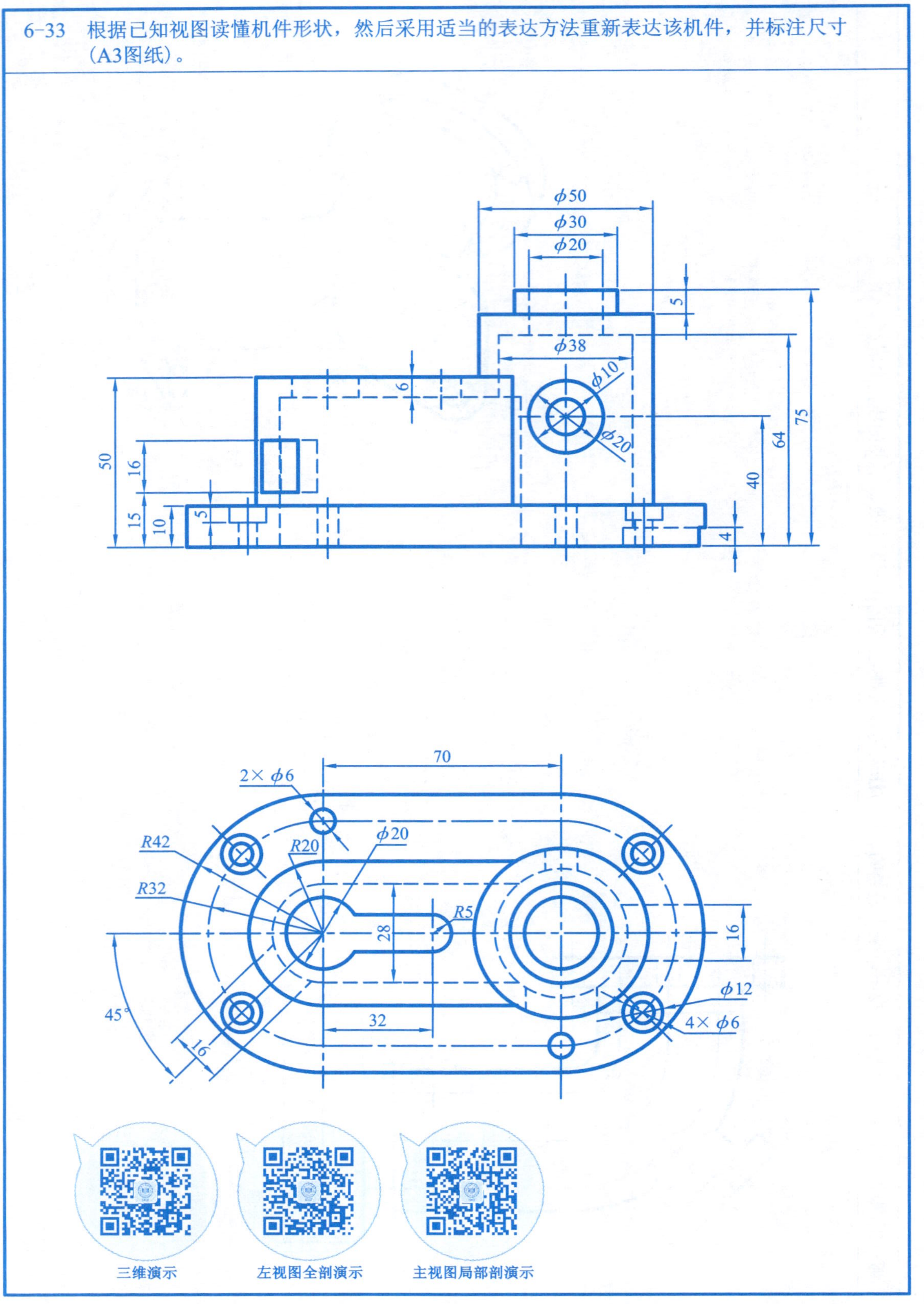

班级______ 学号______ 姓名________

6-34 根据已给的视图读懂机件形状，然后采用适当的表达方法重新表达该机件，并标注尺寸（A3图纸）。

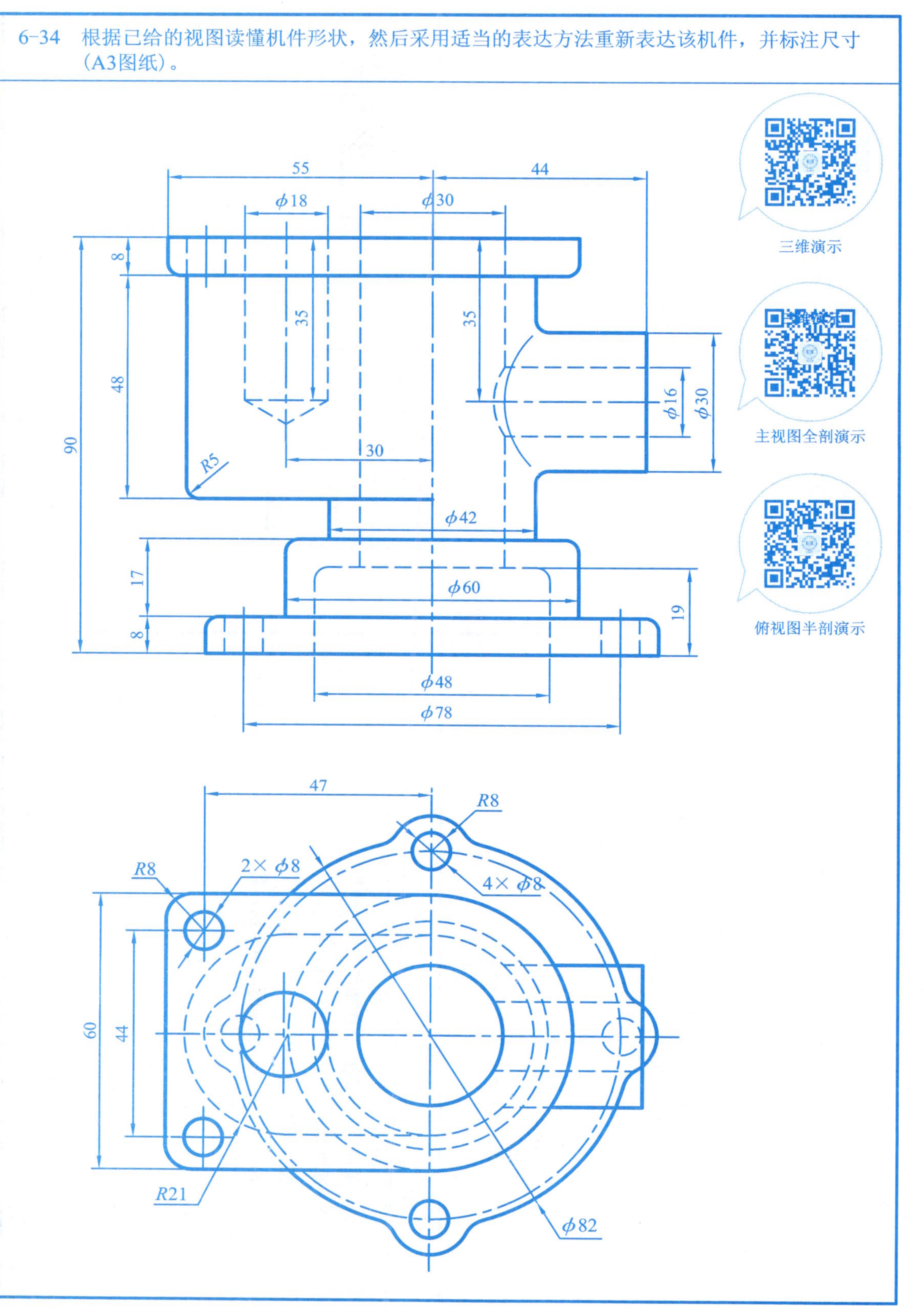

班级______学号______姓名________

7-1 选择填空(在横线上方填写a或b)。

(1) 回转体类零件的主视图______。
a. 应选工作位置 b. 应选加工位置(轴线横放)

(2) 选择投射方向时，应使主视图______。
a. 最能反映零件特征 b. 最容易绘制

(3) 表达一个零件的视图的数目______。
a. 一般选三个视图，尽可能利用三个视图表达内外结构
b. 应在完整、清晰地表达零件内外结构的前提下，选最少的图形

(4) 零件的结构型式______。
a. 与零件的功能和选用的材料密切相关
b. 不管是否满足功能要求，必须造型美观

7-2 判断(正确的画“√”，错误的画“×”)。

(1) 零件图的主视图应选择稳定放置的位置。( )
(2) 非回转体类零件的主视图一般应选择工作位置。( )
(3) 在零件图的视图中，不可见部分必须用虚线表示出来。( )
(4) 表达一个零件，必须画出主视图，其余视图和图形按需要选用。( )
(5) 铸造零件应当壁厚均匀。( )

7-3 下列结构哪些合理，哪些不合理？在合理的标号处画“√”，在不合理的标号处画“×”。

(1)

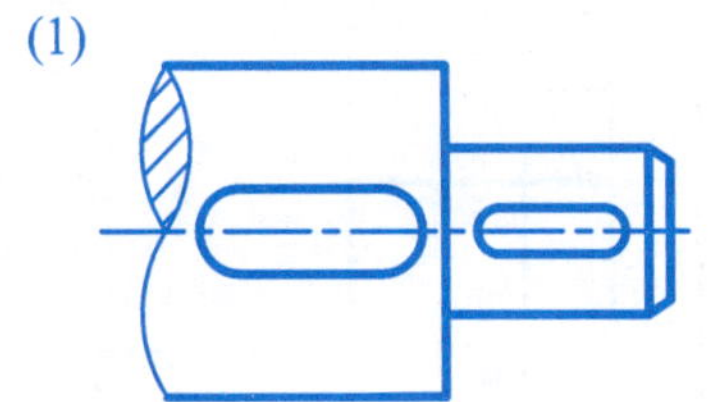

(2)

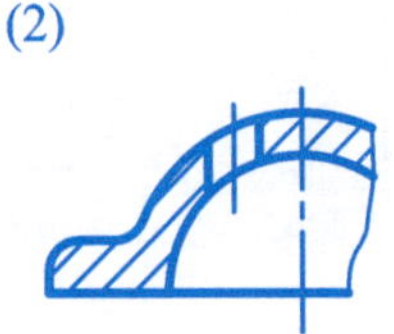

(3)

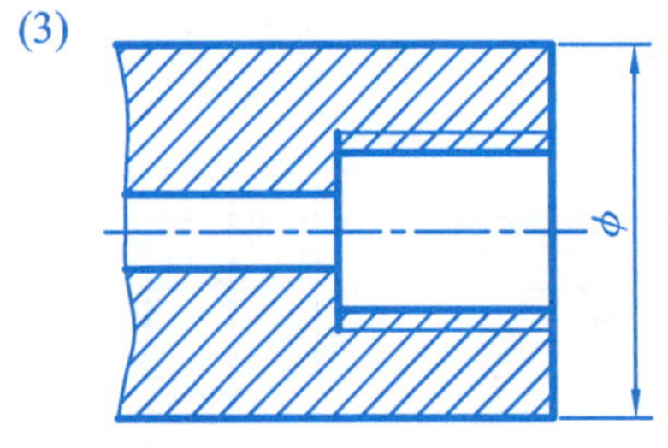

(4)

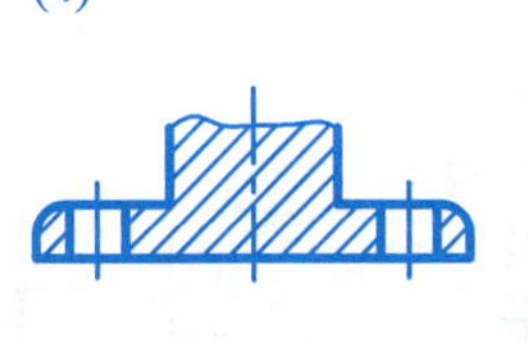

班级______学号______姓名________

7-4 判断题(正确的画“√”, 错误的画“×”)。

(1) 零件图上必须画出所有的铸造圆角，其尺寸相同且数量最多的一种可统一注写在技术要求中。( )

(2) 主要尺寸仅指重要的定位尺寸。( )

(3) 主要尺寸应直接标注，非主要尺寸可按工艺或形体标注。( )

(4) 两零件间的相关尺寸，其基准和标注方法应当一致。( )

(5) 零件图标注尺寸的要求是正确、完整、清晰、合理。( )

(6) 必须分析清楚零件在装配体中的功能及装配关系后，才能合理地标注尺寸。( )

(7) 标注尺寸时不必考虑是铸造面还是切削加工面。( )

7-5 指出下列结构尺寸标注的正误(正确的画“√”, 错误的画“×”)。

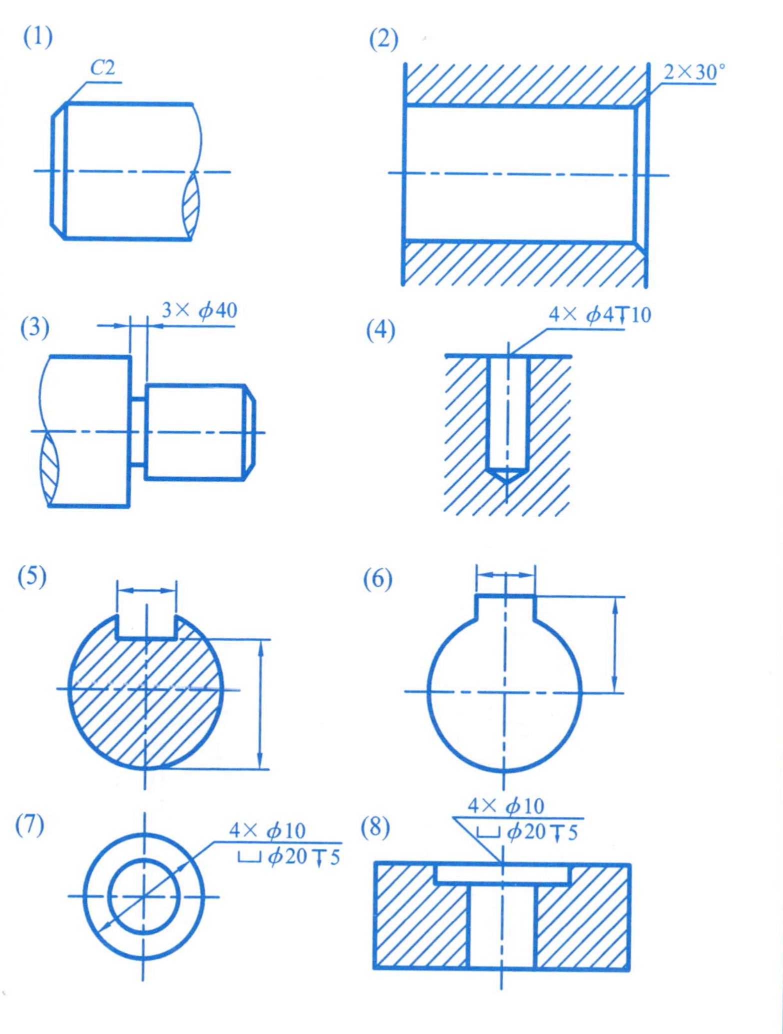

班级______学号______姓名________

7-6 说明下列配合代号的意义，并查表注出下列零件配合面的尺寸及偏差值。

(1)

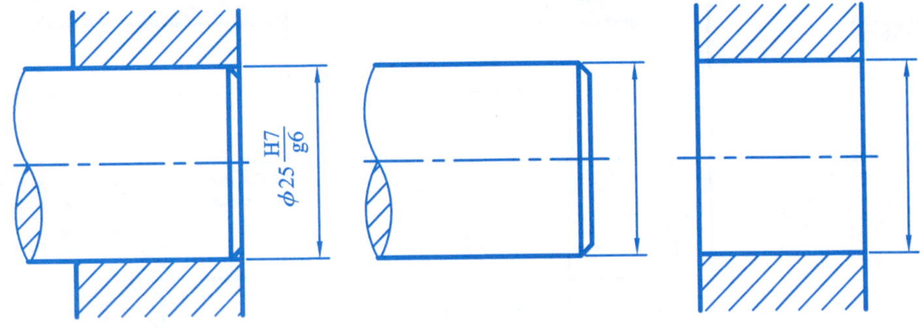

$\phi 25\frac{H7}{g6}$表示_____制，_____配合，孔的基本偏差代号为_____，公差等级为__级；轴的基本偏差代号为_____，公差等级为_____级。

(2)

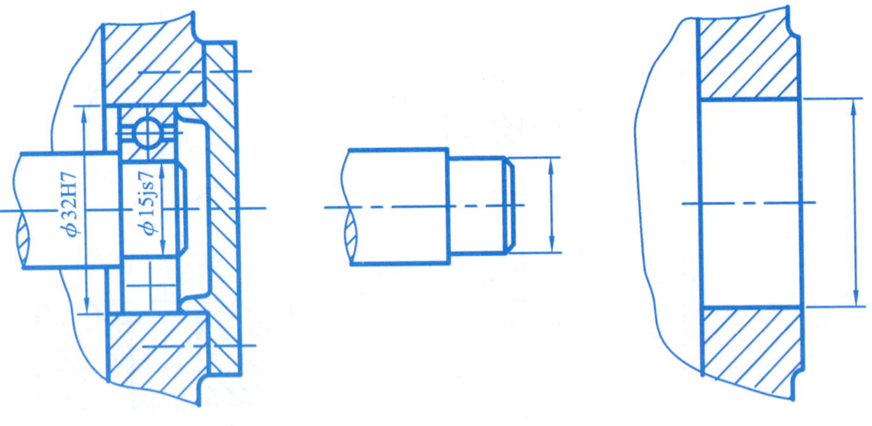

滚动轴承与座孔的配合为______制，孔的基本偏差代号为______，公差等级为______级；滚动轴承与轴的配合为_____制，轴的基本偏差代号为______，公差等级为______级。

班级______ 学号______ 姓名________

7-7　完成下图表面粗糙度标注。

(1)注出螺纹(*Ra*为3.2)、小孔(*ϕ*)(*Ra*为6.3)、大孔圆柱面(*Ra*为12.5)、其余(*Ra*为25)的表面粗糙度。

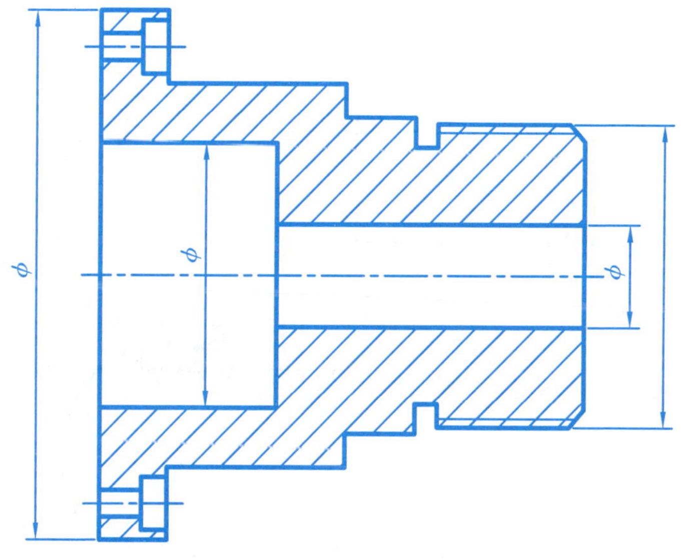

(2)注出所有表面粗糙度要求相同的代号(*Ra*为6.3)。

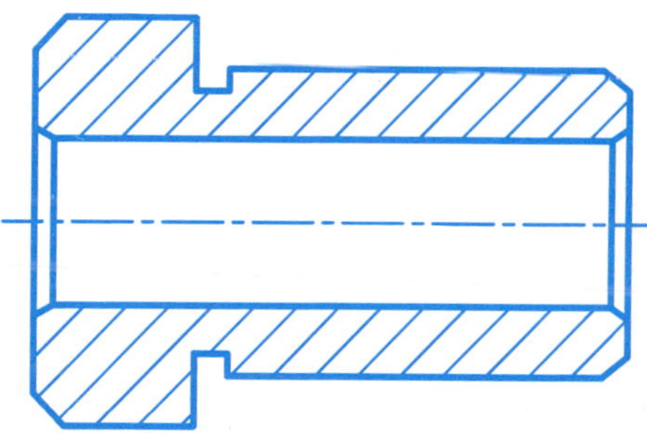

班级______学号______姓名________

7-8　读零件图，并填空回答问题。

(1) 该零件共用了3个图形来表达，主视图中共有________处作了__________，并采用了折断画法，另两个图形的名称是______________。

(2) 在轴的右端有一个螺纹孔，其大径是__________，螺孔深度是____________，旋向是__________。

(3) 在轴的左端有一个键槽，其长度是_______，宽度是_______，深度是______，定位尺寸是______。

(4) 尺寸 $\phi25\pm0.0065$ 的公称尺寸是_____，最大极限尺寸是________，最小极限尺寸是________，公差值是________。

(5) 图中未注倒角的尺寸是__________，未注表面粗糙度符号的表面，其 *Ra* 的值是________。

(6) 图中框格 ↗ | 0.01 | A–B 表示被测要素是 $\phi25$ 圆柱表面，基准要素是___________和___________的公共轴线，位置公差项目是________，公差值是________。

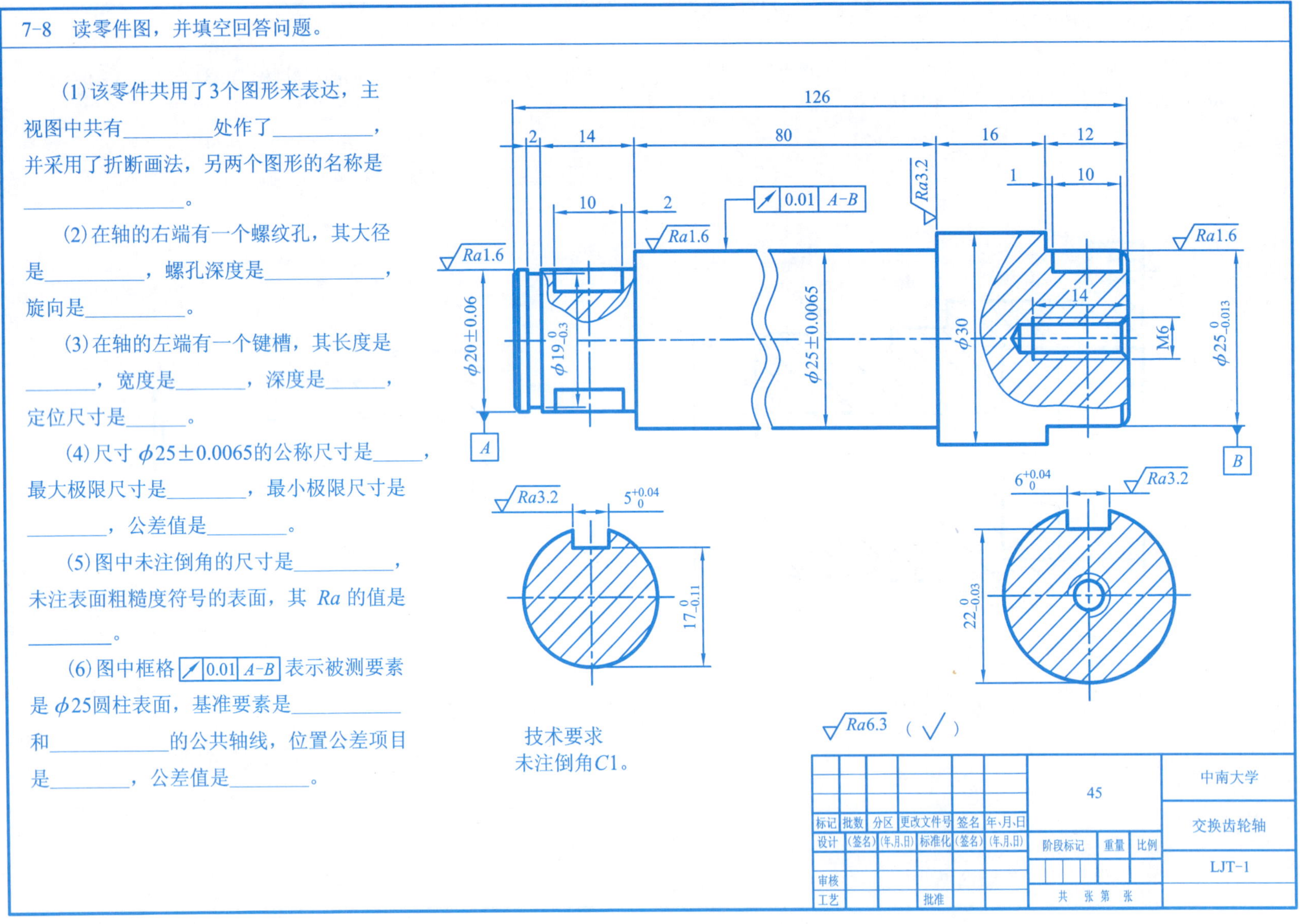

						45	中南大学
标记	批数	分区	更改文件号	签名	年、月、日		交换齿轮轴
设计	(签名)	(年,月,日)	标准化	(签名)	(年,月,日)	阶段标记　重量　比例	LJT-1
审核							
工艺			批准			共　张　第　张	

班级______学号______姓名________

7-9 读零件图，并填空题。

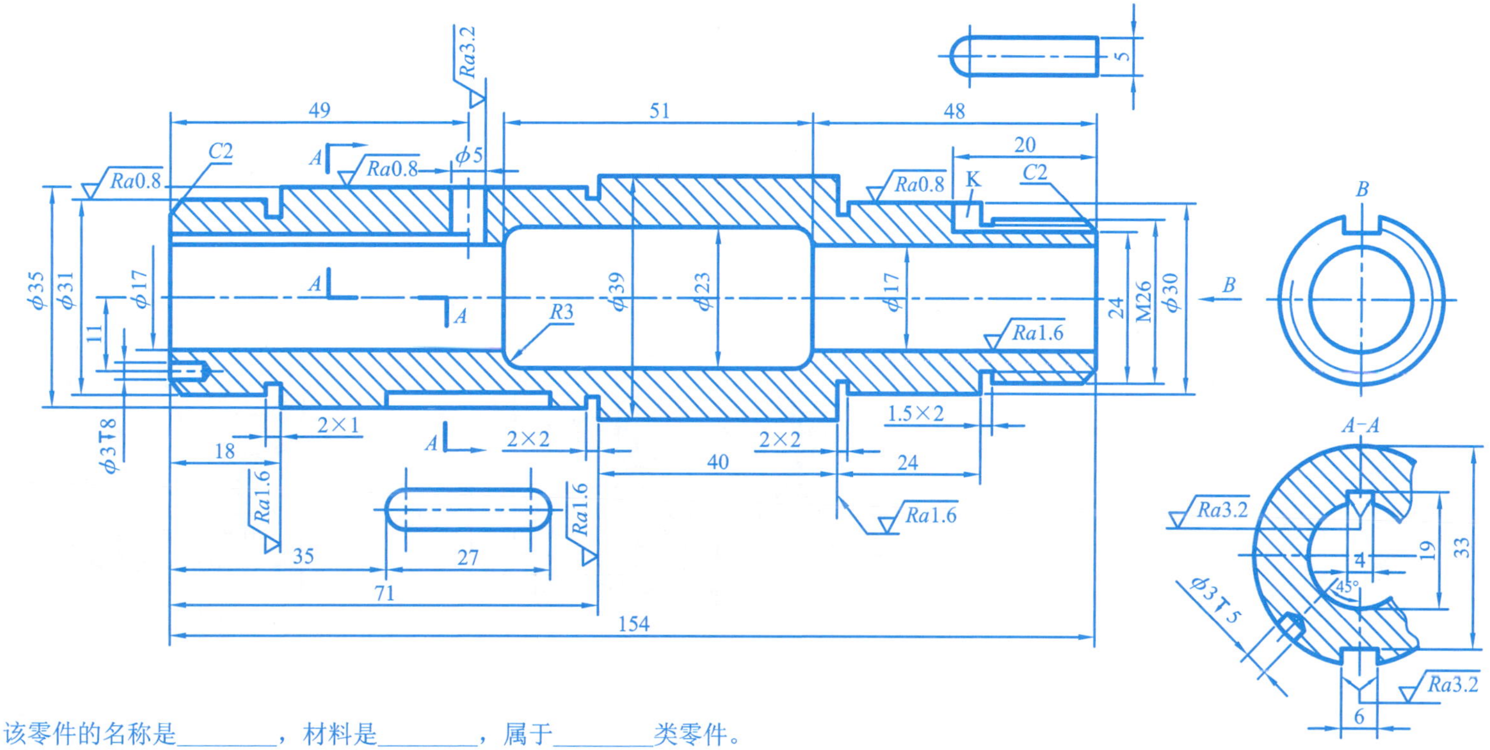

$\sqrt{Ra12.5}$ （ $\sqrt{}$ ）

(1) 该零件的名称是________，材料是________，属于________类零件。

(2) 该零件共用了________个图形来表达，其中主视图采用了________。

*B*向视图采用的是________，*A*-*A*是________。

(3) 轴套的总长是_____；中间下方键槽长_____，宽_____，定位长____。

(4) 图中标“K”处不画剖面线的原因是该处为________________。

(5) 尺寸1.5×2表示的结构是_______，其宽度为______，深度为_______。

标记	批数	分区	更改文件号	签名	年、月、日	45			中南大学
设计	(签名)	(年,月,日)	标准化	(签名)	(年,月,日)	阶段标记	重量	比例	轴套
审核									LJT-2
工艺			批准			共 张 第 张			

班级______ 学号______ 姓名________

7-10 读零件图，并画出零件的B向视图。

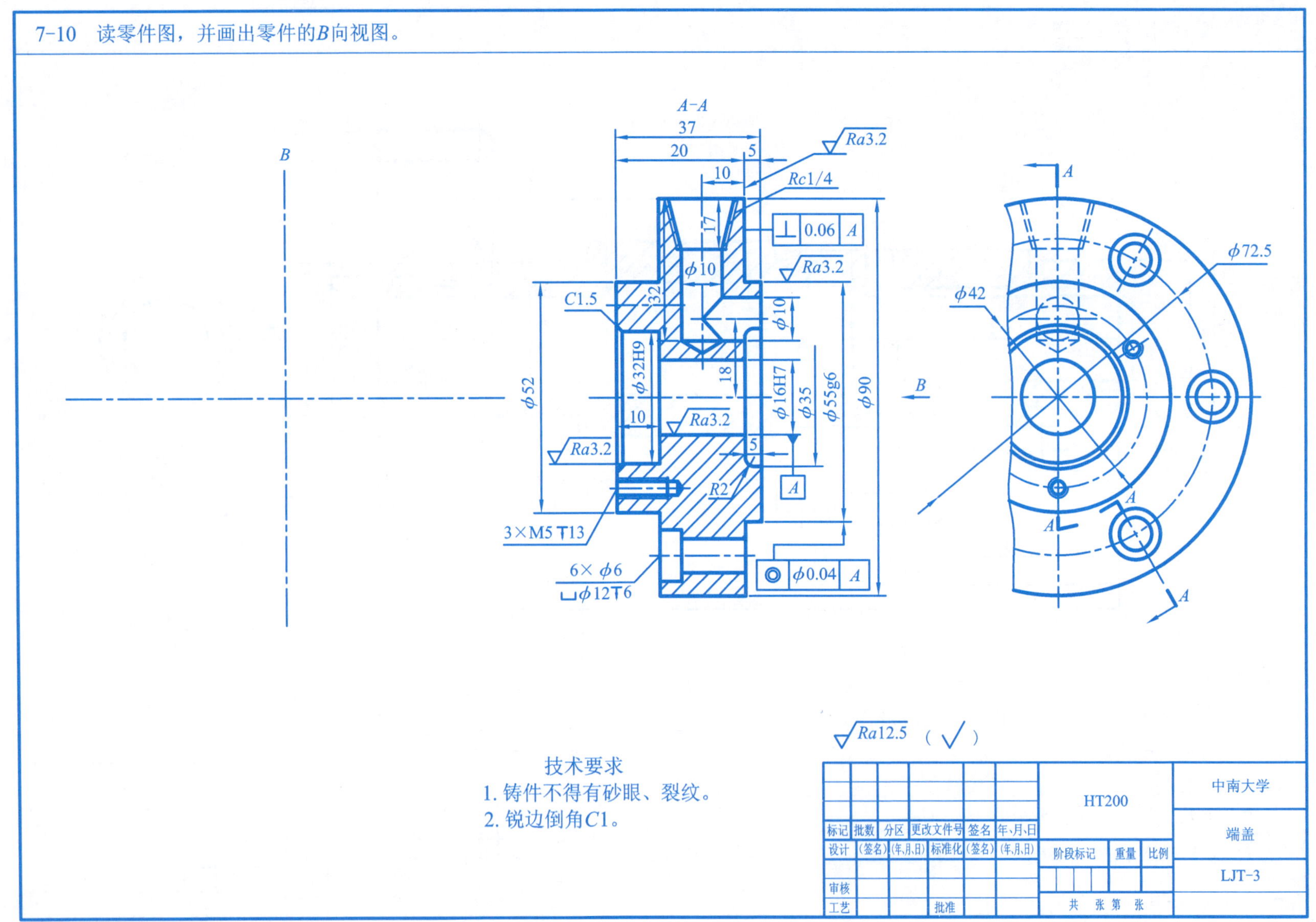

班级______ 学号______ 姓名________

7-11　读零件图，并在指定位置画出零件的*B*向视图。

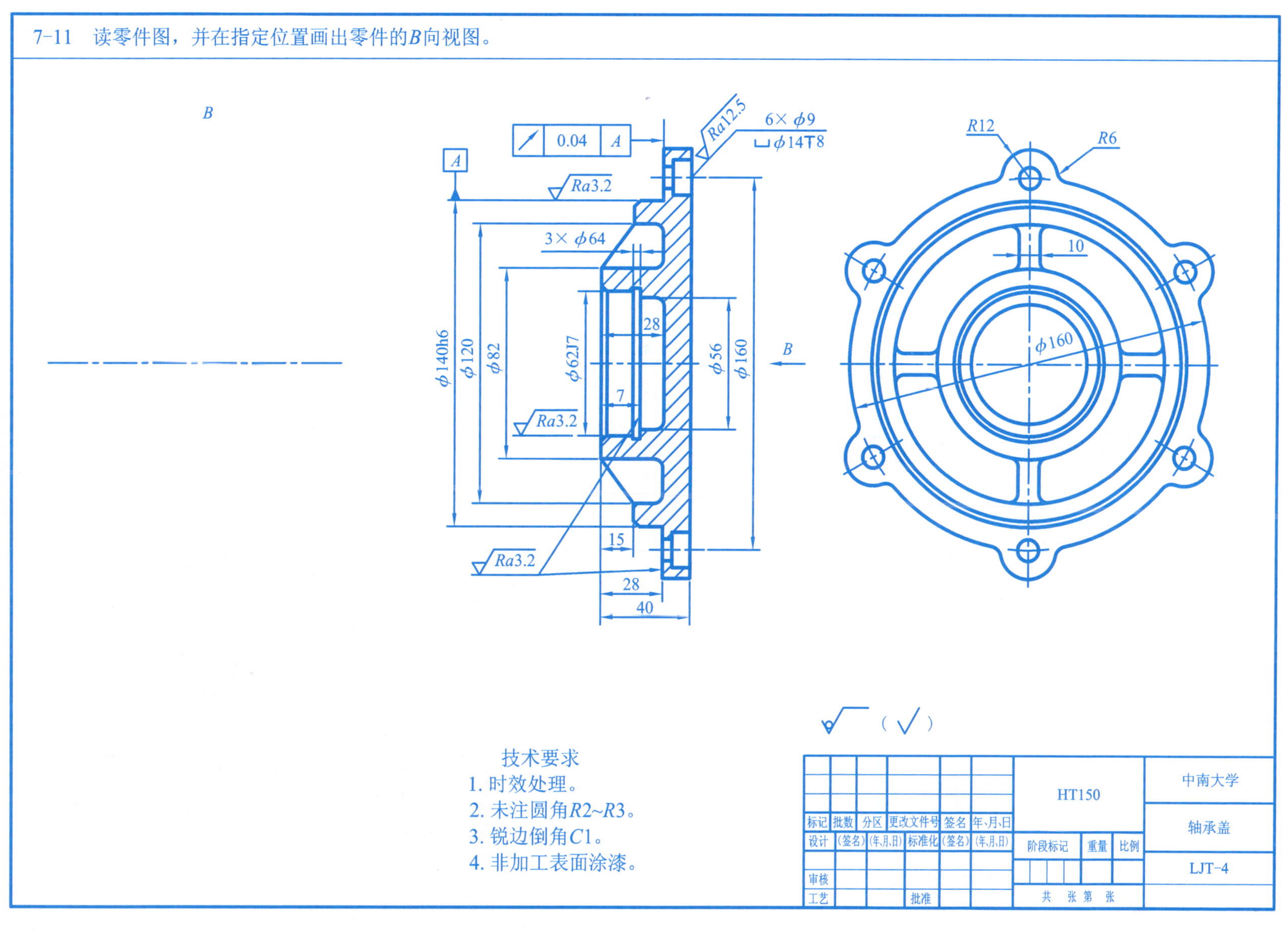

班级______学号______姓名________

7-12　读零件图，并填空，且在指定位置补画*A-A*移出断面图。

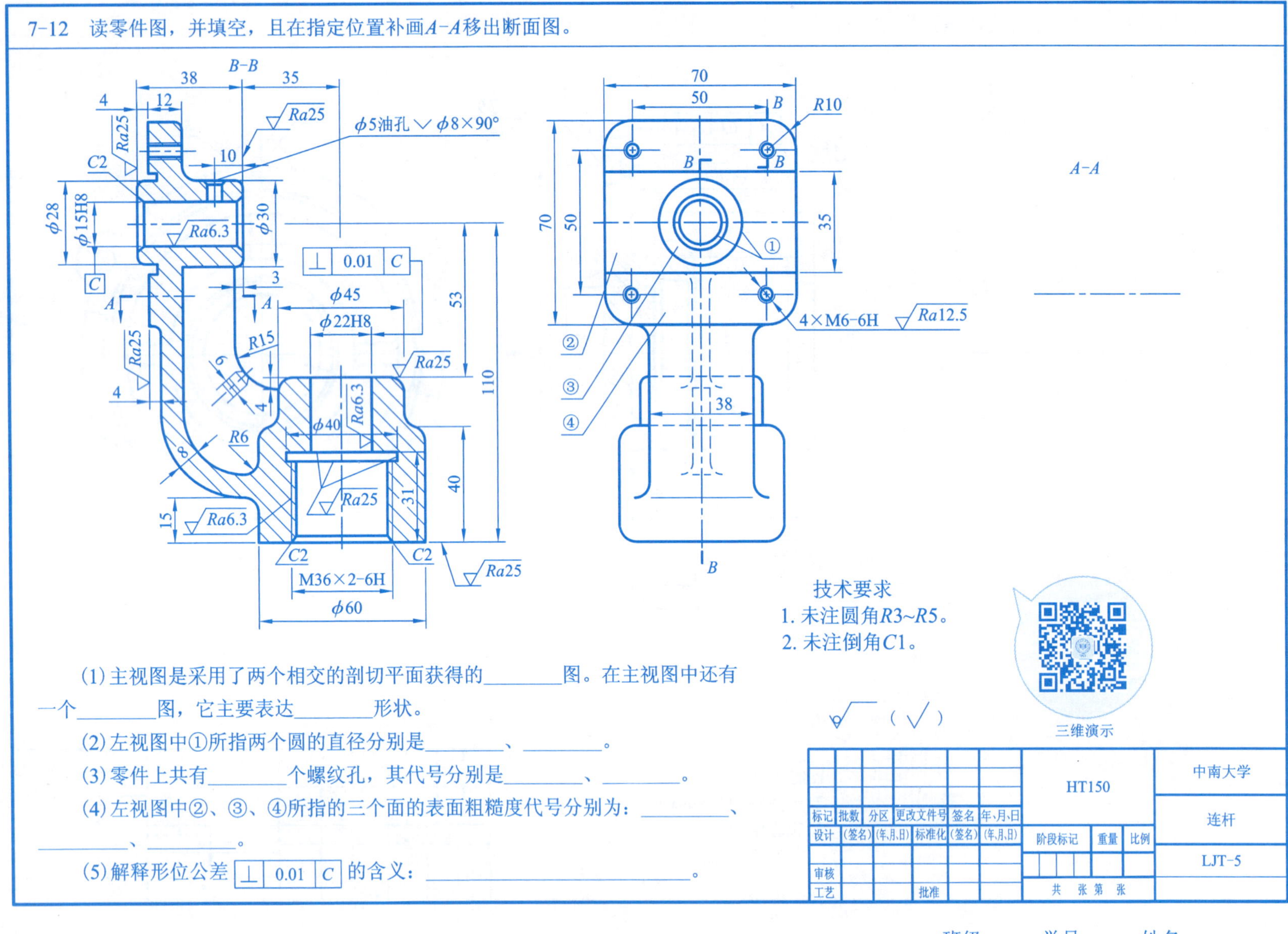

(1) 主视图是采用了两个相交的剖切平面获得的________图。在主视图中还有一个________图，它主要表达________形状。

(2) 左视图中①所指两个圆的直径分别是________、________。

(3) 零件上共有________个螺纹孔，其代号分别是________、________。

(4) 左视图中②、③、④所指的三个面的表面粗糙度代号分别为：__________、__________、__________。

(5) 解释形位公差 ⊥ 0.01 C 的含义：______________________________。

						HT150			中南大学
标记	批数	分区	更改文件号	签名	年、月、日				连杆
设计	(签名)	(年、月、日)	标准化	(签名)	(年、月、日)	阶段标记	重量	比例	LJT-5
审核									
工艺			批准			共　张　第　张			

班级______　学号______　姓名________

7-13 读零件图，并在指定位置补画零件的左视图。

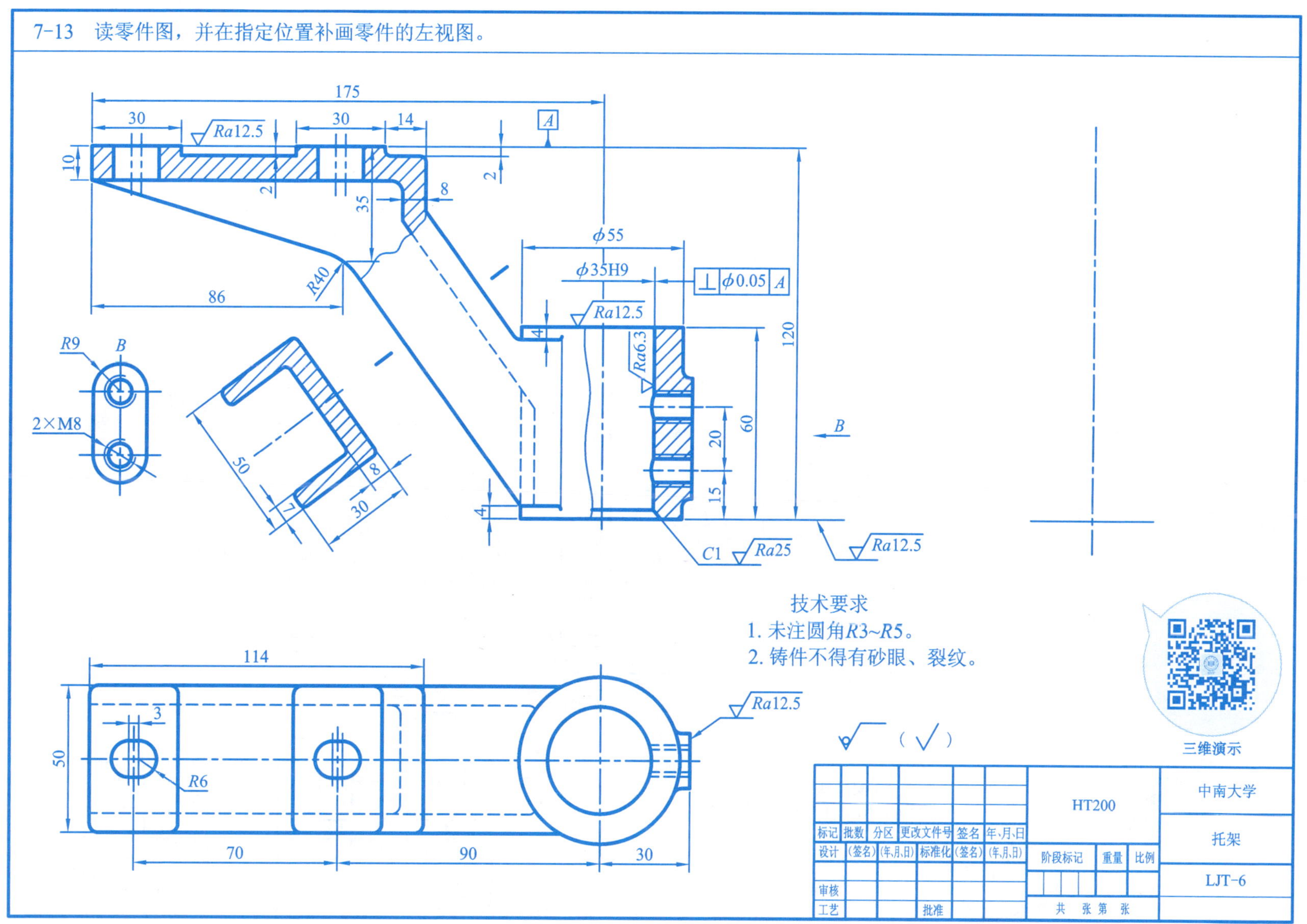

班级______ 学号______ 姓名________

7-14　读零件图，并在指定位置画出C向局部视图。

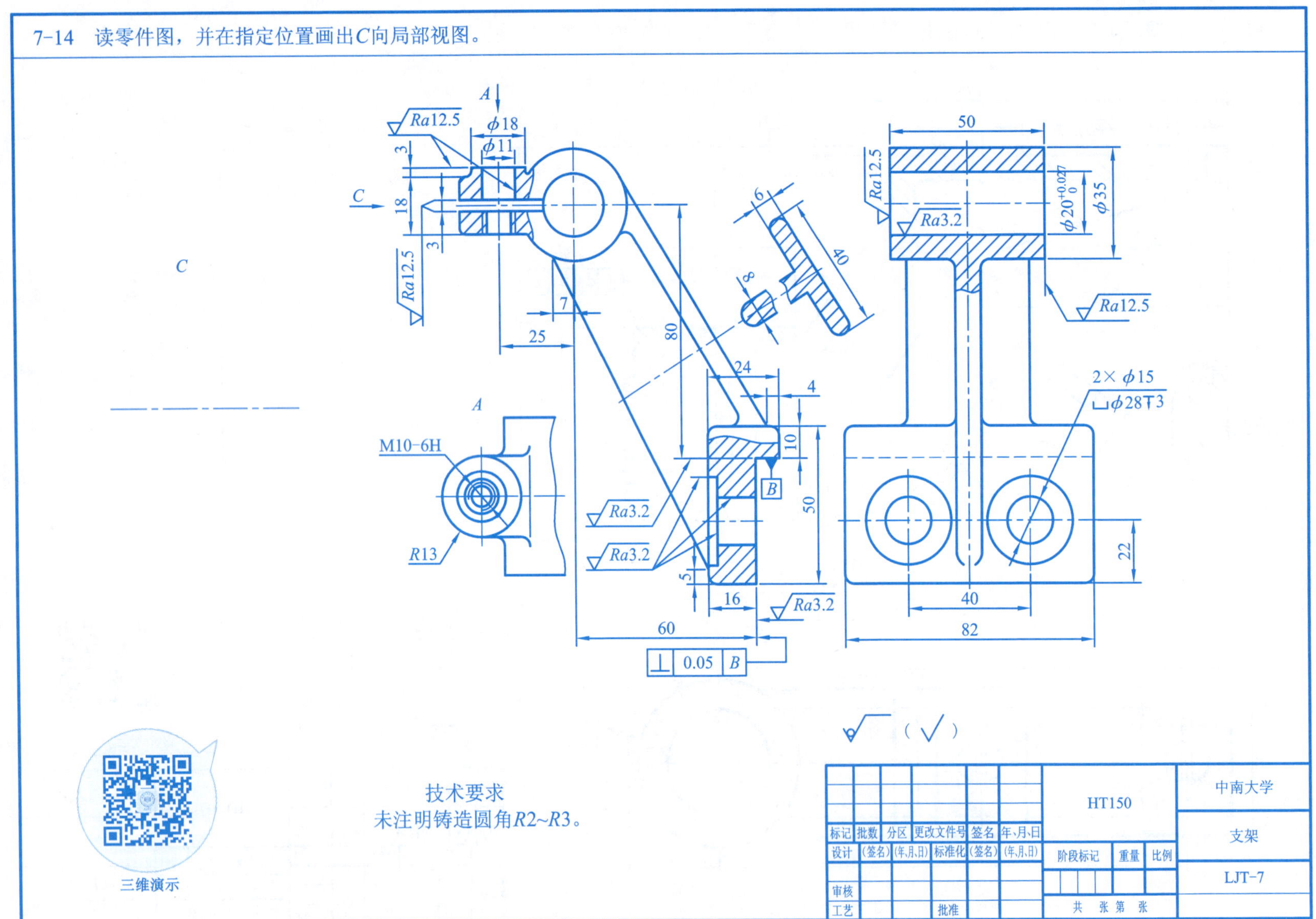

班级______学号______姓名________

7-15 读零件图，并填空。

(1) 泵体共用了4个图形表达，主视图作了________剖视，左视图上有2处作了__________剖视，K向称为_______图。

(2) 泵体长方形底板的定形尺寸是________，底板上两沉孔的定位尺寸是_______。

(3) 左视图中最大粗实线圆的直径是______，与其同心的最小粗实线圆的直径是_______，K向视图中三个同心粗实线圆的直径分别是_____、_____、_____。

(4) 泵体上共用大小不同的螺纹孔____个，它们的螺纹标记分别是_________、_________、_______。

(5) ϕ60H7中，ϕ60表示__________，H表示_________，7表示_______。

(6) 解释G1/8的含义：G表示______，1/8表示_______。

(7) ϕ15H7内孔表面的表面粗糙度要求是_______。

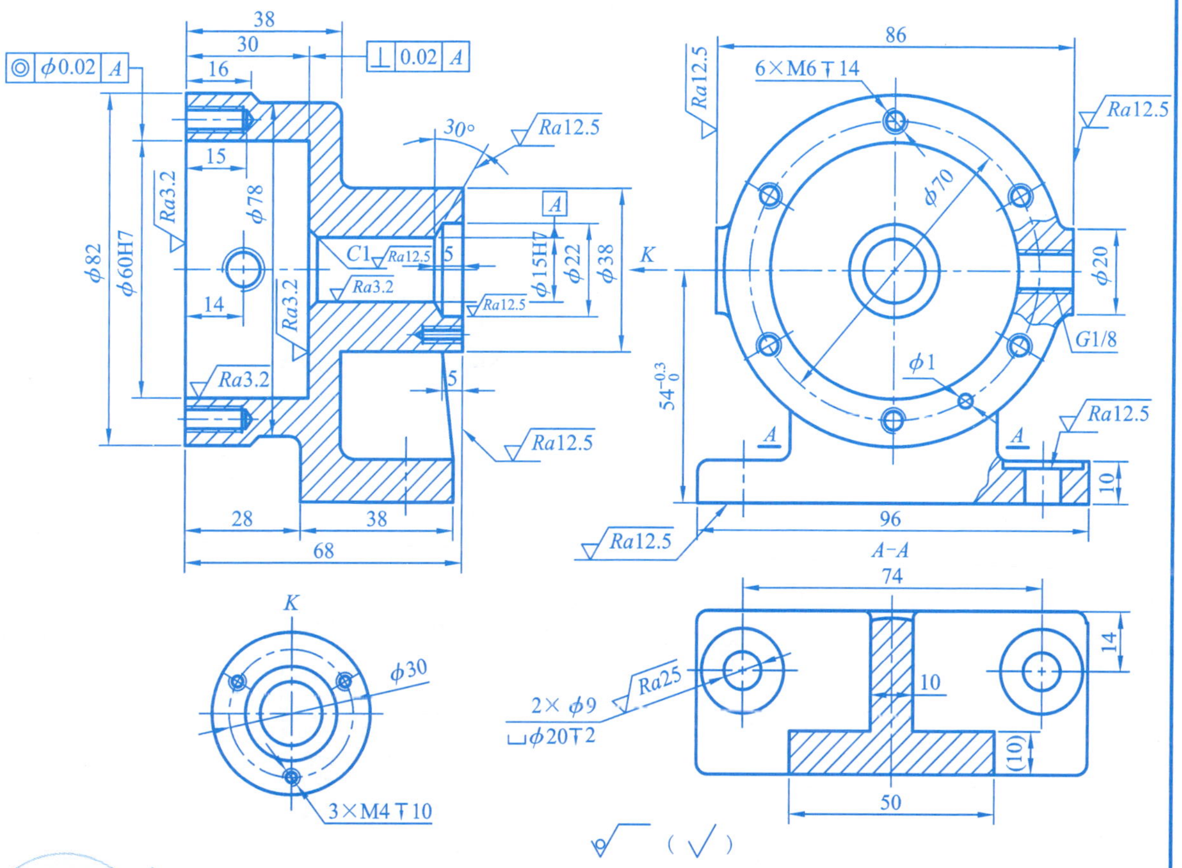

三维演示

技术要求
未注圆角R3。

标记	批数	分区	更改文件号	签名	年、月、日	HT200			中南大学
设计	(签名)	(年.月.日)	标准化	(签名)	(年.月.日)	阶段标记	重量	比例	泵体
审核									LJT-8
工艺			批准			共 张 第 张			

班级_____ 学号_____ 姓名_______

7-16　读零件图，并在指定位置画出D向局部视图。

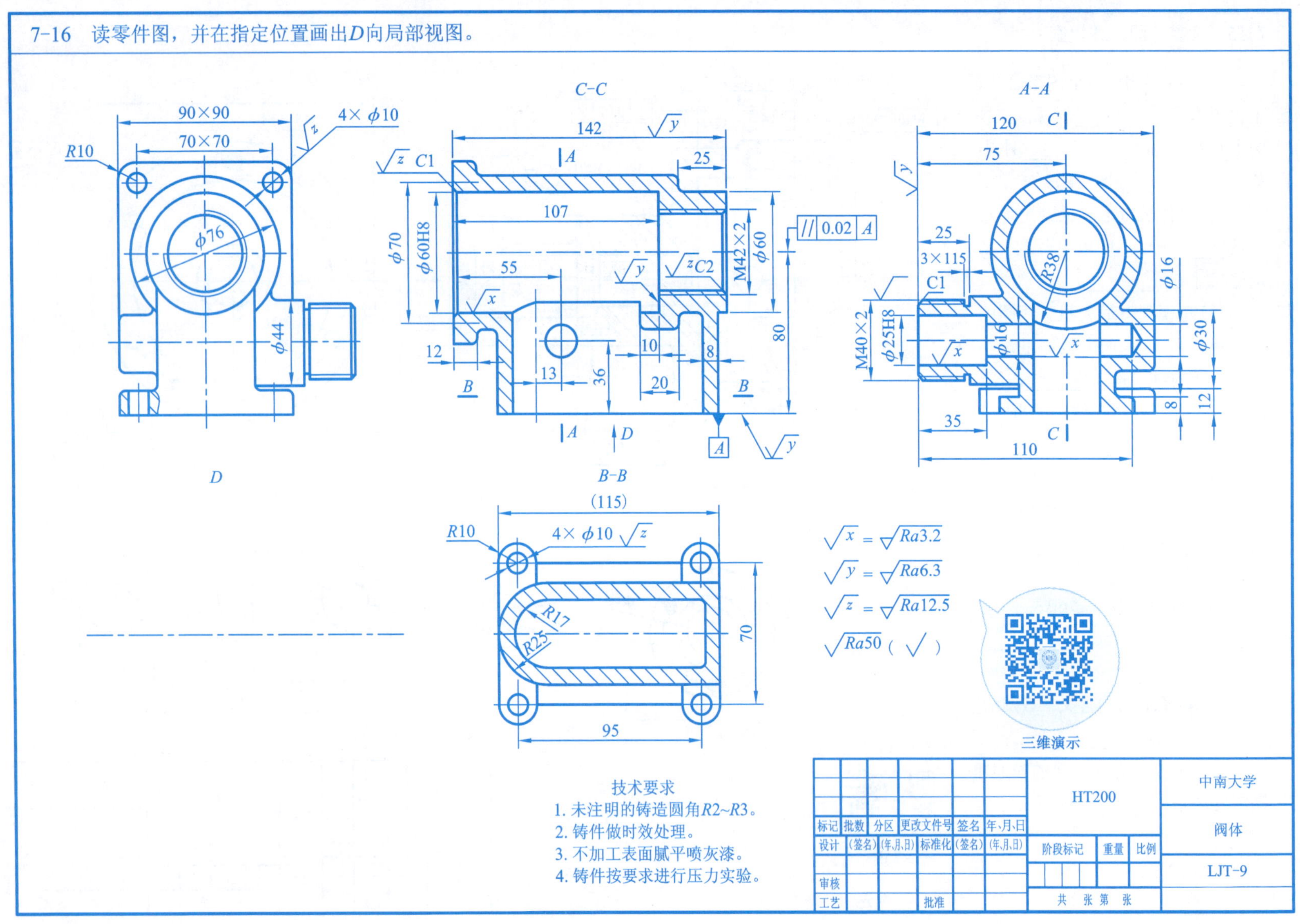

技术要求

1. 未注明的铸造圆角R2~R3。
2. 铸件做时效处理。
3. 不加工表面腻平喷灰漆。
4. 铸件按要求进行压力实验。

						HT200			中南大学
标记	批数	分区	更改文件号	签名	年、月、日				阀体
设计	(签名)	(年.月.日)	标准化	(签名)	(年.月.日)	阶段标记	重量	比例	
审核									LJT-9
工艺			批准			共　张 第　张			

班级______学号______姓名________

7-17 根据支架轴测图画零件图。

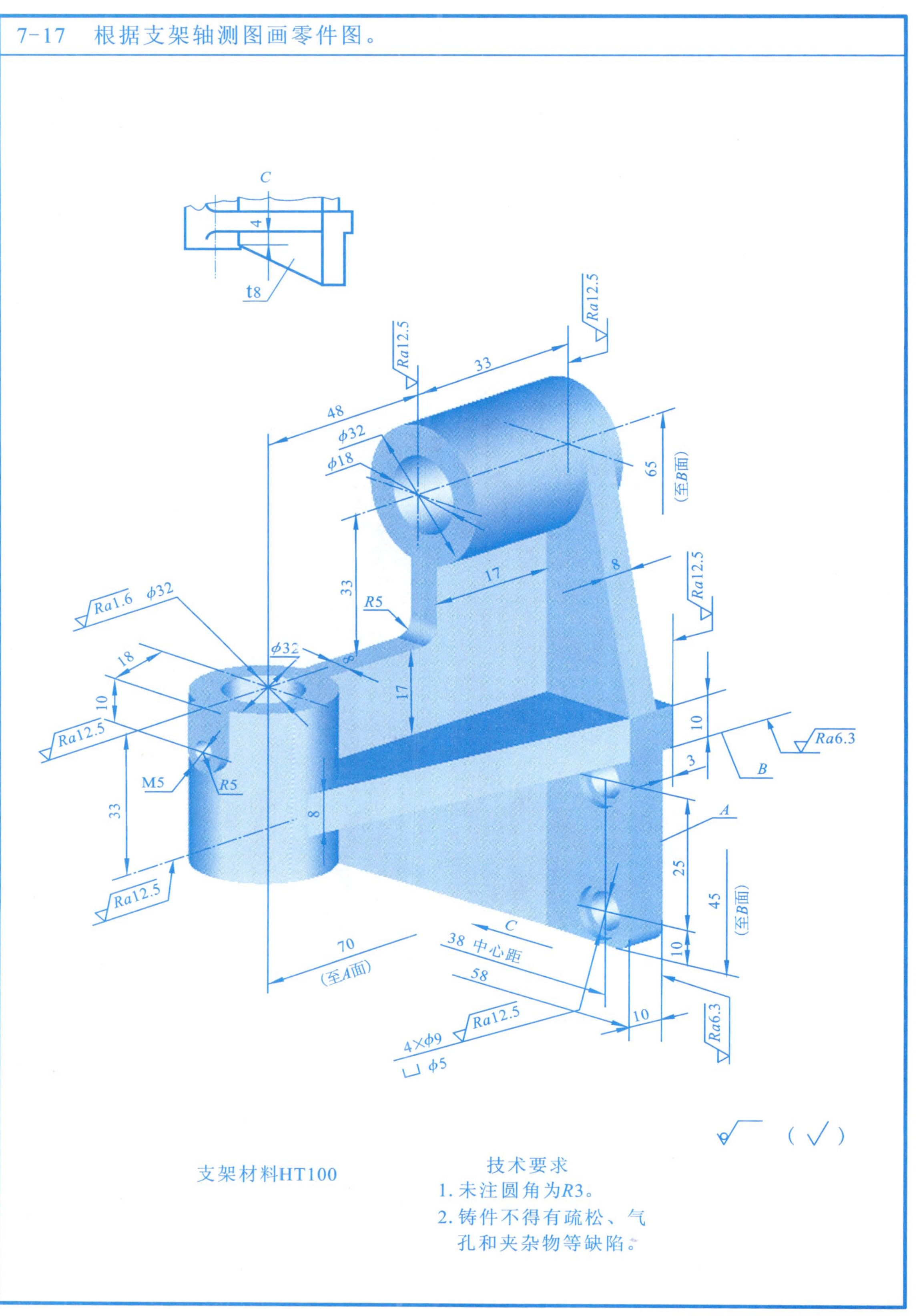

支架材料HT100

技术要求

1. 未注圆角为$R3$。
2. 铸件不得有疏松、气孔和夹杂物等缺陷。

7-18 根据阀体轴测图画零件图。

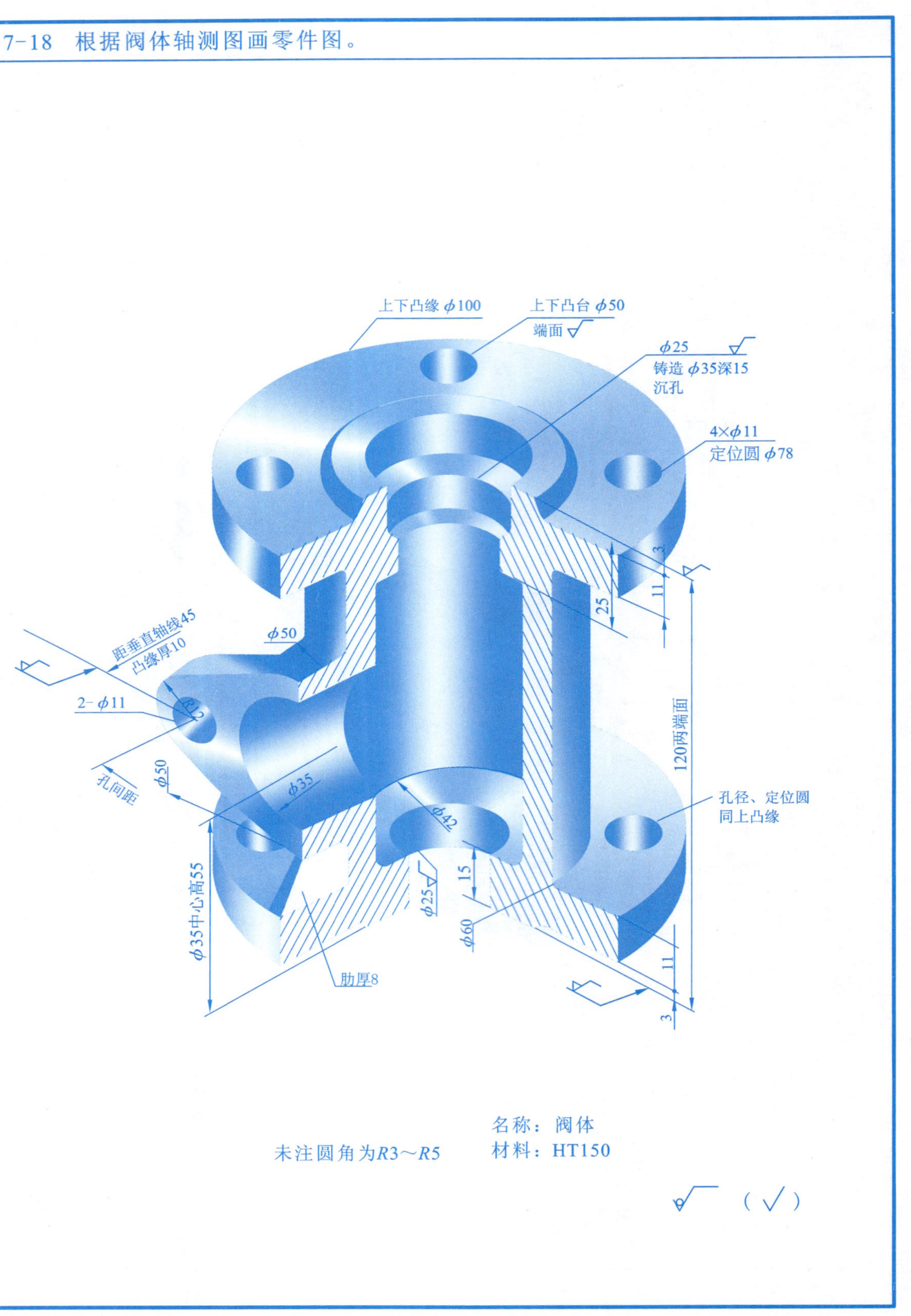

未注圆角为$R3\sim R5$

名称：阀体
材料：HT150

（√）

班级______学号______姓名

8-1 按规定画法，绘制螺纹的主、左两视图。

(1) 外螺纹：大径M20，螺纹长30 mm，螺杆长40 mm。

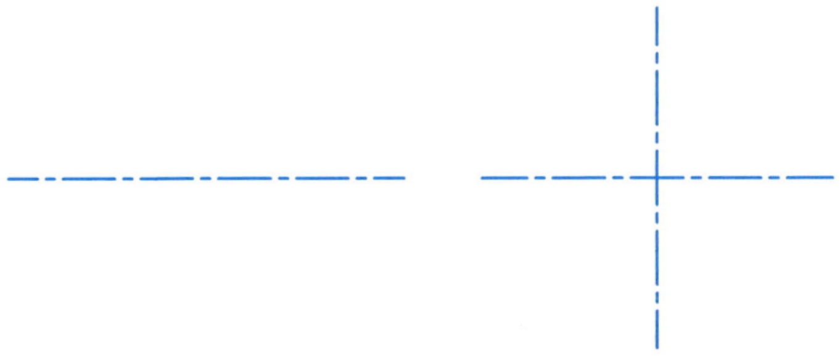

(2) 内螺纹：大径M20，螺纹长30 mm，孔深40 mm，螺纹倒角$C2$。

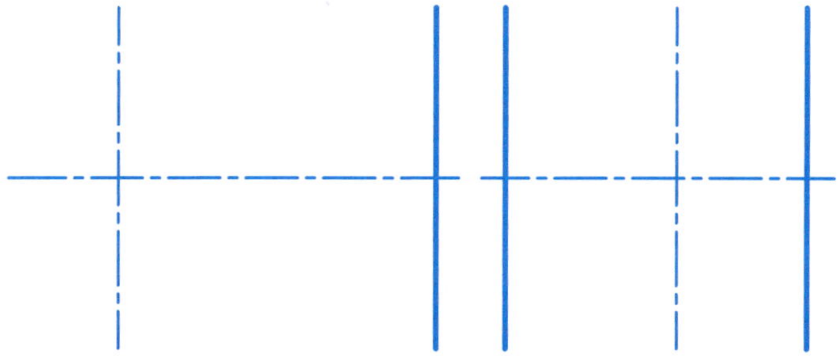

8-2 将题8-1(1)的外螺纹调头，旋入题8-1(2)的螺孔，旋合长20 mm，作旋合后的主视图。

班级______学号______姓名________

8-3　圈出外螺纹和内螺纹画法中的错误，将正确的画法画在其下面。

(1) 外螺纹　　(2) 内螺纹

8-4　分析下图画法中的错误，并将正确的图形画在右边指定位置上。

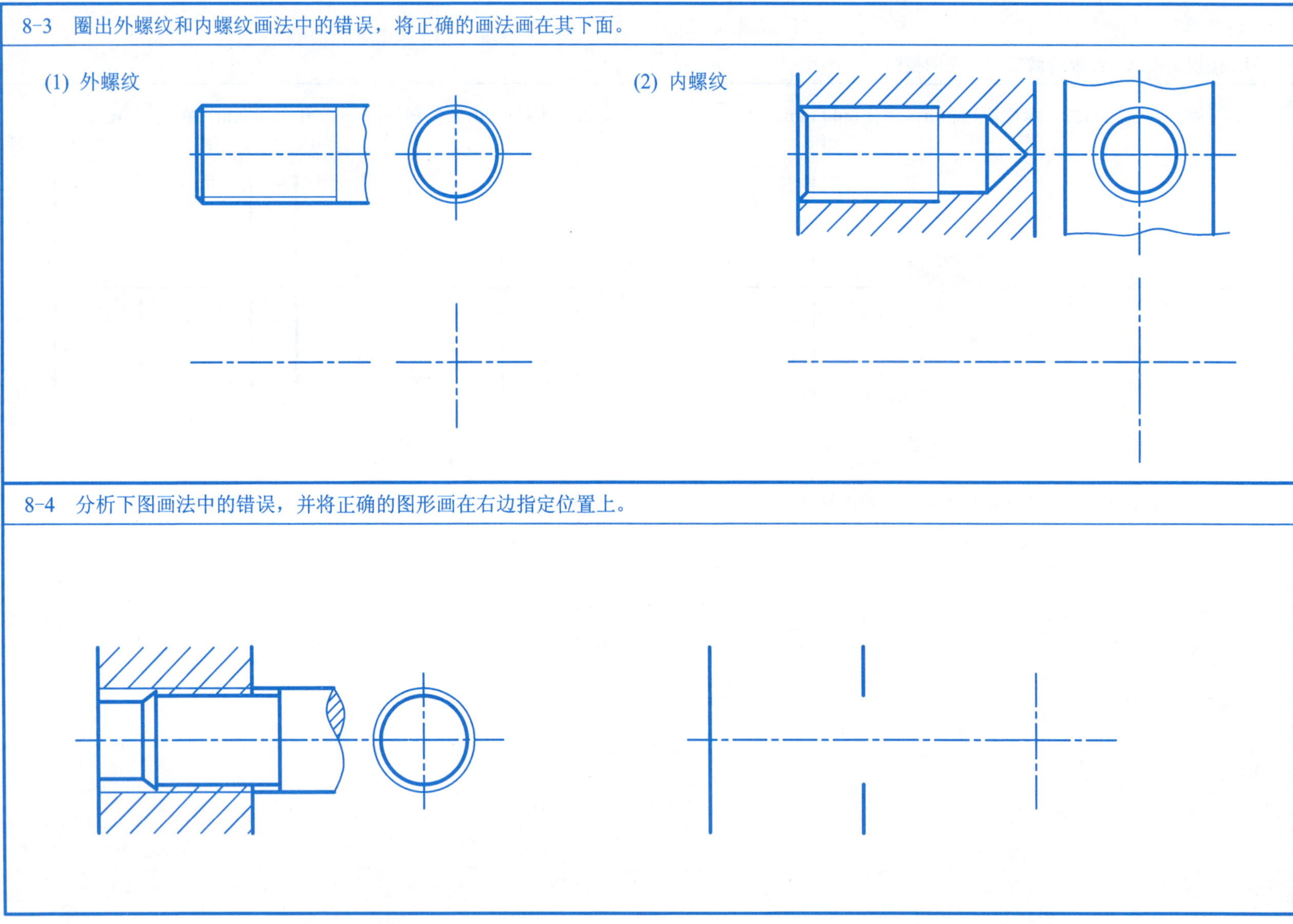

班级______学号______姓名________

8-5　在下列各图中标注螺纹。

(1) 粗牙普通螺纹，大径24，螺距3，右旋，单线，螺纹公差带代号：中径、顶径均为6g，中等旋合长度。

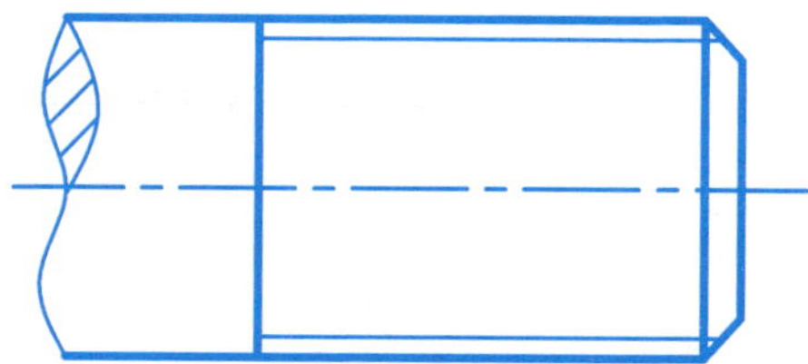

(2) 梯形螺纹，大径32，螺距6，双线，左旋，公差带代号7e，中等旋合长度。

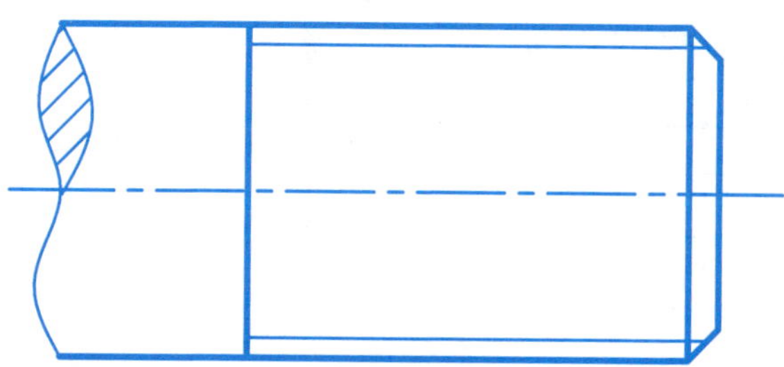

(3) 细牙普通螺纹，大径27，螺距1.5，单线，右旋，螺纹公差带代号：中径为5g(5G)，顶径为6g(6G)，中等旋合长度。

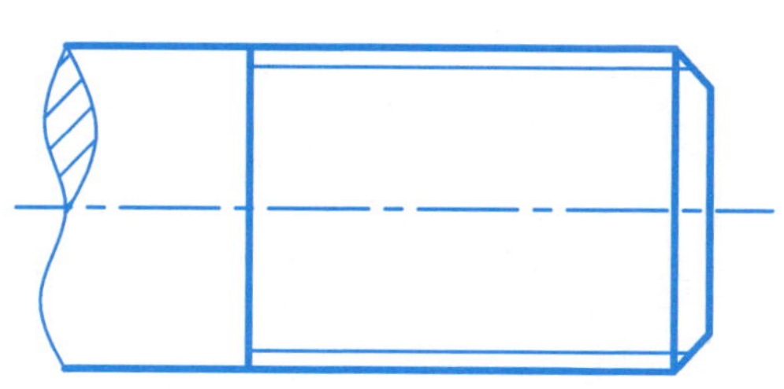

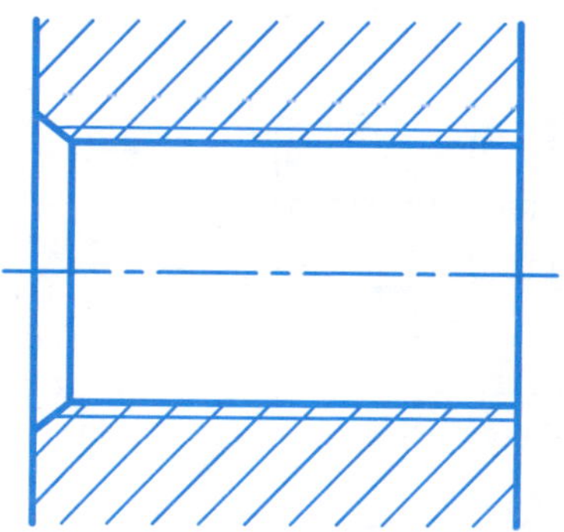

班级______学号______姓名________

8-6　查表标注下列紧固件的尺寸，并写出其规定标记。

(1)六角螺栓

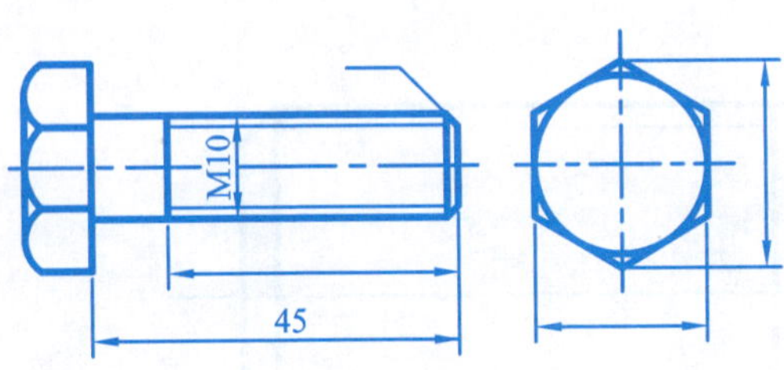

规定标记________________

(2)六角螺母(A级1型)

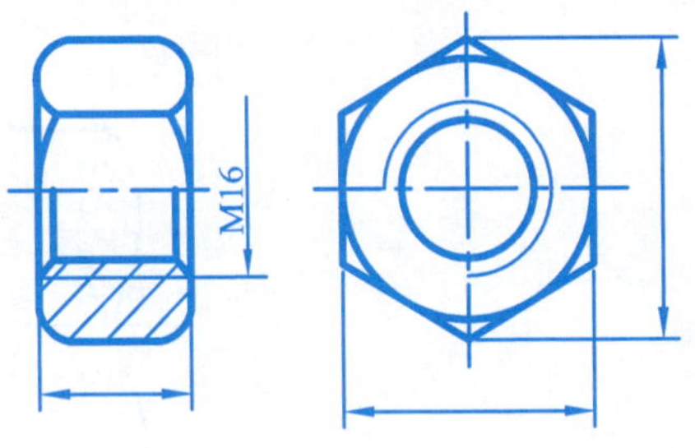

规定标记________________

(3)圆柱头螺钉

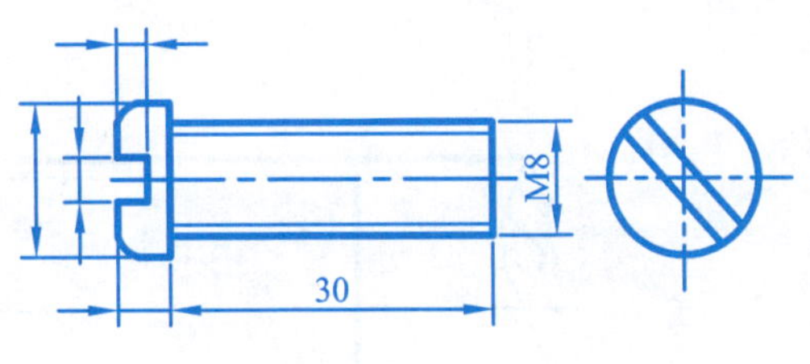

规定标记________________

(4)双头螺柱　b_m=1.25d

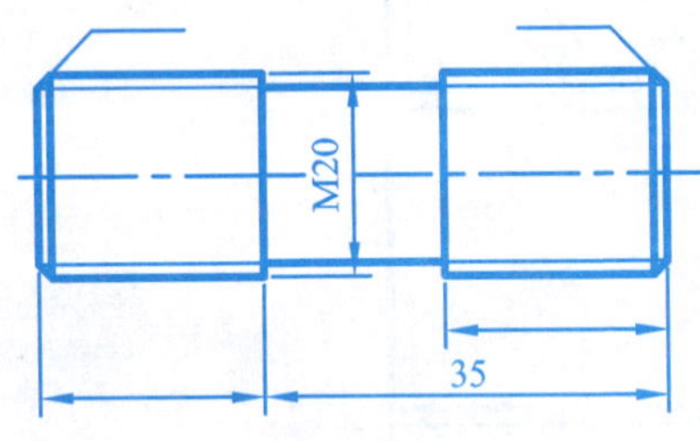

规定标记________________

(5)垫圈　公称直径为12

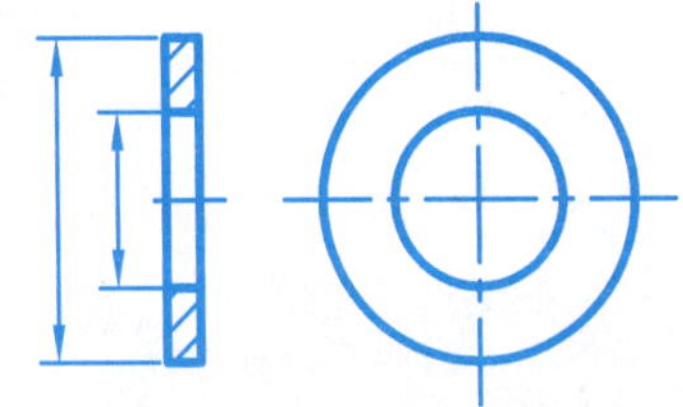

规定标记________________

班级______学号______姓名________

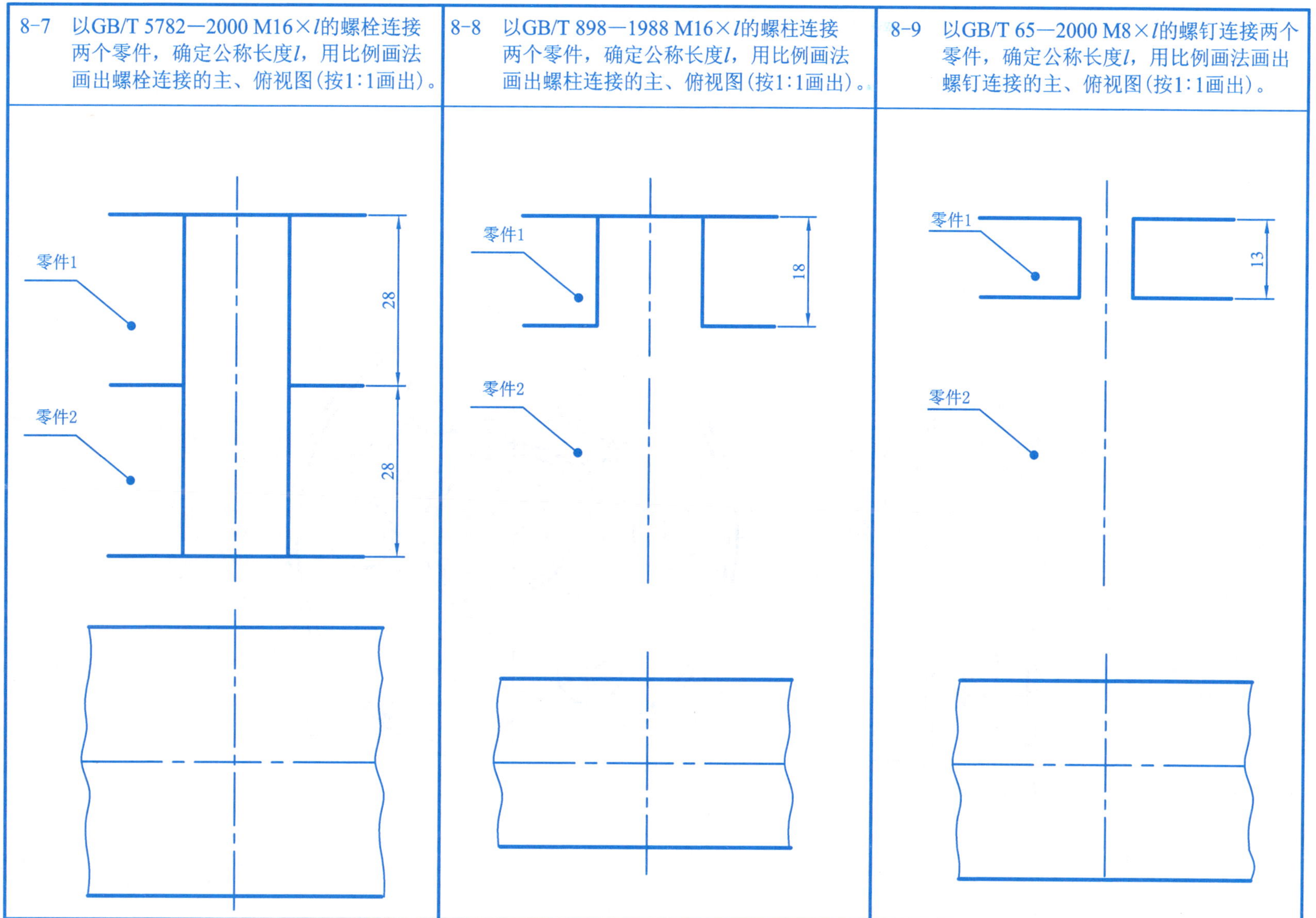

8-7 以GB/T 5782—2000 M16×l的螺栓连接两个零件，确定公称长度l，用比例画法画出螺栓连接的主、俯视图(按1:1画出)。

8-8 以GB/T 898—1988 M16×l的螺柱连接两个零件，确定公称长度l，用比例画法画出螺柱连接的主、俯视图(按1:1画出)。

8-9 以GB/T 65—2000 M8×l的螺钉连接两个零件，确定公称长度l，用比例画法画出螺钉连接的主、俯视图(按1:1画出)。

班级______学号______姓名________

8-10　已知标准直齿圆柱齿轮的模数m=5, 齿数z=40，计算出齿轮的分度圆直径d、齿顶圆直径d_a、齿根圆直径d_f，并按1∶2完成主、左视图，标注所缺的尺寸。

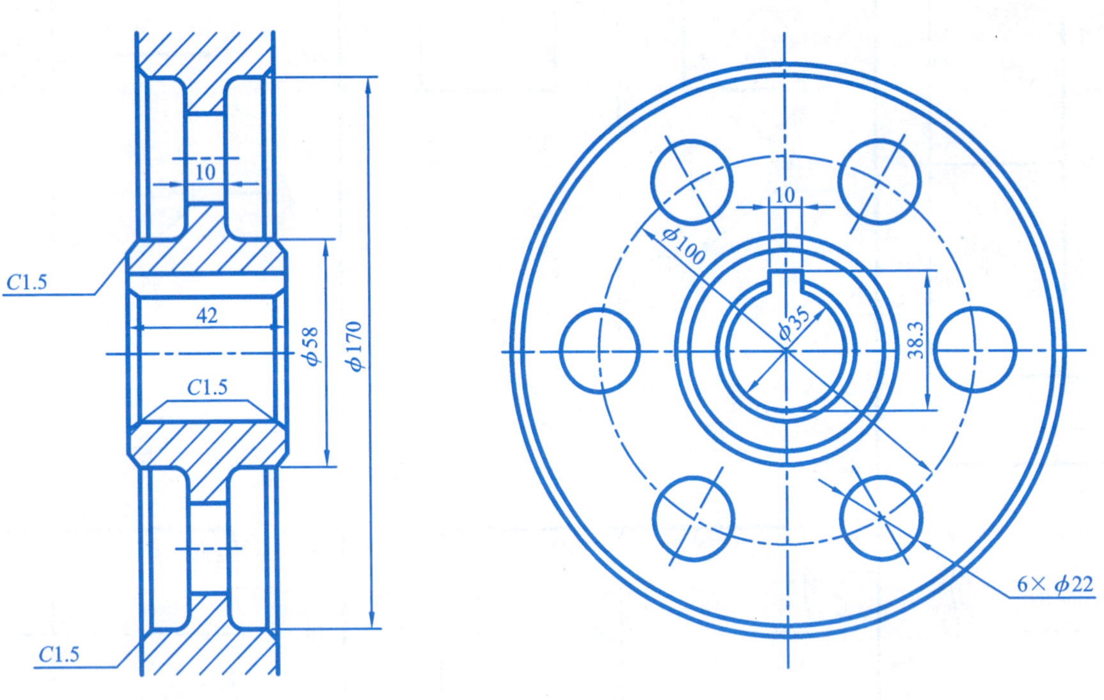

班级______学号______姓名________

8-11　直齿圆柱大齿轮的z=30, m=2, 两齿轮中心距a=48, 按1∶1画出两齿轮啮合的视图。

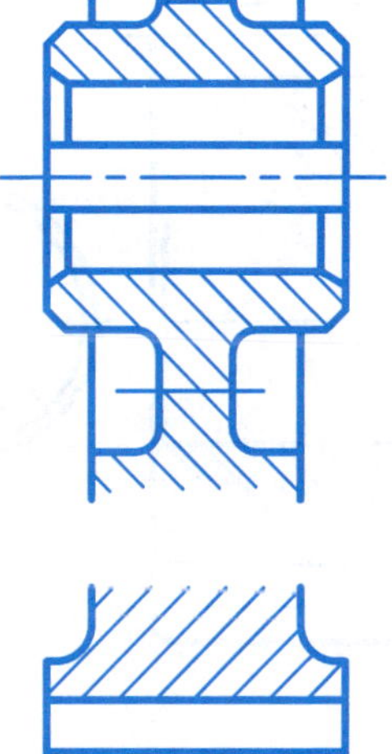

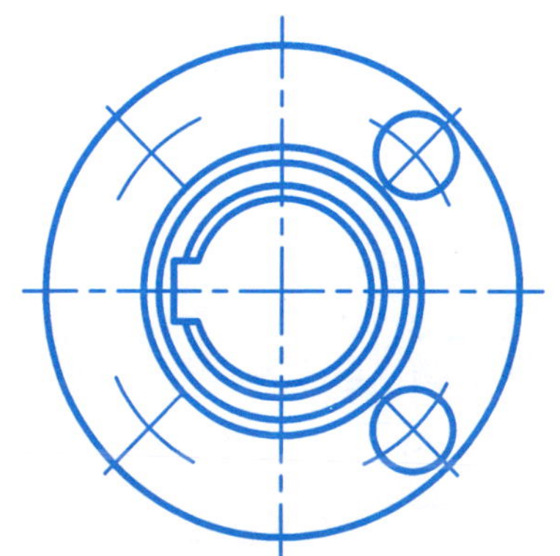

班级______学号______姓名________

8-12　已知齿轮和轴，用A型普通平键连接，轴和齿轮孔直径均为 ϕ20，键长20。

(1)键的规定标记为：________________。

(2)查表标出轴上键槽的尺寸，并画全下列各视图和断面图。

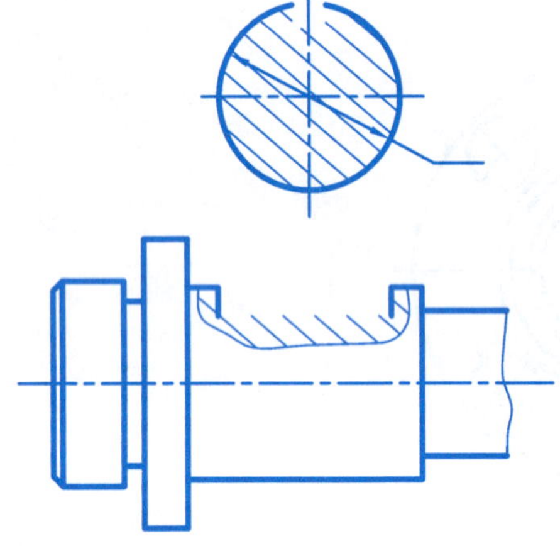

(2)查表标出齿轮上键槽的尺寸，并画全下列各视图。

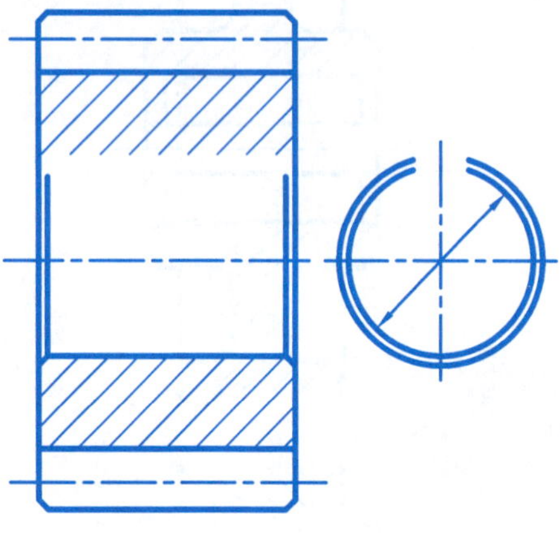

班级______学号______姓名________

8-13　完成题8-12中轴与齿轮用普通平键连接图（不标尺寸，*A-A*为断面）。

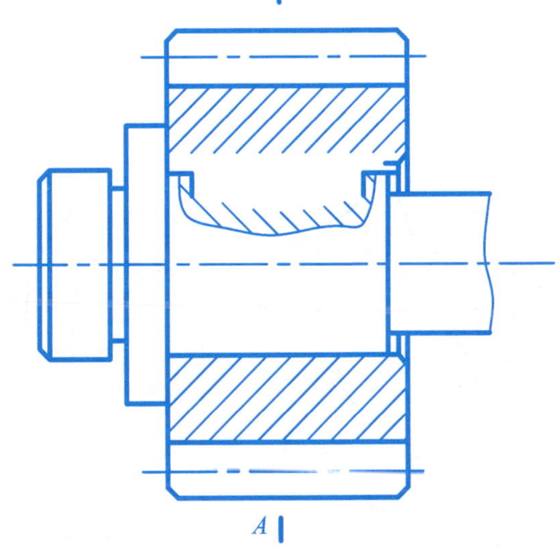

A-A

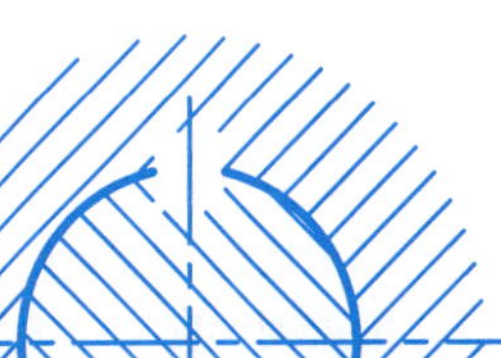

班级______学号______姓名________

9 装配图

9-1 拼画齿轮油泵装配图。

一、作业说明

齿轮油泵是将液态油升压的一种装置。其工作原理是靠一对齿轮啮合转动来吸油和压油。当齿轮1与齿轮2按图示方向转动时，泵体的 A 区形成局部真空，油箱中的油在大气压力的作用下经油管进入泵体，进入泵体的油液随转动的齿轮带到泵体B区，由于齿轮的转动啮合B区的油液受压，压力升高，并从输油孔压出，输送到用油地点。

该油泵由泵体 1、泵盖 10、齿轮7和齿轮轴3等10种零件组成。齿轮轴3和轴6支承在泵体、泵盖的轴孔中。为了避免油液沿齿轮轴泄出，在泵体上设有密封装置，通过压紧螺母 2 与压套4将填料5压紧起密封作用。为防止油沿泵体、泵盖连接处渗漏，在其间加放垫片，此垫片同时起调整齿轮与泵盖间轴向间隙的作用。泵体上的吸油孔和输油孔均用非螺纹密封的管螺纹G1/4与油管连接。

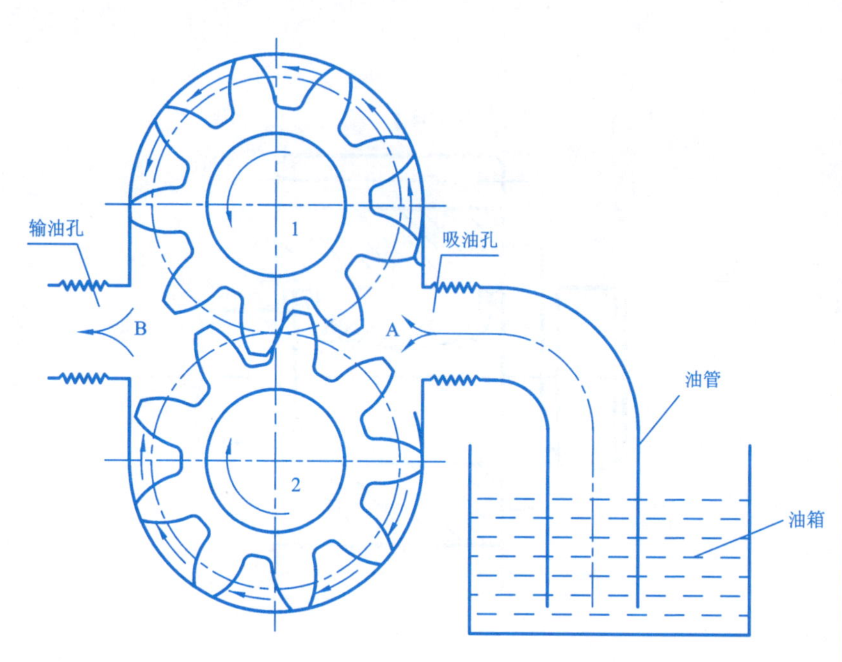

二、作业要求

(1)阅读齿轮油泵装配示意图，并对照看懂各零件图。

(2)仔细看清零件的尺寸，特别是各零件之间相互有关联的尺寸。

(3)按装配示意图所示关系画装配图。

①采用A3图纸，按1∶1画图；

②选好视图方案清楚地表达其结构形状和装配关系；

③标注装配图所需尺寸；

④编写零件序号和明细栏；

⑤填写标题栏。

班级______学号______姓名________

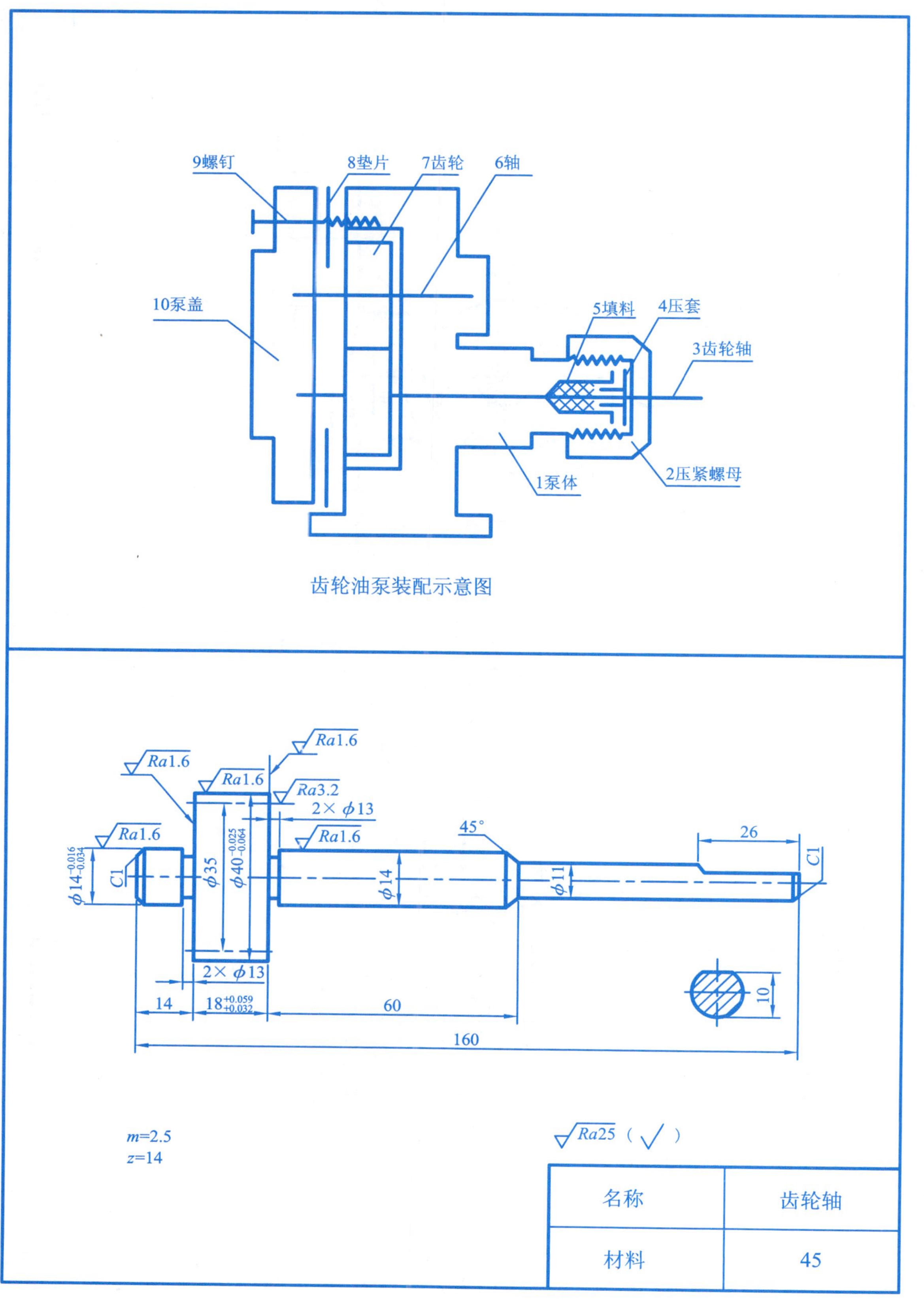

齿轮油泵装配示意图

班级______学号______姓名________

Ra1.6
36
18
15
6×M6
9
Ra3.2
$\phi 14^{+0.027}_{0}$
16
$\phi 24$
35±0.06
$18^{0}_{-0.043}$
30°
24
C2
43
$\phi 38$
$\phi 14^{+0.027}_{0}$
Ra3.2
Ra12.5
$\phi 19^{+0.052}_{0}$
M27×1.5
26
55
Ra25
46
4
44
A
22
R5
R9
Ra3.2
R9
$\phi 40^{+0.062}_{0}$
G1/4
32
$\phi 6$
Ra25
12
$\phi 40^{+0.062}_{0}$
R27
R26
Ra3.2
$\phi 39$
63.5
2×$\phi 11$
30
10
3
32
68
100
Ra12.5
Ra25
A
未注圆角为R3
(√)
名称
泵体
材料
HT200

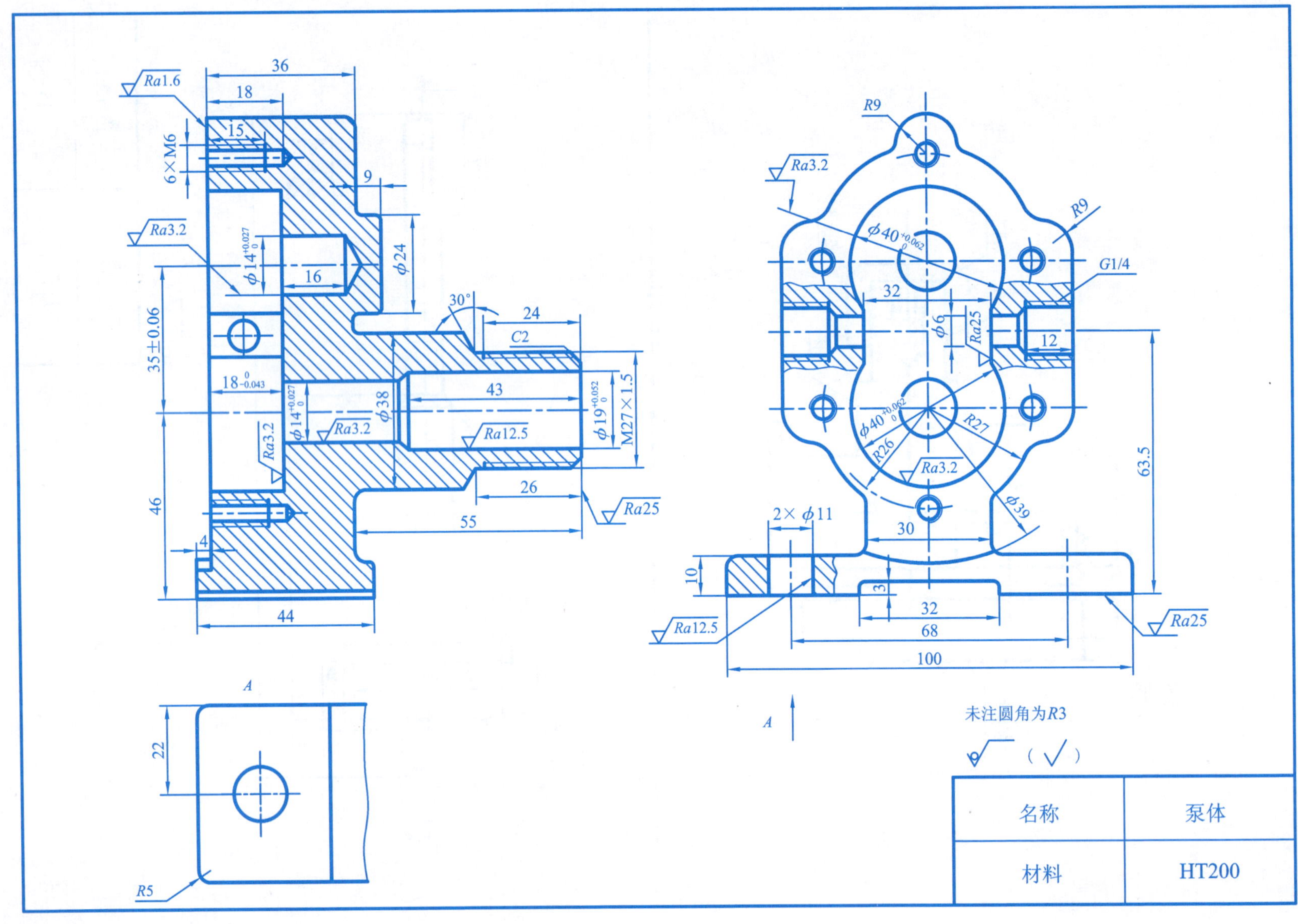

班级______学号______姓名________

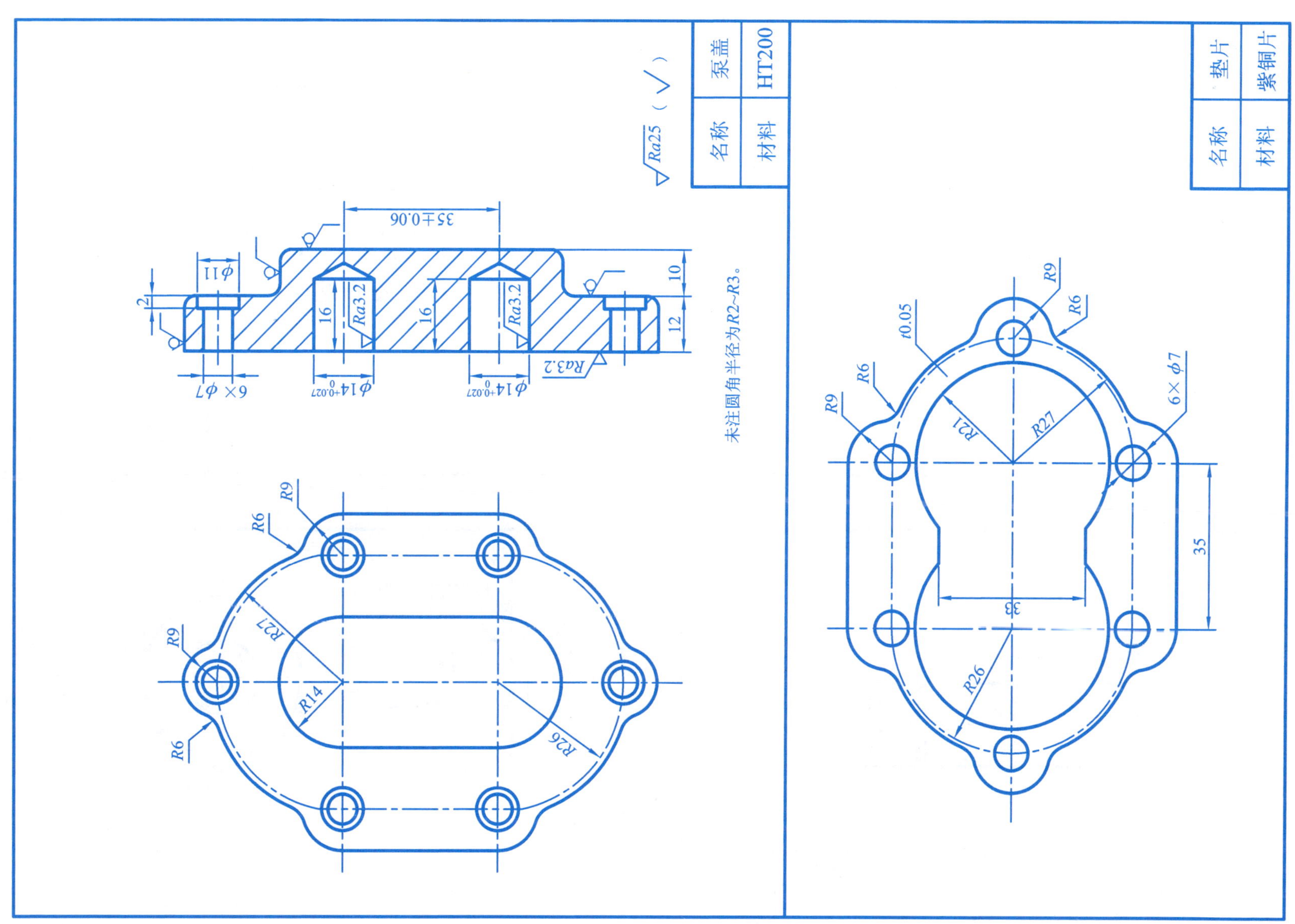
名称 泵盖
材料 HT200
Ra25 (√)
35±0.06
φ11
2
10
12
16
Ra3.2
6×φ7
φ14 +0.027 0
未注圆角半径为R2~R3。
R9
R6
R27
R14
R26
名称 垫片
材料 紫铜片
t0.05
R21
6×φ7
35
38

Ra3.2
φ14 +0.027 0
φ35
φ40 −0.025 −0.064
Ra1.6 (√)
m=2.5
z=14
18 +0.059 +0.032
材料 齿轮
名称 45

C1
Ra12.5
φ22
φ14.5
120°
C1
φ19 −0.020 −0.072
19
23
Ra25 (√)
材料 压套
名称 Q235-A

C1
Ra1.6
C1
φ14 −0.016 −0.034
46
Ra25 (√)
材料 轴
名称 45

30°
φ28
φ13
6
22
M27×1.5
27
31
Ra25 (√)
材料 压紧螺母
名称 Q235-A

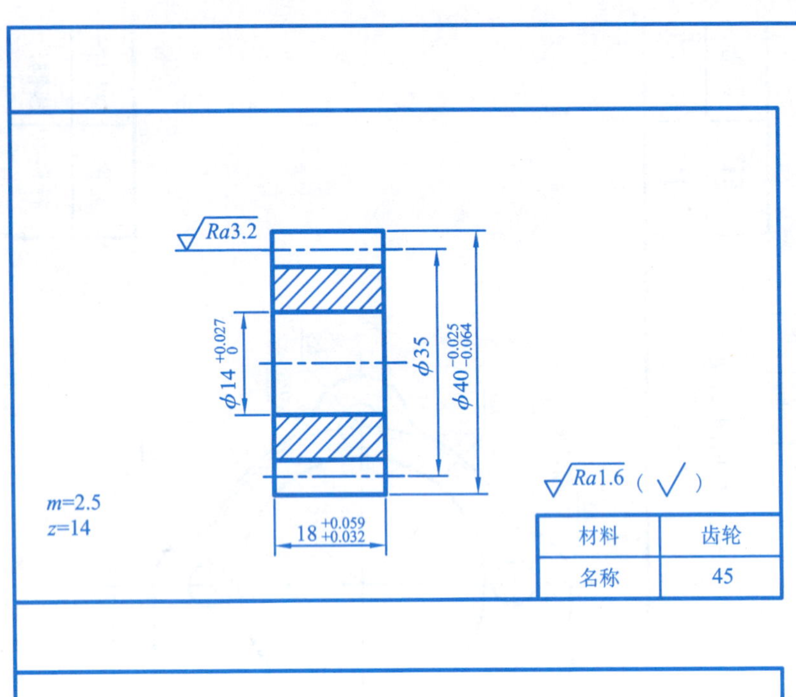

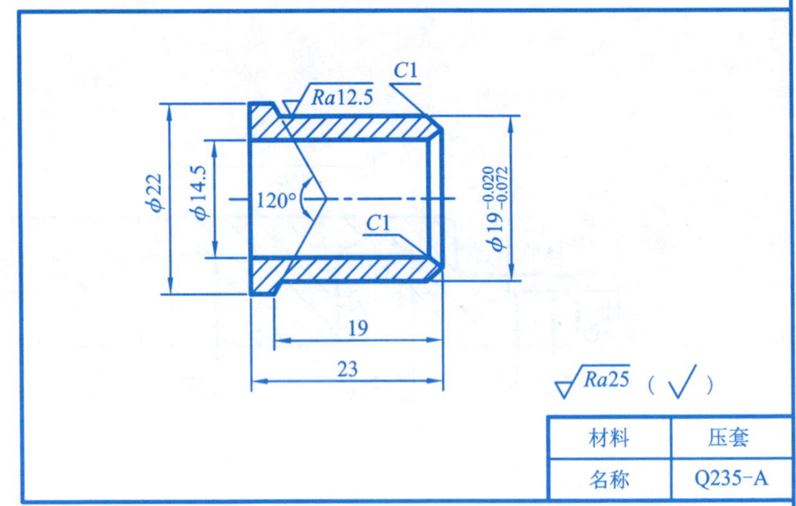

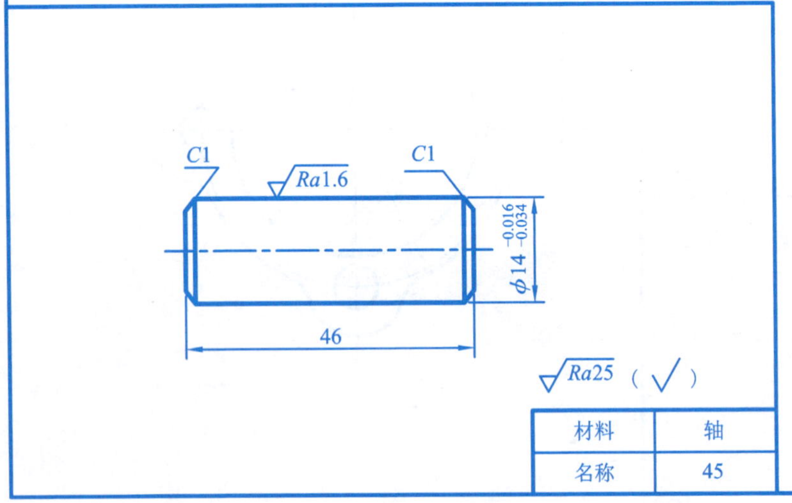

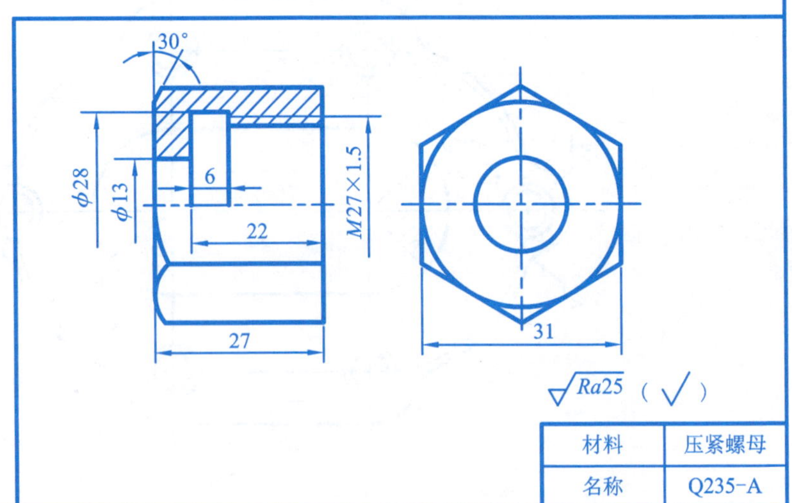

班级______学号______姓名________

9-2　读装配图——镜头架

一、工作原理

镜头架是电影放映机的一个部件。它用来放置镜头和调整焦距，使放映图像清晰。

镜头架由 10 种零件组成。所有的零件都装在主要零件架体1上。由两个螺钉将它安装在放映机上，两个销钉起定位作用。架体1上的大孔（ϕ70）中套有能前后移动的内衬圈2，架体的小圆柱孔（ϕ22）中装有锁紧套6。锁紧套内装有调节齿轮5，当调节齿轮与内衬圈上的齿条啮合后，采用M3×12的螺钉使调节齿轮轴向定位。锁紧套右端装有锁紧螺母4，旋紧螺母便将锁紧套拉向右方，此时通过锁紧套上圆柱面的槽子，迫使内衬圈收缩而锁紧镜头。当旋转调节齿轮时，通过与内衬圈上齿条的啮合传动，带动内衬圈前后移动，从而达到调节焦距的目的。

二、作业要求

(1)看懂第133页的装配图，弄清工作原理及其表达方法，明白各零件间的装配关系及各零件的结构形状和大小。

(2)拆画1号或6号零件的零件图：

①自己选定视图方案，清楚地表达零件的结构形状。

②注全尺寸。

9-3　读装配图——单级圆柱齿轮减速器

一、工作原理

减速器是用来改变原动机(如电机)的转速，以适应工作机械(如皮带输送机、起重机等)要求的中间传动装置。单级圆柱齿轮减速器是最简单的一种减速器。减速器工作时，旋转运动通过零件27(主动齿轮轴)传入，再经过零件11上的小齿轮带动零件21(从动齿轮)经键(A10×22)将减速后的回转运动传给零件24(从动轴)，零件24将回转运动传给工作机械。零件27(主动齿轮轴)与零件24(从动轴)两端均由滚动轴承支承，工作时采用飞溅润滑。零件29(挡油环)、零件22(密封圈)、零件32(密封圈)是为了防止润滑油渗漏和灰尘进入轴承。零件19(套筒)是防止零件21(从动齿轮)轴向窜动。零件25、零件35(调整环)是调整两轴的轴向间隙。零件1(箱座)、零件12(箱盖)是用圆锥销(3×8)定位，并用 6 套螺栓、螺母、垫圈紧固。箱盖顶部有观察孔，孔盖上有通气塞。箱座左下角设有油面观测孔，零件17(放油螺塞)是排放污油用的。

二、作业要求

(1)看懂第134页的装配图，弄清减速器装配及拆卸顺序。

(2)解释从动轴上配合代号 ϕA32H7/n6的意义。

(3)拆画箱座或箱盖的零件图。

班级______学号______姓名________

9-4 读装配图——机用虎钳

一、工作原理

机用虎钳用于夹持零件以便进行加工。当转动螺杆8时，通过螺母(用螺钉3与活动钳身固定在一起)带动活动钳身4沿着固定钳身1移动，使两个钳口板闭合或张开，以便夹紧或松开工件，螺钉3上的两个小孔是用来拧紧螺钉3的。

二、作业要求

(1)看懂第135页的装配图，了解工作原理、装配结构关系。

(2)拆画固定钳身1或活动钳身4。

9-5 读装配图——手动气阀

一、工作原理

手动气阀是气路转换开关，气阀的上面、下面和前面各有一个螺孔，都是代号为1/4的锥管螺纹，用来接通进出气管道。手柄3上有两个互成90°的箭头，用来指示手柄的工作位置，当手柄向前或向后摆动时，通过轴1带动分流活门10做同向转动，从而接通或阻断气路。

定位套5上有四个均匀分布的圆柱孔，当定位套5随轴1转动90°时，弹簧7推动钢球6进入定位套上的圆柱孔中，对分流活门进行定位，使气流保持稳定。

在视图中的4×M6↧12的螺孔是安装气阀用的。

二、作业要求

(1)看懂第A136页的装配图，了解工作原理、装配结构关系。

(2)拆画阀体A8的零件工作图。

班级______学号______姓名________

9-4 读装配图——机用虎钳(工作原理和作业要求见第132页)。

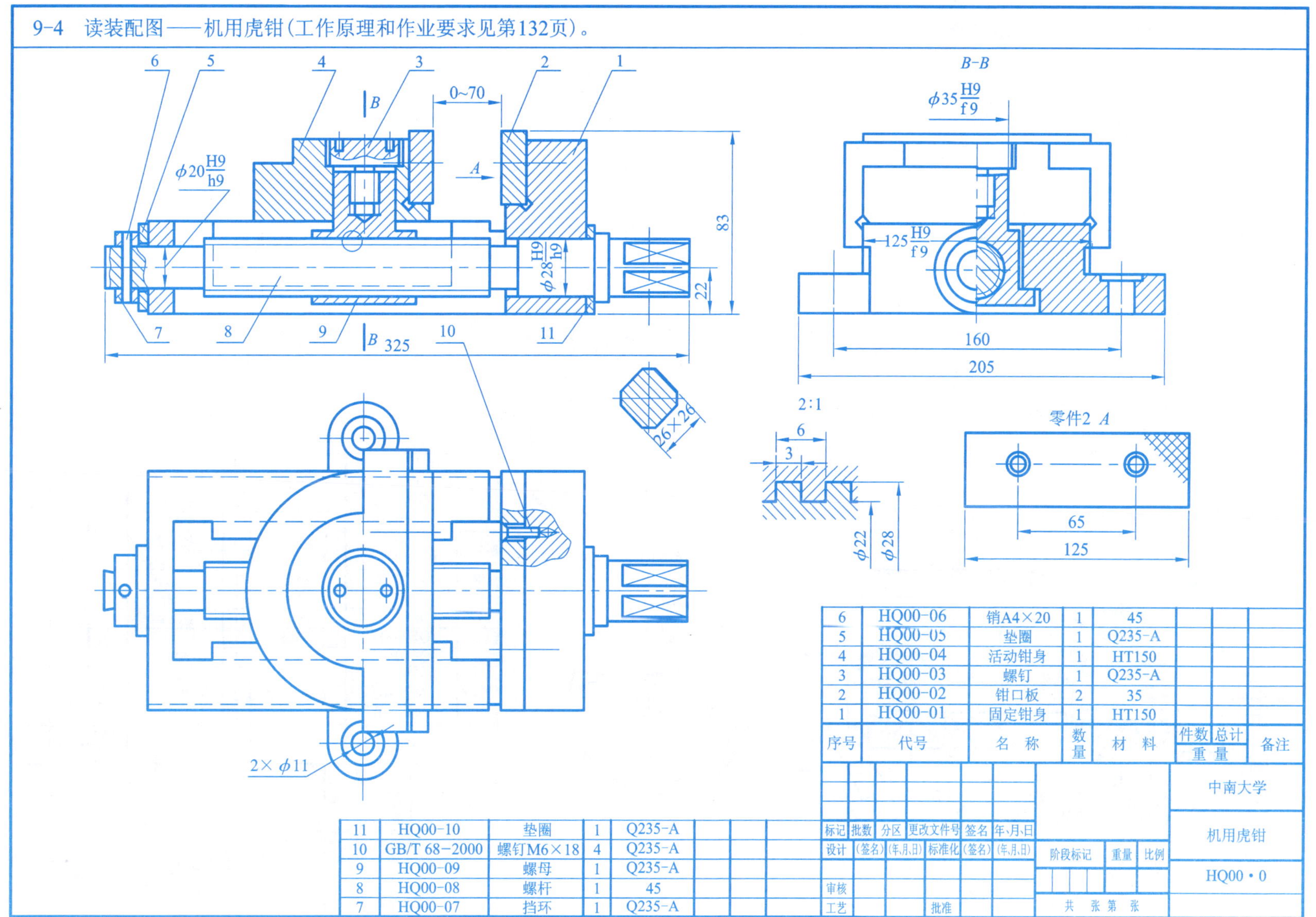

序号	代号	名称	数量	材料	件数	总计	备注
11	HQ00-10	垫圈	1	Q235-A			
10	GB/T 68—2000	螺钉M6×18	4	Q235-A			
9	HQ00-09	螺母	1	Q235-A			
8	HQ00-08	螺杆	1	45			
7	HQ00-07	挡环	1	Q235-A			
6	HQ00-06	销A4×20	1	45			
5	HQ00-05	垫圈	1	Q235-A			
4	HQ00-04	活动钳身	1	HT150			
3	HQ00-03	螺钉	1	Q235-A			
2	HQ00-02	钳口板	2	35			
1	HQ00-01	固定钳身	1	HT150			

（件数、总计两栏合称"重量"。）

班级______ 学号______ 姓名________

9-5 读装配图——手动气阀(工作原理和作业要求见第132页)。

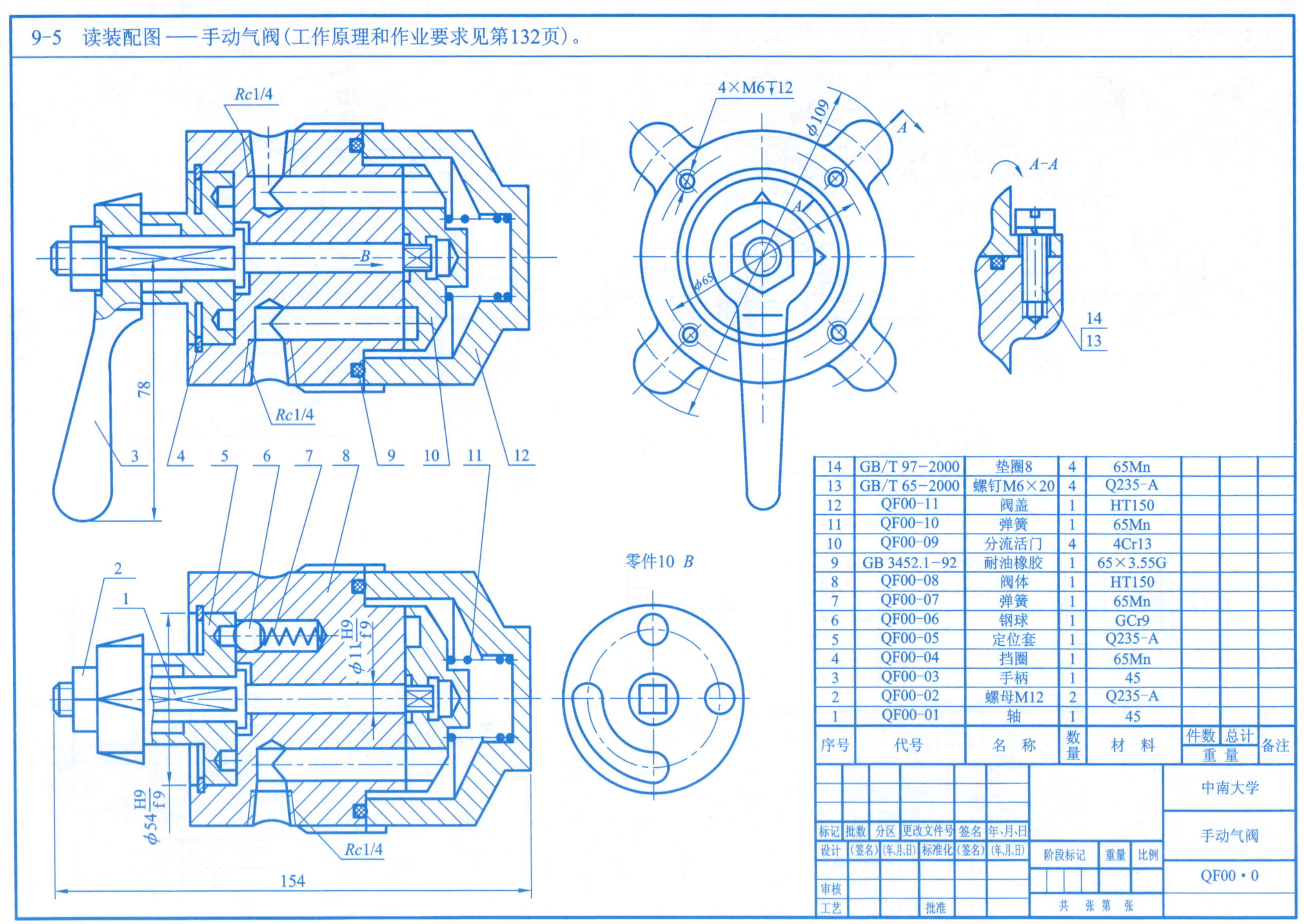

14	GB/T 97–2000	垫圈8	4	65Mn			
13	GB/T 65–2000	螺钉M6×20	4	Q235–A			
12	QF00–11	阀盖	1	HT150			
11	QF00–10	弹簧	1	65Mn			
10	QF00–09	分流活门	4	4Cr13			
9	GB 3452.1–92	耐油橡胶	1	65×3.55G			
8	QF00–08	阀体	1	HT150			
7	QF00–07	弹簧	1	65Mn			
6	QF00–06	钢球	1	GCr9			
5	QF00–05	定位套	1	Q235–A			
4	QF00–04	挡圈	1	65Mn			
3	QF00–03	手柄	1	45			
2	QF00–02	螺母M12	2	Q235–A			
1	QF00–01	轴	1	45			
序号	代号	名 称	数量	材 料	件数 重量	总计 重量	备注

标记	批数	分区	更改文件号	签名	年、月、日		中南大学
设计	(签名)	(年、月、日)	标准化	(签名)	(年、月、日)	阶段标记 重量 比例	手动气阀
审核							QF00 • 0
工艺			批准			共 张 第 张	

班级______ 学号______ 姓名________

9-2 读装配图——镜头架(工作原理和作业要求见第131页)。

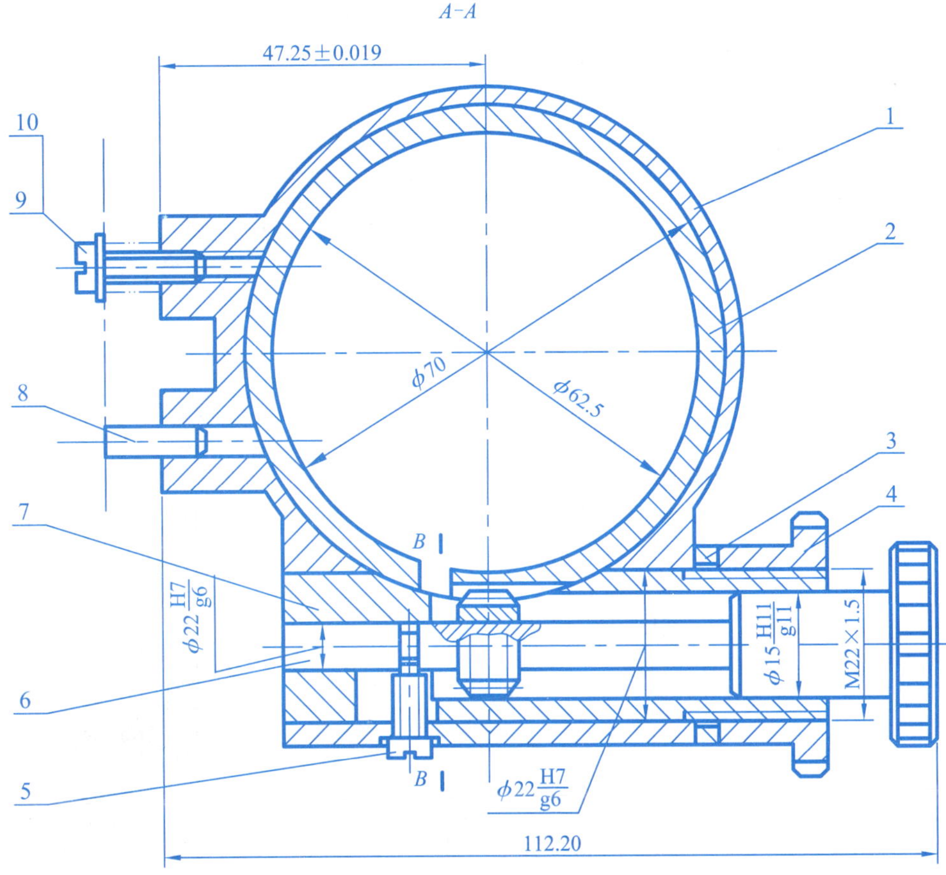

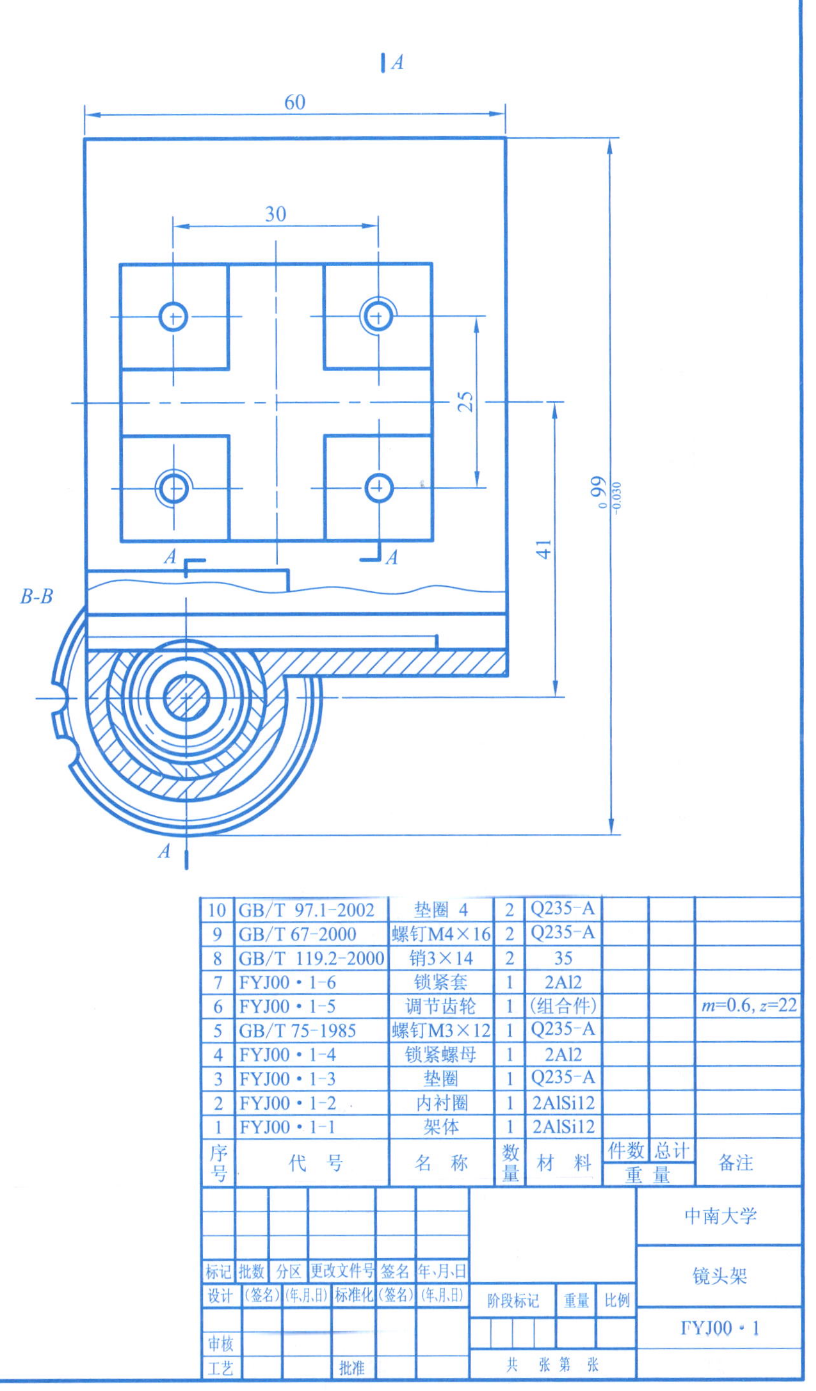

技术要求

装配后,传动应平稳轻巧,不允许有卡阻爬行现象。

序号	代号	名称	数量	材料	件数	总计	备注
					重量		
10	GB/T 97.1-2002	垫圈 4	2	Q235-A			
9	GB/T 67-2000	螺钉M4×16	2	Q235-A			
8	GB/T 119.2-2000	销3×14	2	35			
7	FYJ00・1-6	锁紧套	1	2Al2			
6	FYJ00・1-5	调节齿轮	1	(组合件)			m=0.6, z=22
5	GB/T 75-1985	螺钉M3×12	1	Q235-A			
4	FYJ00・1-4	锁紧螺母	1	2Al2			
3	FYJ00・1-3	垫圈	1	Q235-A			
2	FYJ00・1-2	内衬圈	1	2AlSi12			
1	FYJ00・1-1	架体	1	2AlSi12			

标记	批数	分区	更改文件号	签名	年、月、日		中南大学
设计	(签名)	(年、月、日)	标准化	(签名)	(年、月、日)	阶段标记 重量 比例	镜头架
审核							FYJ00・1
工艺			批准			共 张 第 张	

班级______学号______姓名________

9-3 读装配图——单级圆柱齿轮减速器(工作原理和作业要求见第131页)。

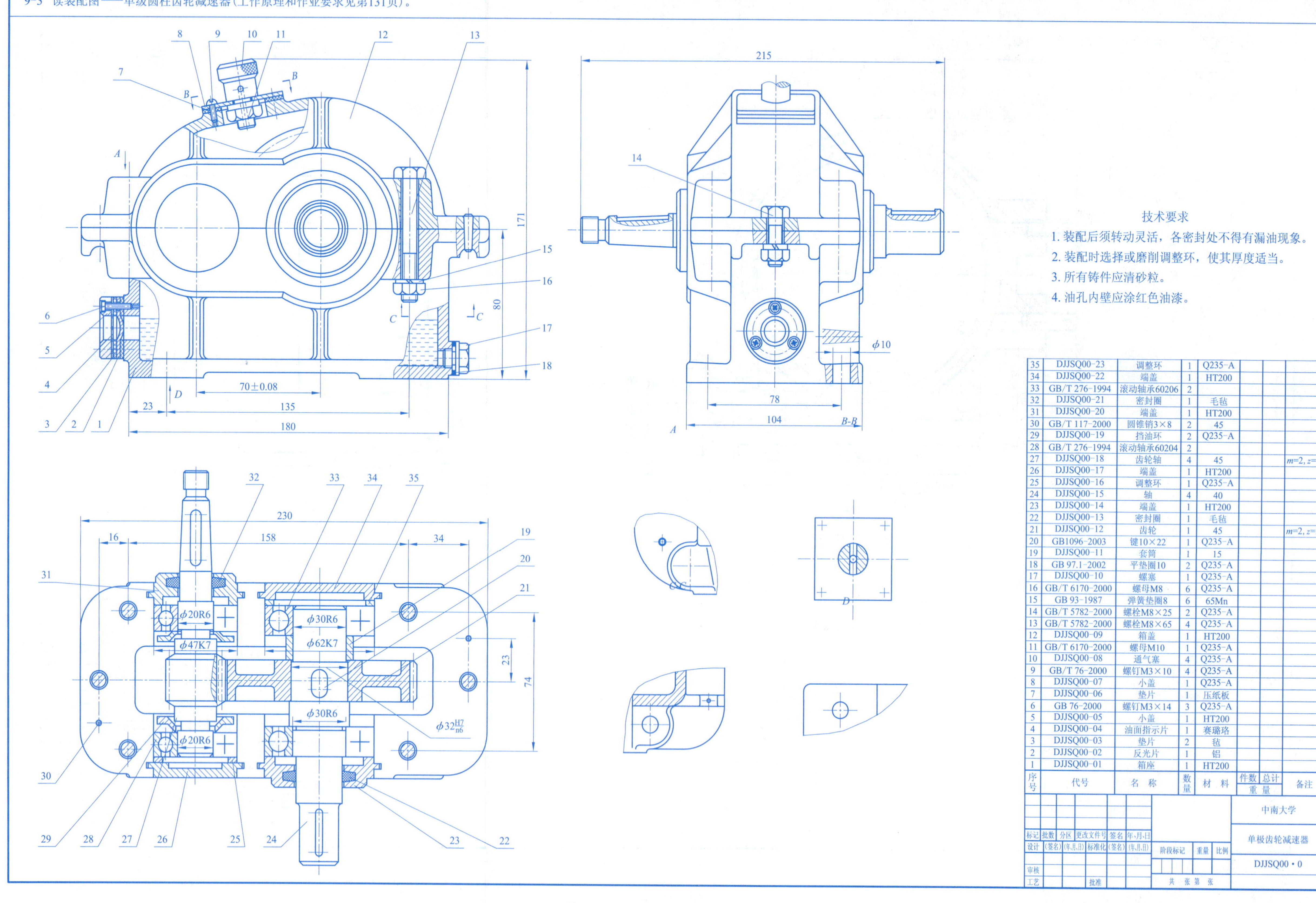

技术要求

1. 装配后须转动灵活，各密封处不得有漏油现象。
2. 装配时选择或磨削调整环，使其厚度适当。
3. 所有铸件应清砂粒。
4. 油孔内壁应涂红色油漆。

序号	代号	名称	数量	材料	件数 重量	总计 重量	备注
35	DJJSQ00-23	调整环	1	Q235-A			
34	DJJSQ00-22	端盖	1	HT200			
33	GB/T 276-1994	滚动轴承60206	2				
32	DJJSQ00-21	密封圈	1	毛毡			
31	DJJSQ00-20	端盖	1	HT200			
30	GB/T 117-2000	圆锥销3×8	2	45			
29	DJJSQ00-19	挡油环	2	Q235-A			
28	GB/T 276-1994	滚动轴承60204	2				
27	DJJSQ00-18	齿轮轴	4	45			m=2, z=15
26	DJJSQ00-17	端盖	1	HT200			
25	DJJSQ00-16	调整环	1	Q235-A			
24	DJJSQ00-15	轴	4	40			
23	DJJSQ00-14	端盖	1	HT200			
22	DJJSQ00-13	密封圈	1	毛毡			
21	DJJSQ00-12	齿轮	1	45			m=2, z=55
20	GB1096-2003	键10×22	1	Q235-A			
19	DJJSQ00-11	套筒	1	15			
18	GB 97.1-2002	平垫圈10	2	Q235-A			
17	DJJSQ00-10	螺塞	1	Q235-A			
16	GB/T 6170-2000	螺母M8	6	Q235-A			
15	GB 93-1987	弹簧垫圈8	6	65Mn			
14	GB/T 5782-2000	螺栓M8×25	2	Q235-A			
13	GB/T 5782-2000	螺栓M8×65	4	Q235-A			
12	DJJSQ00-09	箱盖	1	HT200			
11	GB/T 6170-2000	螺母M10	1	Q235-A			
10	DJJSQ00-08	通气塞	4	Q235-A			
9	GB/T 76-2000	螺钉M3×10	4	Q235-A			
8	DJJSQ00-07	小盖	1	Q235-A			
7	DJJSQ00-06	垫片	1	压纸板			
6	GB 76-2000	螺钉M3×14	3	Q235-A			
5	DJJSQ00-05	小盖	1	HT200			
4	DJJSQ00-04	油面指示片	1	赛璐珞			
3	DJJSQ00-03	垫片	2	毡			
2	DJJSQ00-02	反光片	1	铝			
1	DJJSQ00-01	箱座	1	HT200			

标记	批数	分区	更改文件号	签名	年、月、日		中南大学
设计	(签名)	(年.月.日)	标准化	(签名)	(年.月.日)	阶段标记 重量 比例	单极齿轮减速器
审核							DJJSQ00·0
工艺			批准			共 张 第 张	

班级______学号______姓名________

10 其他图样简介

10-1 作出斜口圆柱管的表面展开图。

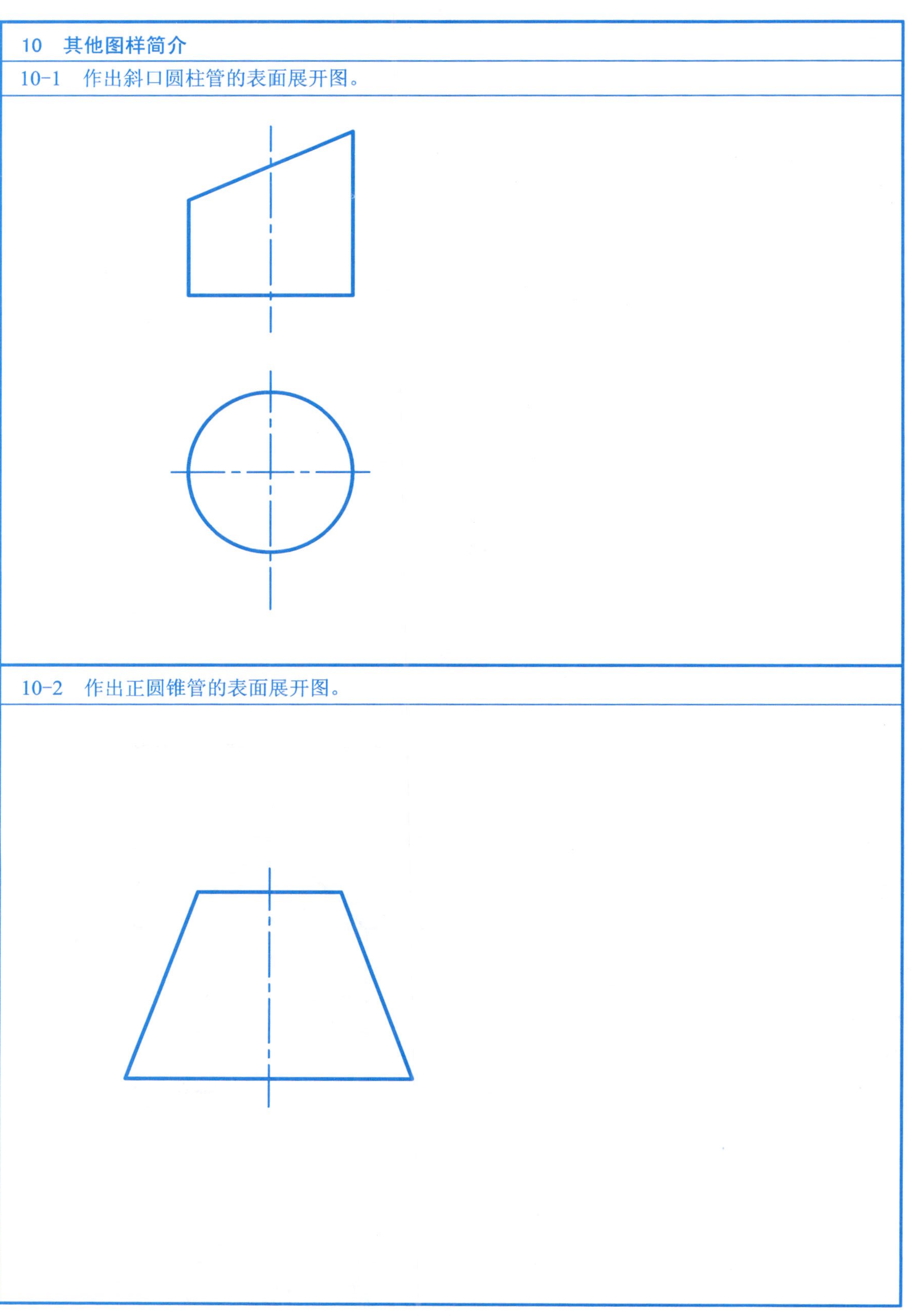

10-2 作出正圆锥管的表面展开图。

班级______学号______姓名______

10-3 作出一等径三通管的表面展开图。

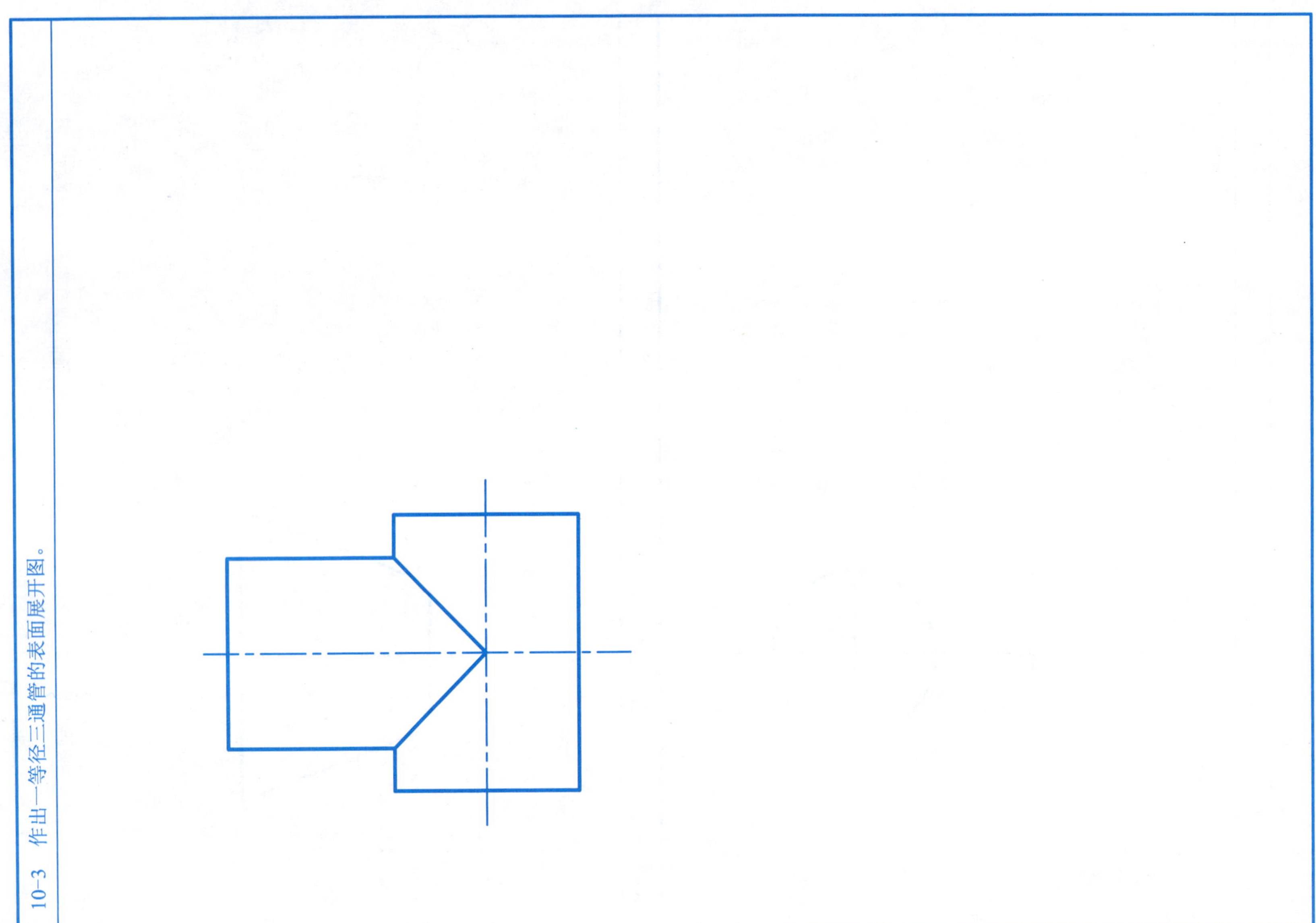

班级______学号______姓名________

10-4　画出吸气罩的展开图。

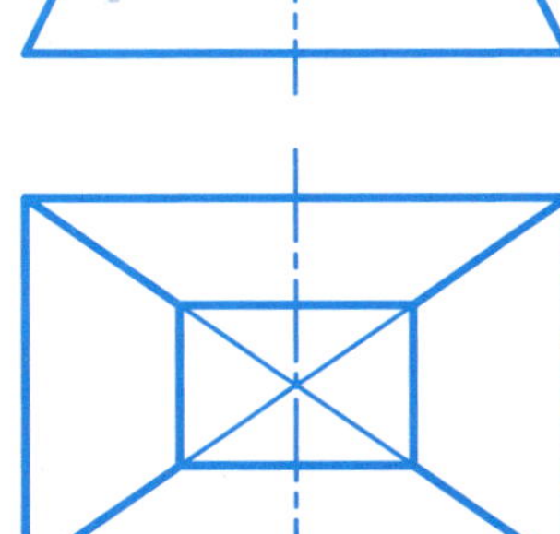

10-5　画出方圆过渡接头的展开图。

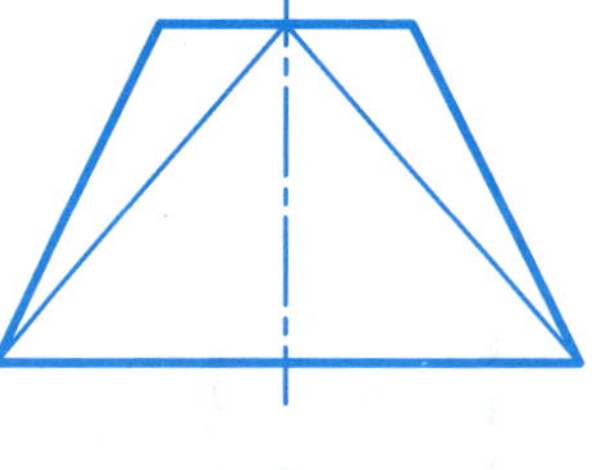

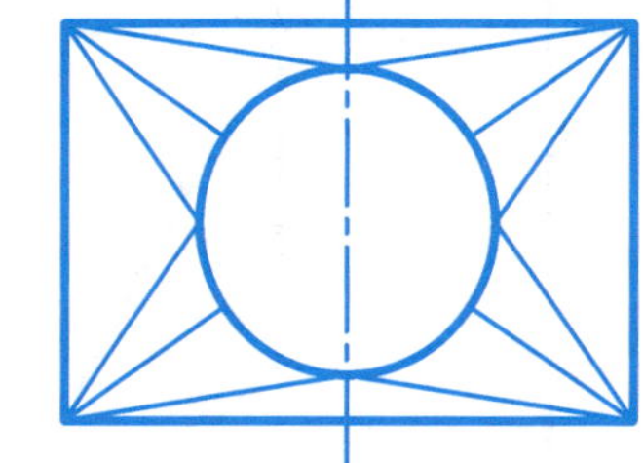

班级______学号______姓名________

10-6　画螺旋（绞龙）给煤机的斜漏斗展开图（1∶5，用A3图纸），并用硬纸做一模型。

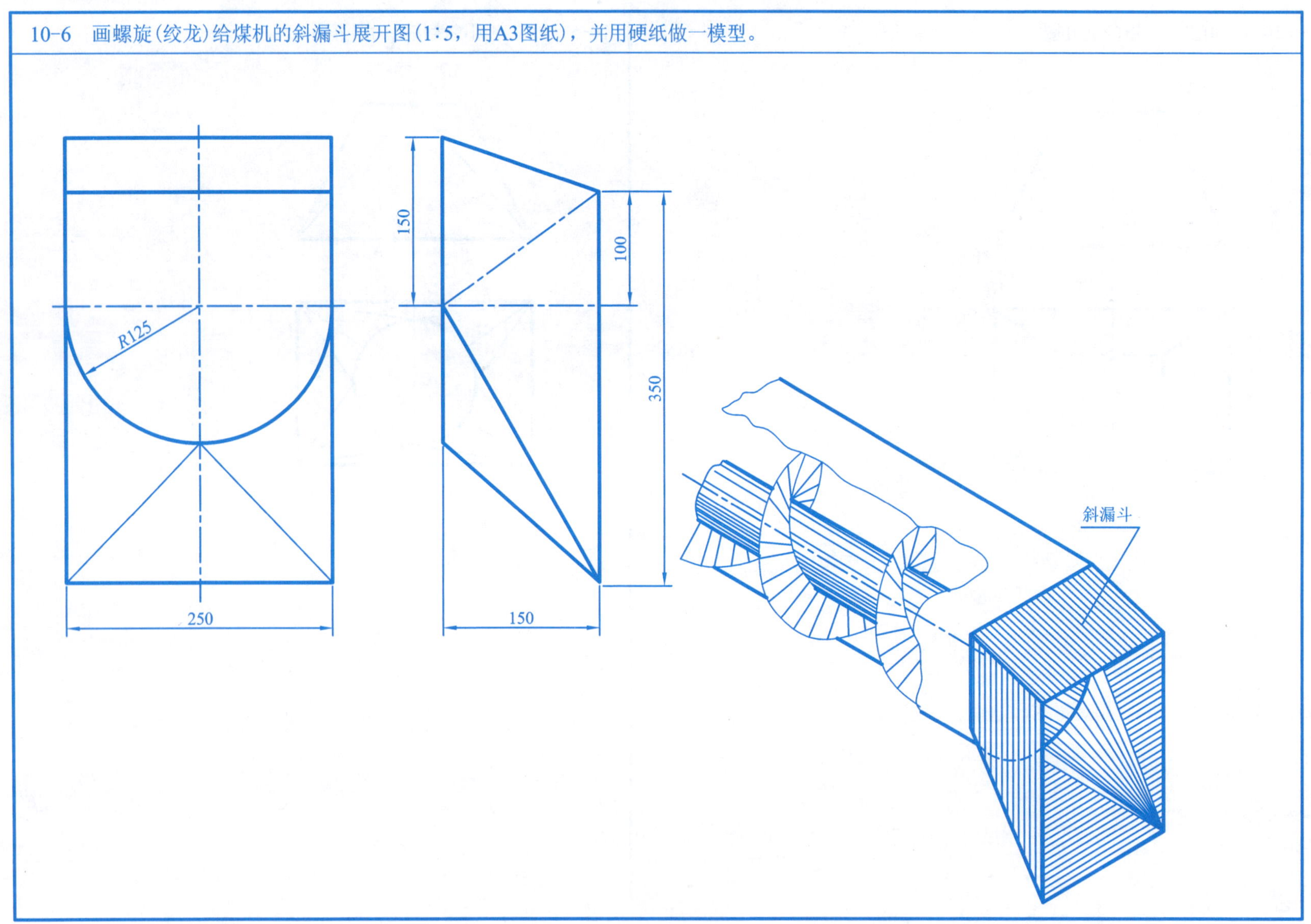

班级______学号______姓名________

10-7 支座由底板Ⅰ、支承板Ⅱ、肋板Ⅲ、轴承Ⅳ四件焊接而成，试用标注方法表示其焊缝，并标注整个支座的尺寸。已知焊缝高度为4 mm，均为角焊缝。

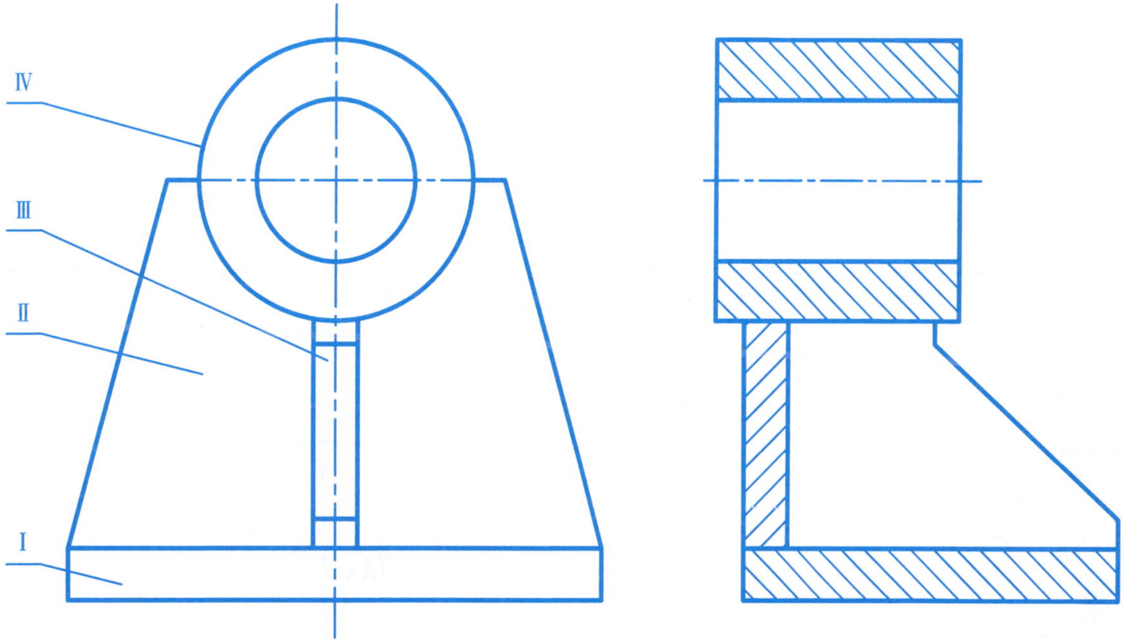

Ⅳ

Ⅲ

Ⅱ

Ⅰ

班级______学号______姓名________

11 计算机二维绘图

11-1 用直线命令画出下图的外轮廓线，再用偏移命令绘制此图的内部图形元素。

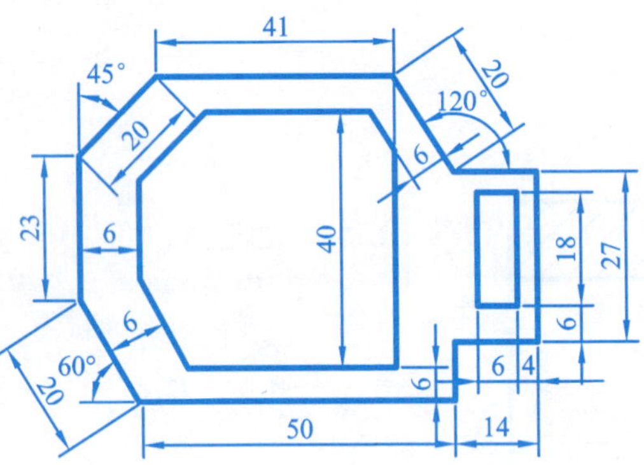

11-2 用直线命令完成下图(利用栅格、捕捉或正交模式)。

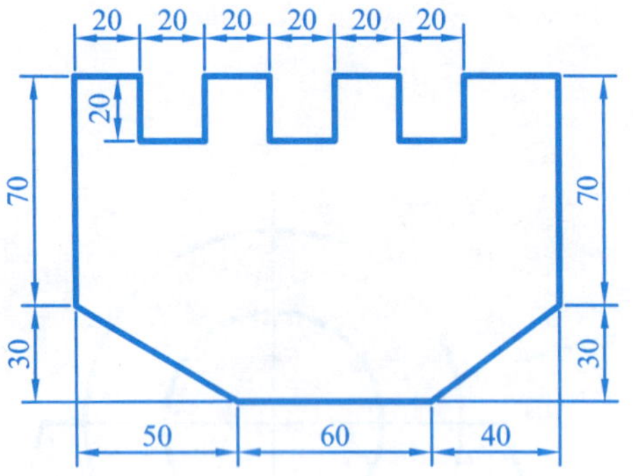

11-3 用阵列、修剪、画弧等命令完成下图（利用极轴、目标捕捉）。

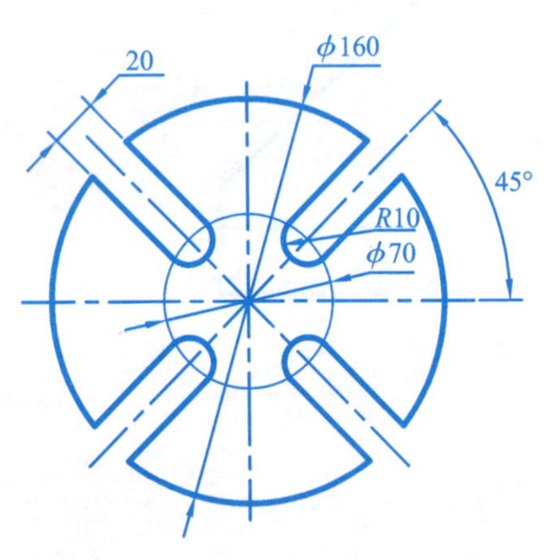

11-4 用倒角命令或镜像命令绘制对称的几何图形。

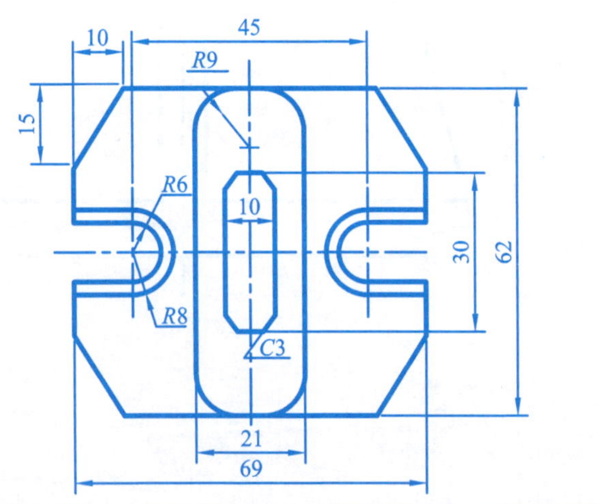

班级______学号______姓名________

11-5　利用偏移、修剪命令绘制图Ⅰ。

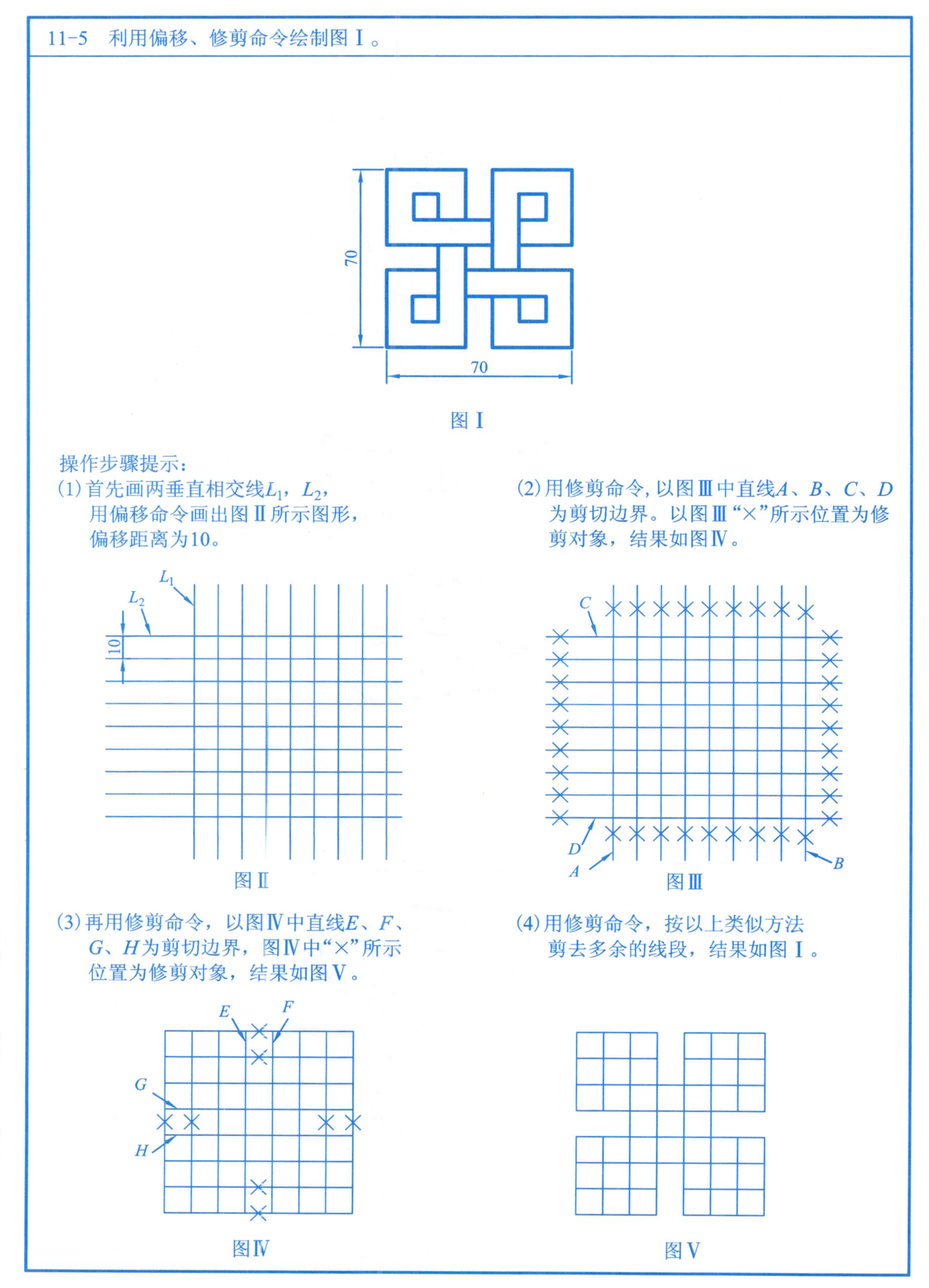

操作步骤提示：

(1) 首先画两垂直相交线L_1，L_2，用偏移命令画出图Ⅱ所示图形，偏移距离为10。

(2) 用修剪命令，以图Ⅲ中直线A、B、C、D为剪切边界。以图Ⅲ“×”所示位置为修剪对象，结果如图Ⅳ。

(3) 再用修剪命令，以图Ⅳ中直线E、F、G、H为剪切边界，图Ⅳ中“×”所示位置为修剪对象，结果如图Ⅴ。

(4) 用修剪命令，按以上类似方法剪去多余的线段，结果如图Ⅰ。

班级______学号______姓名________

11-6 利用旋转命令及镜像命令绘制图Ⅰ。

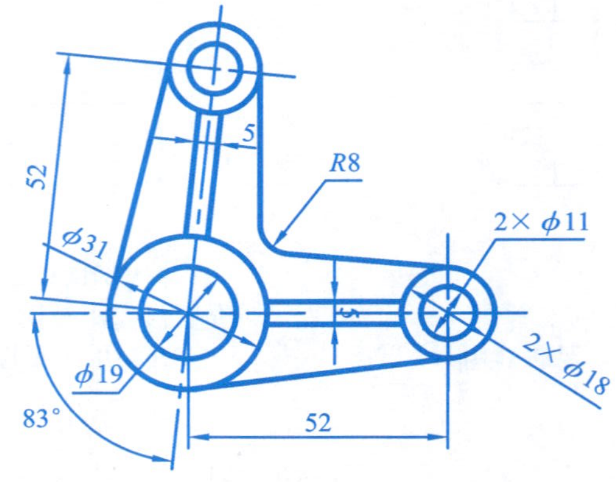

图Ⅰ

操作步骤提示：

(1) 首先画出图Ⅱ所示的图形。

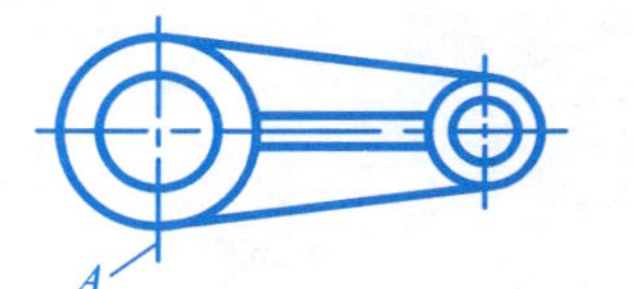

图Ⅱ 画圆及切线

(2) 对图的右侧部分进行镜像操作，镜像线是直线A，结果如图Ⅲ所示。

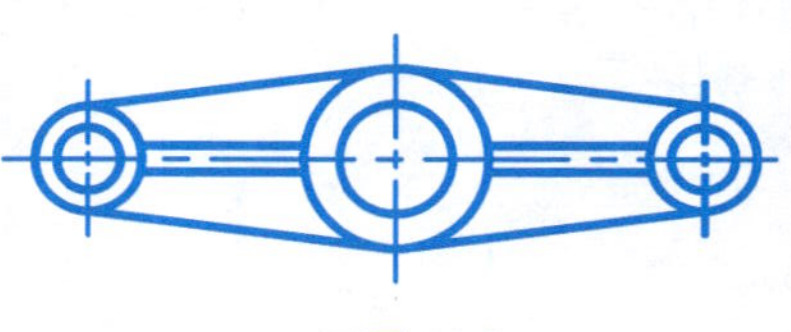

图Ⅲ 镜像

(3) 对图Ⅲ的左半部分进行旋转，然后倒圆角，结果如图Ⅳ所示。

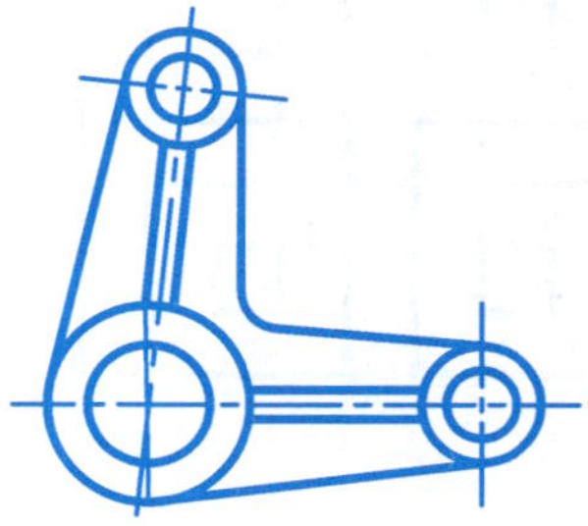

图Ⅳ 旋转与倒圆角

班级______学号______姓名________

11-7 用计算机绘制题2-8(1)的圆弧连接作业。

操作步骤提示：

(1)设定单位为十进制，精度为0.0，设置作图区域大小为A4图幅。

(2)绘制图形元素的定位线A、B、C及端面线D等，参见图Ⅰ。

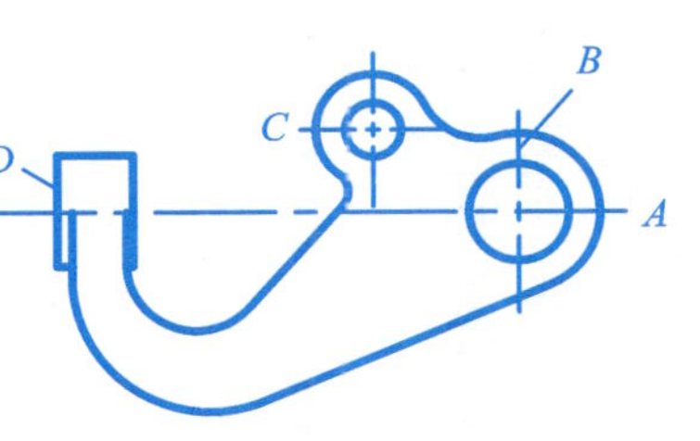

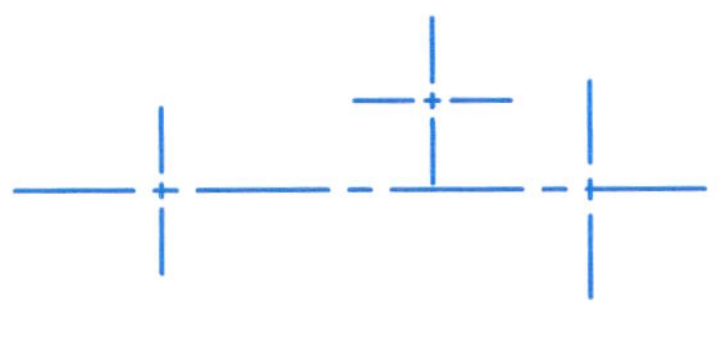

图Ⅰ

(3)画平行线A、B及圆C、D等，参见图Ⅱ。

(4)绘制圆$R148$、$R128$、$R22$、$R43$，参见图Ⅲ。

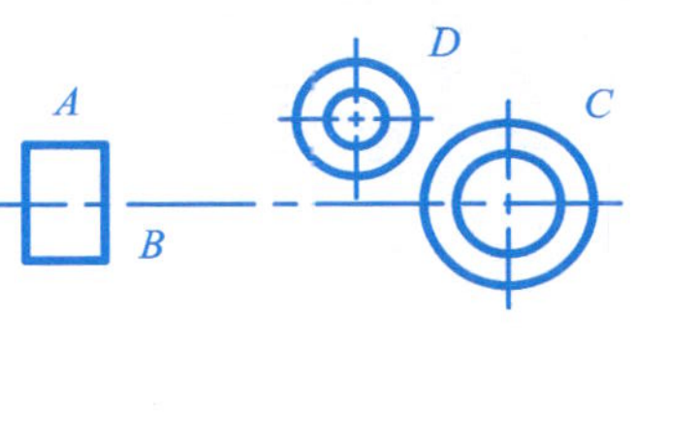

图Ⅱ 画平行线及圆

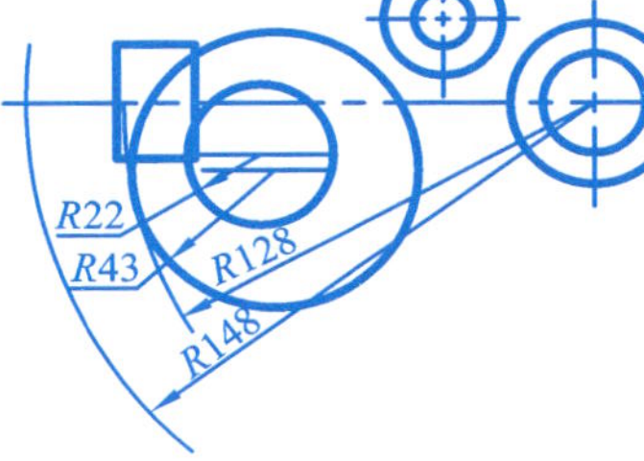

图Ⅲ 画圆

(5)画出圆的切线A、B及过渡圆弧C、D并用特性命令修改不适当的线型，结果如图Ⅳ所示。

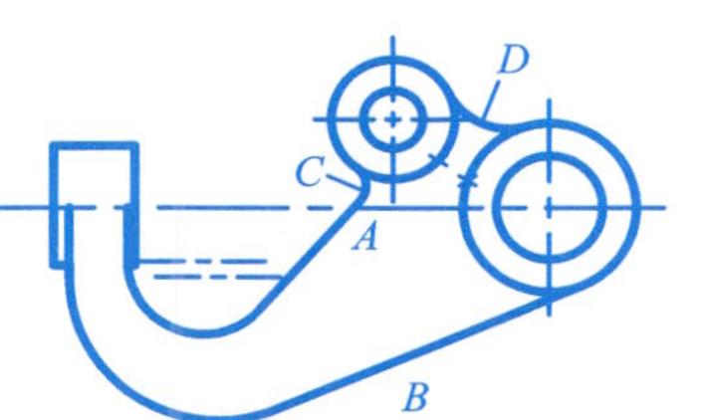

图Ⅳ 画切线及过渡圆弧

(6)用剪切命令剪去图中打“×”的圆弧。

班级______学号______姓名________

11-8　用计算机绘制下面的图形。

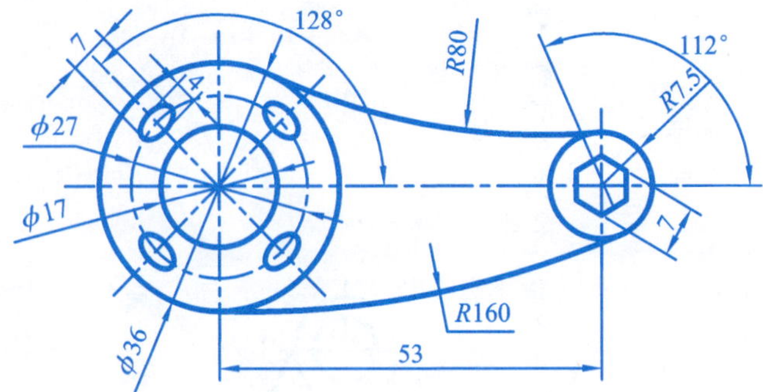

参考操作步骤：

(1) 单击New按钮，单击OK，打开一张新图(单位：公制，图幅：420×297)。

(2) 画中心线：Line→15,150→150,150→回车。Line→65, 200→65，100→回车。

偏移：Offset→53→选择垂直线→右侧单击。

(3) 画三个圆：Circle→选择左中心→*d*→17→回车。选择左中心→*d*→36→回车。Circle→选择右中心→7.5→回车。

(4) 画两个切圆, 下拉菜单Draw→Circle→Tan,Tan,Radius→打开切点捕捉→选取第一个圆的切点→选取第二个圆的切点→*R*80→重复操作→*R*160。

(5) 修剪多余的圆弧部分。

(6) 绘制正多边形：Polygon→6→指定中心→I→7→回车。

(7) 旋转正多边形：Rotate→选取六边形→指定旋转中心→112→回车。

(8) 画辅助线：Line→打开中心捕捉和端点捕捉→选择左中心→@20<128→回车。Circle→选择左中心→13.5→回车。

(9) 画椭圆：下拉菜单Draw→Ellipse→C→3.5→2→回车。

(10) 阵列操作：下拉菜单Array→选取椭圆→P→指定中心→4→回车→回车。

班级______学号______姓名________

11-9 用计算机绘制以下图形。

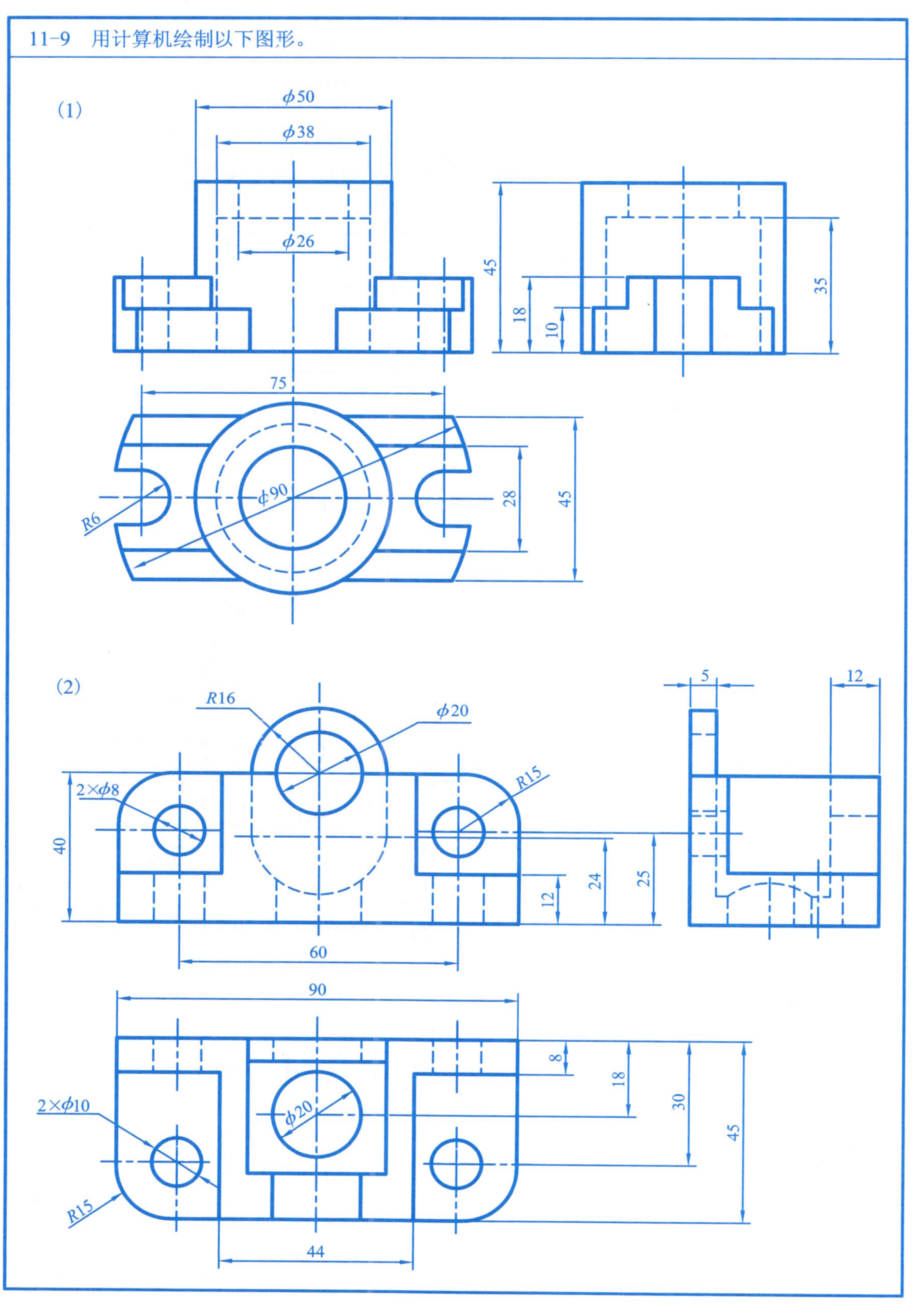

班级______ 学号______ 姓名________

11-10 用计算机绘制以下图形。

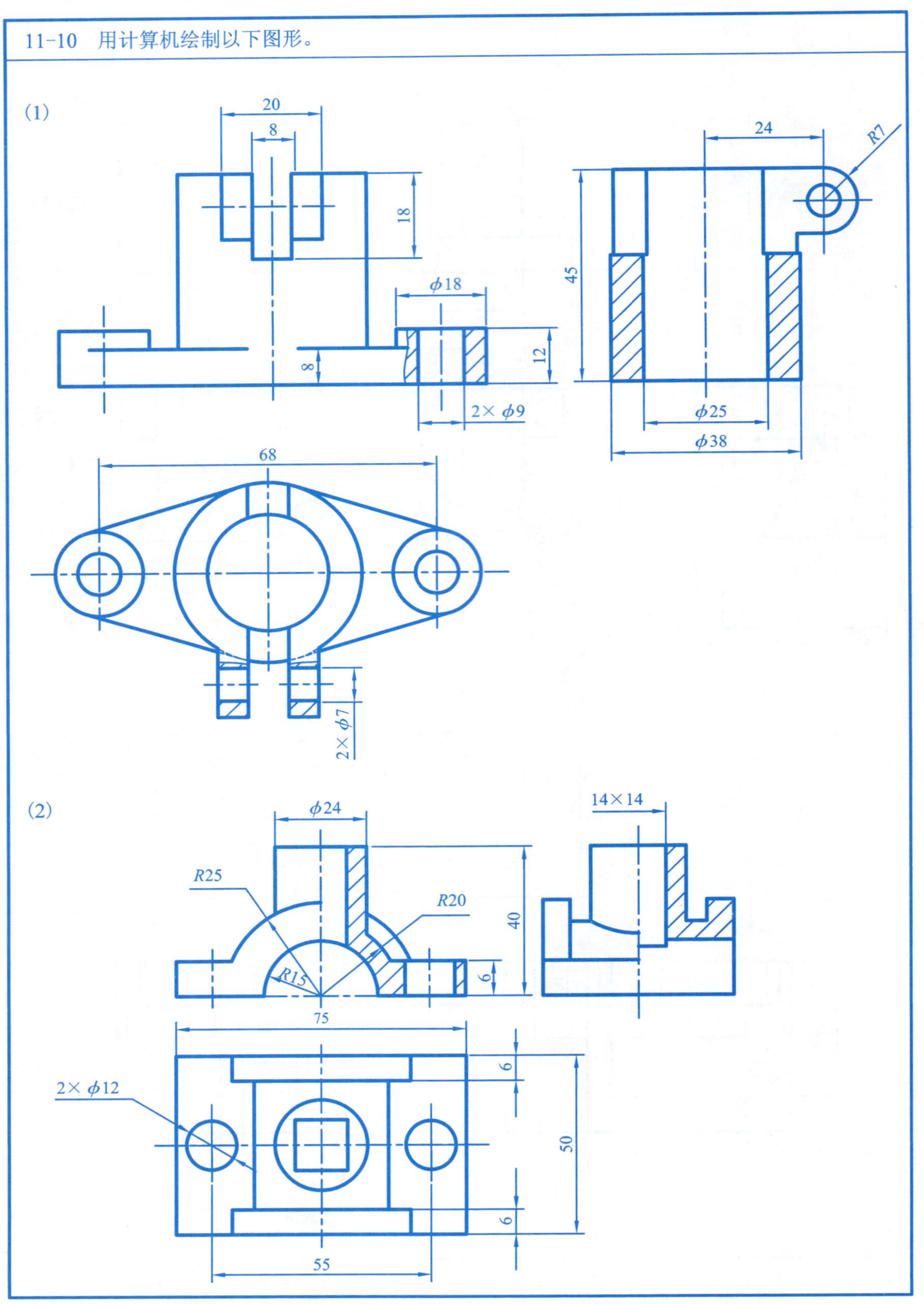

班级______ 学号______ 姓名________

自测题(一)

一、选择题

(1)根据主、左视图选择正确的俯视图。

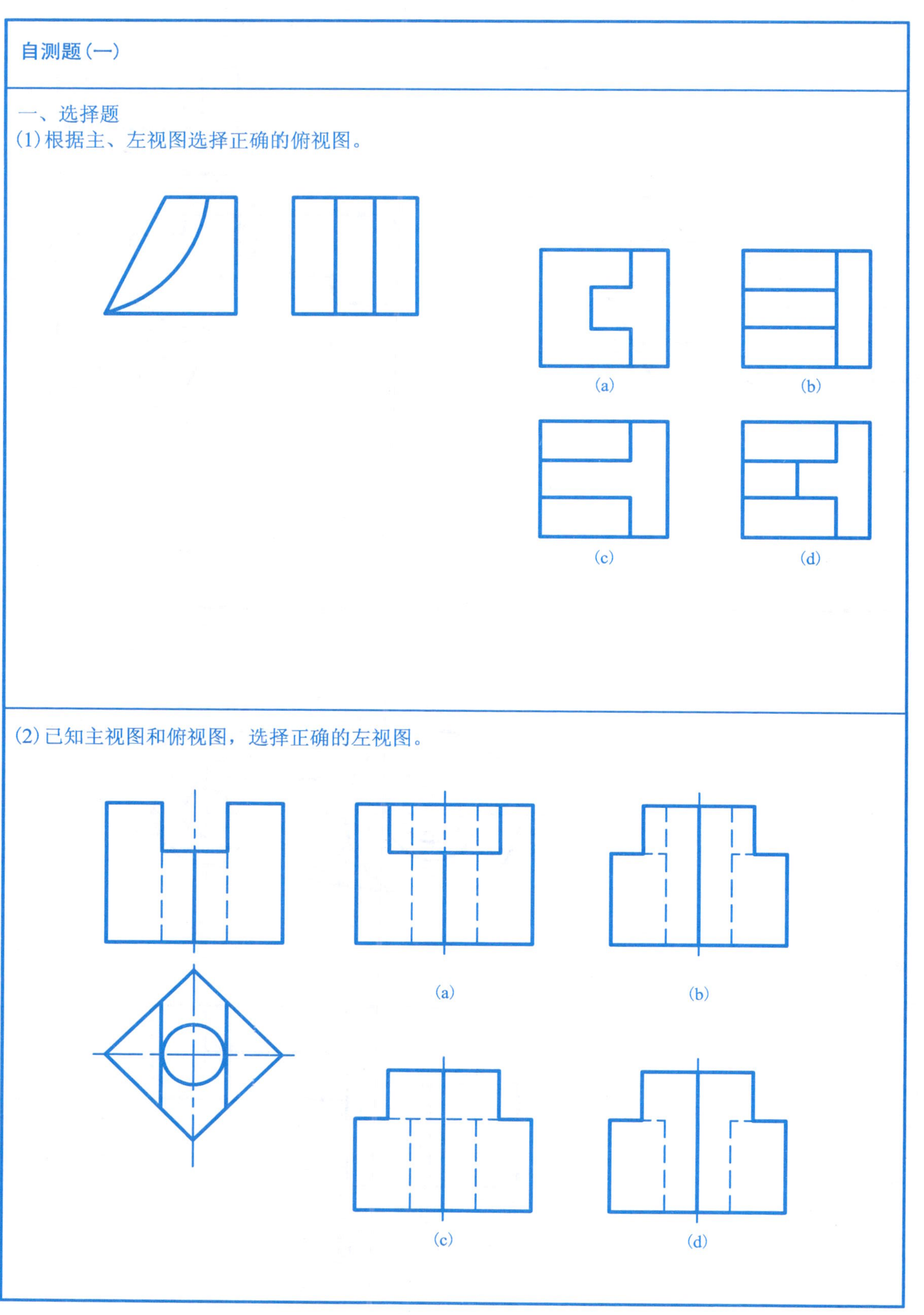

(2)已知主视图和俯视图，选择正确的左视图。

班级______学号______姓名________

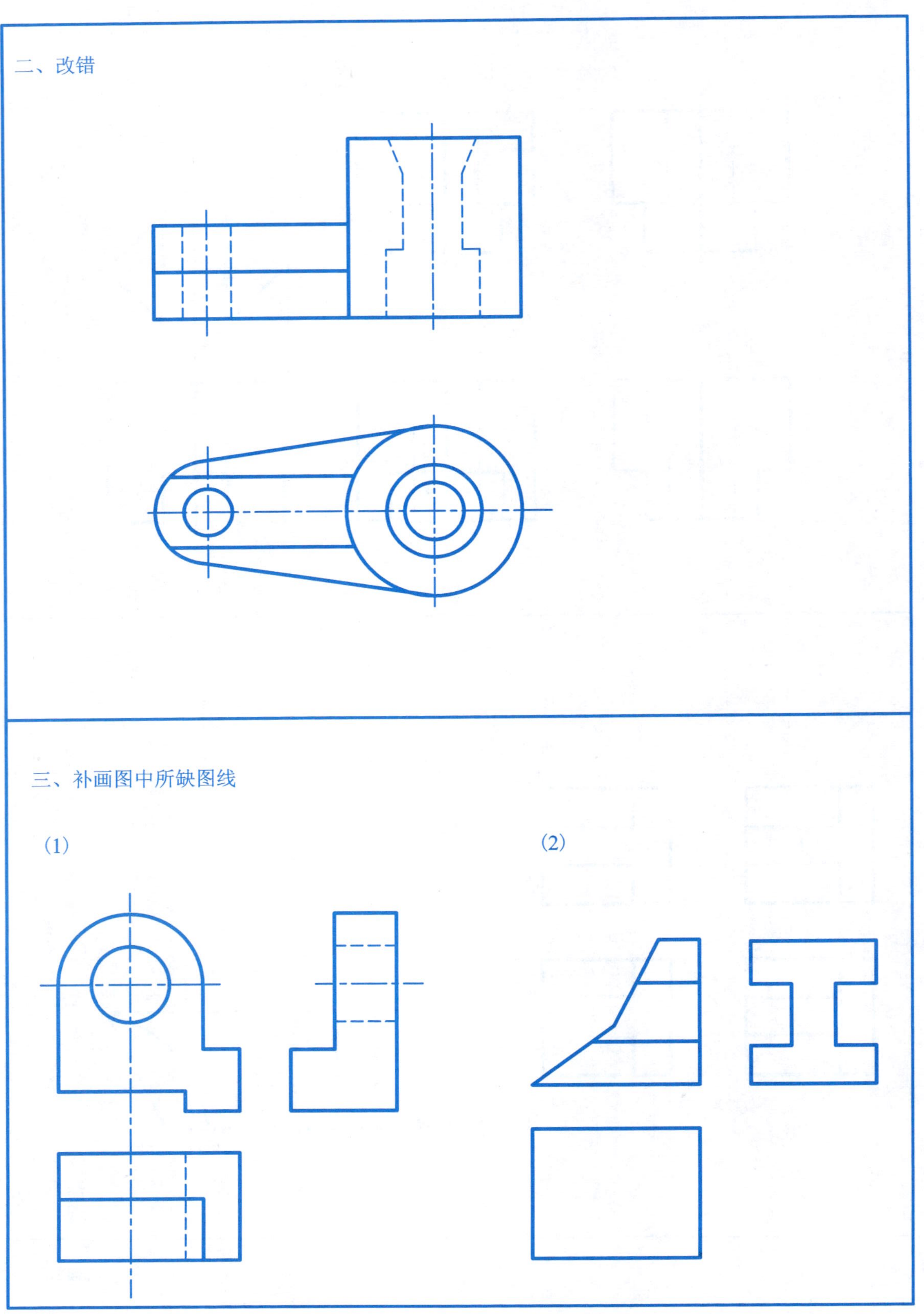

班级______学号______姓名________

(3)

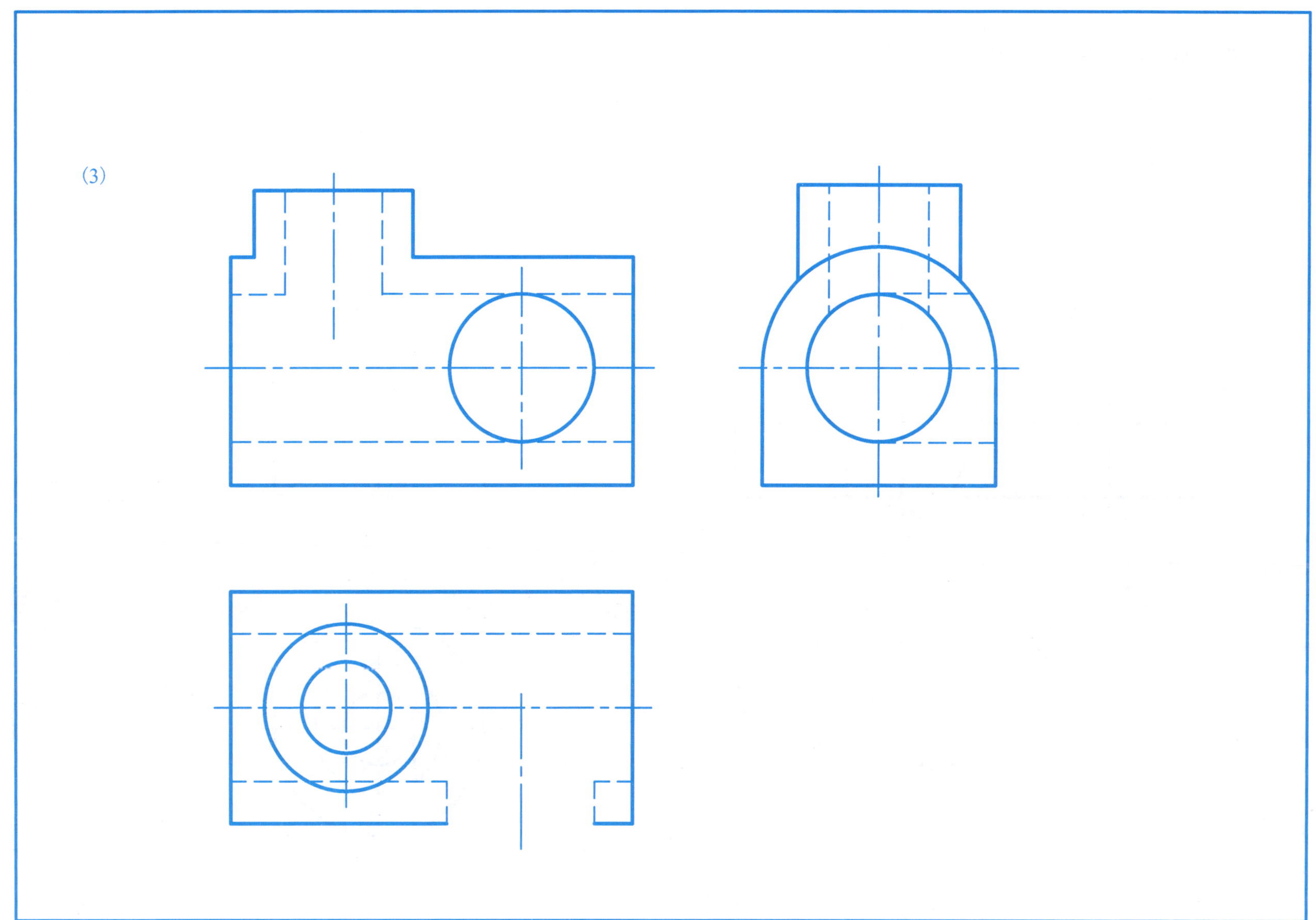

班级______学号______姓名________

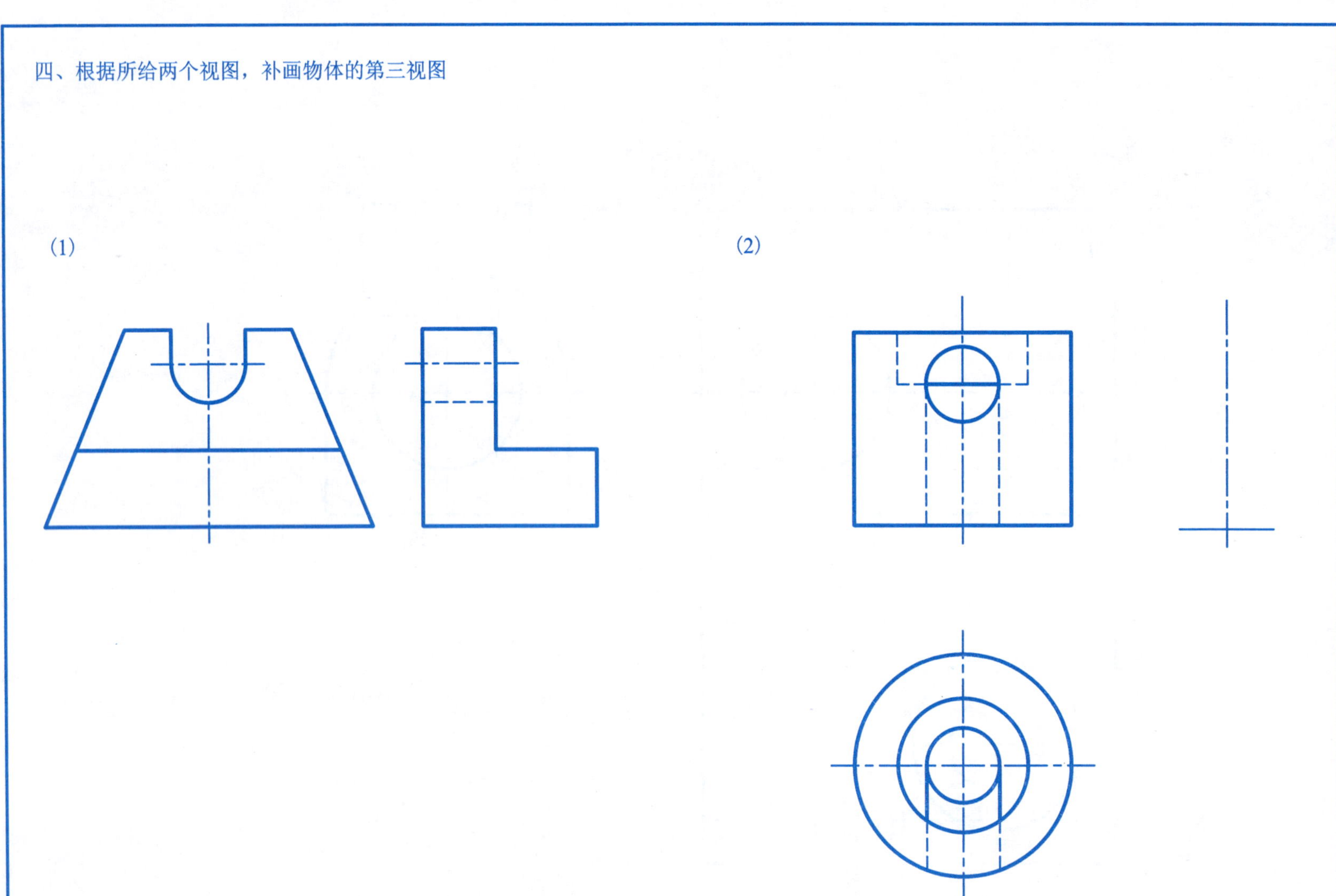

班级______学号______姓名________

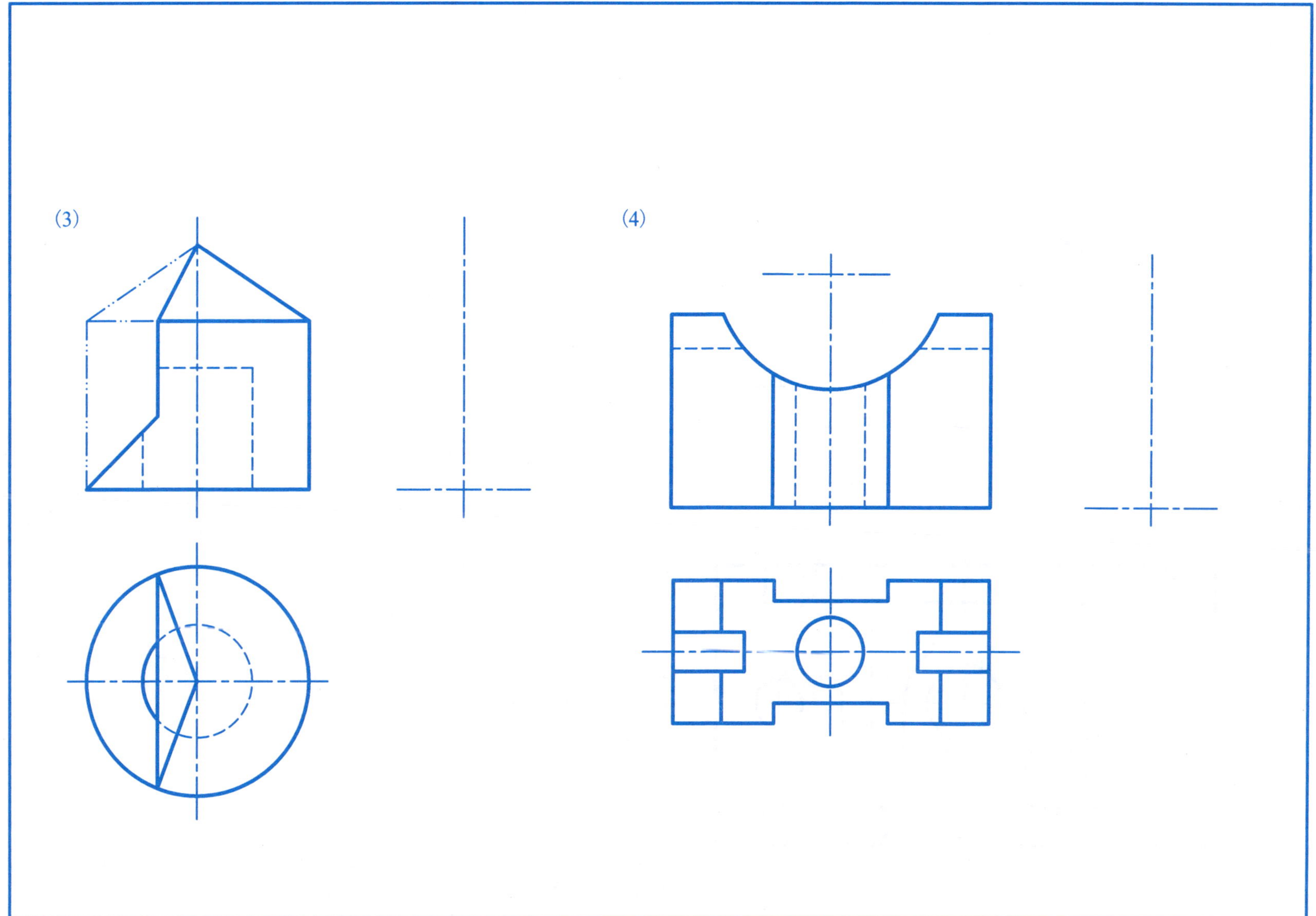

班级______学号______姓名________

五、求作左视图

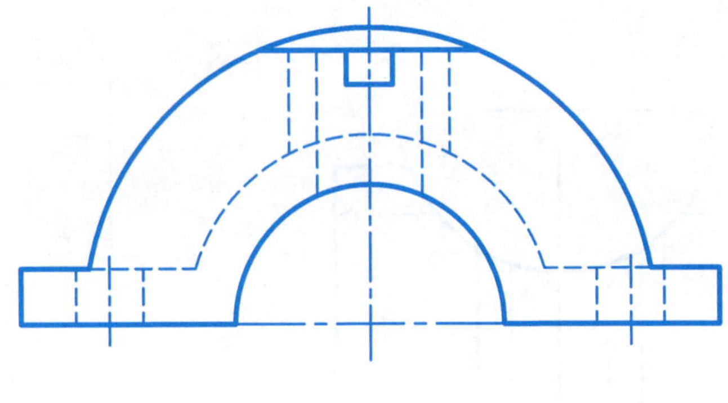

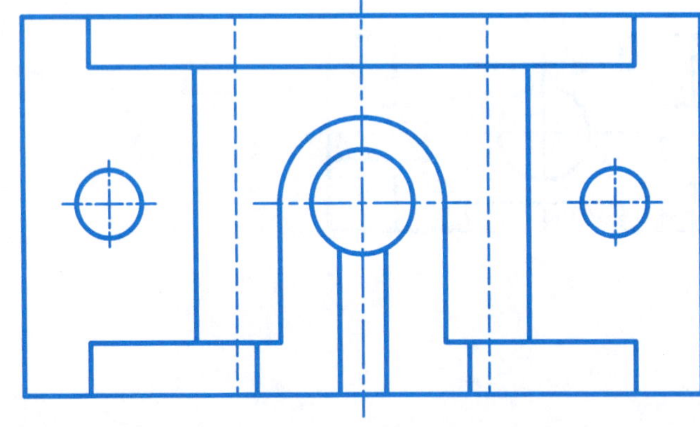

班级______学号______姓名________

自测题(二)

一、选择题

(1) 已知主视图和俯视图，选择正确的左视图。

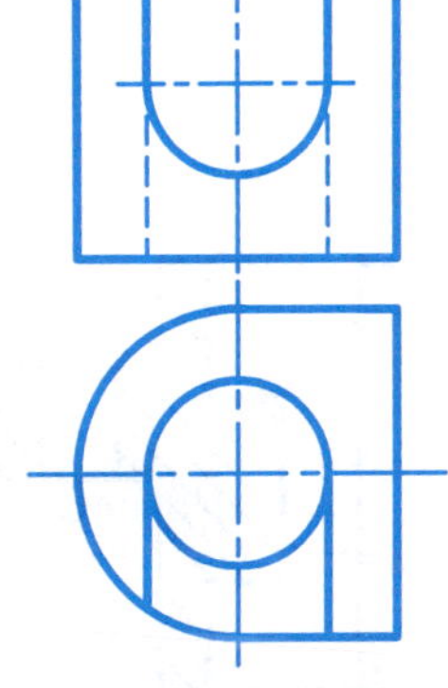

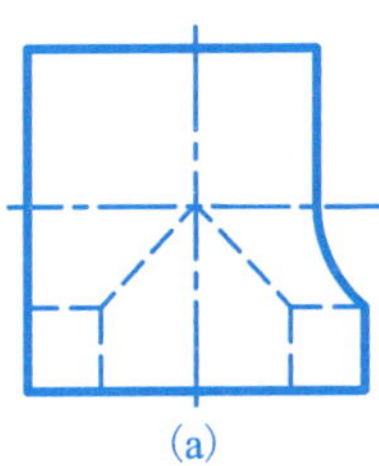

(a)

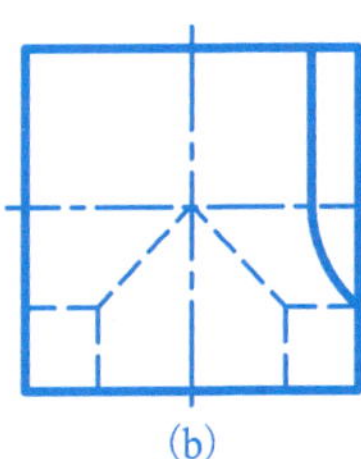

(b)

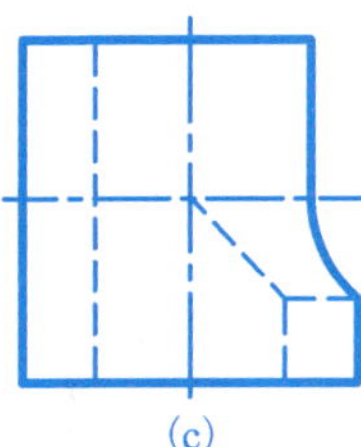

(c)

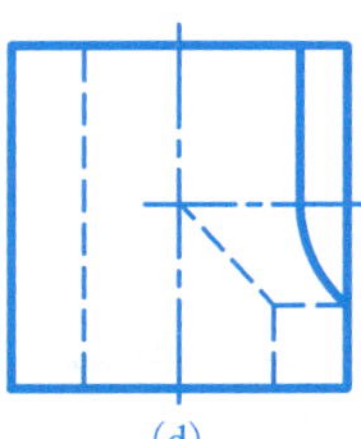

(d)

(2) 已知主视图和俯视图，选择正确的左视图。

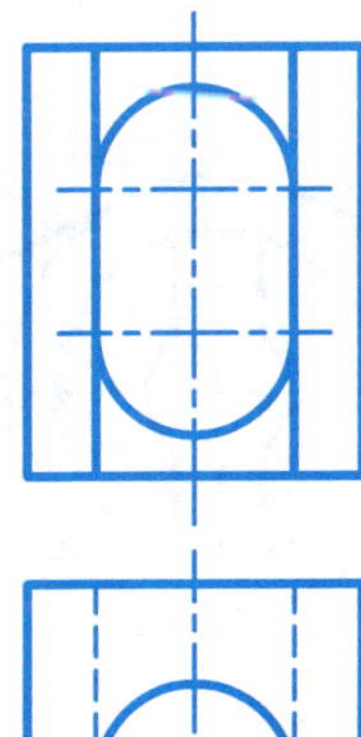

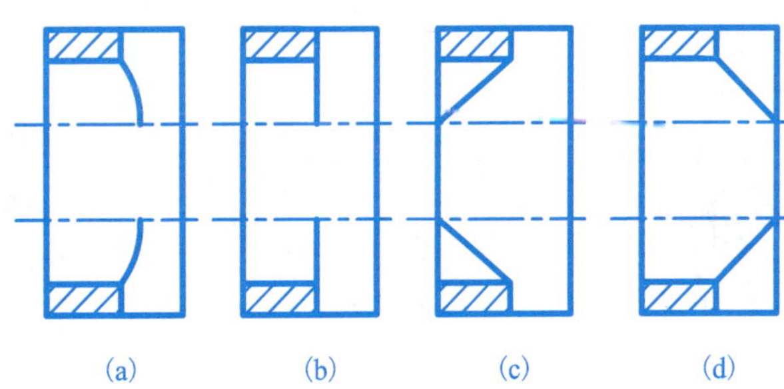

班级______学号______姓名________

二、补画图中所缺图线

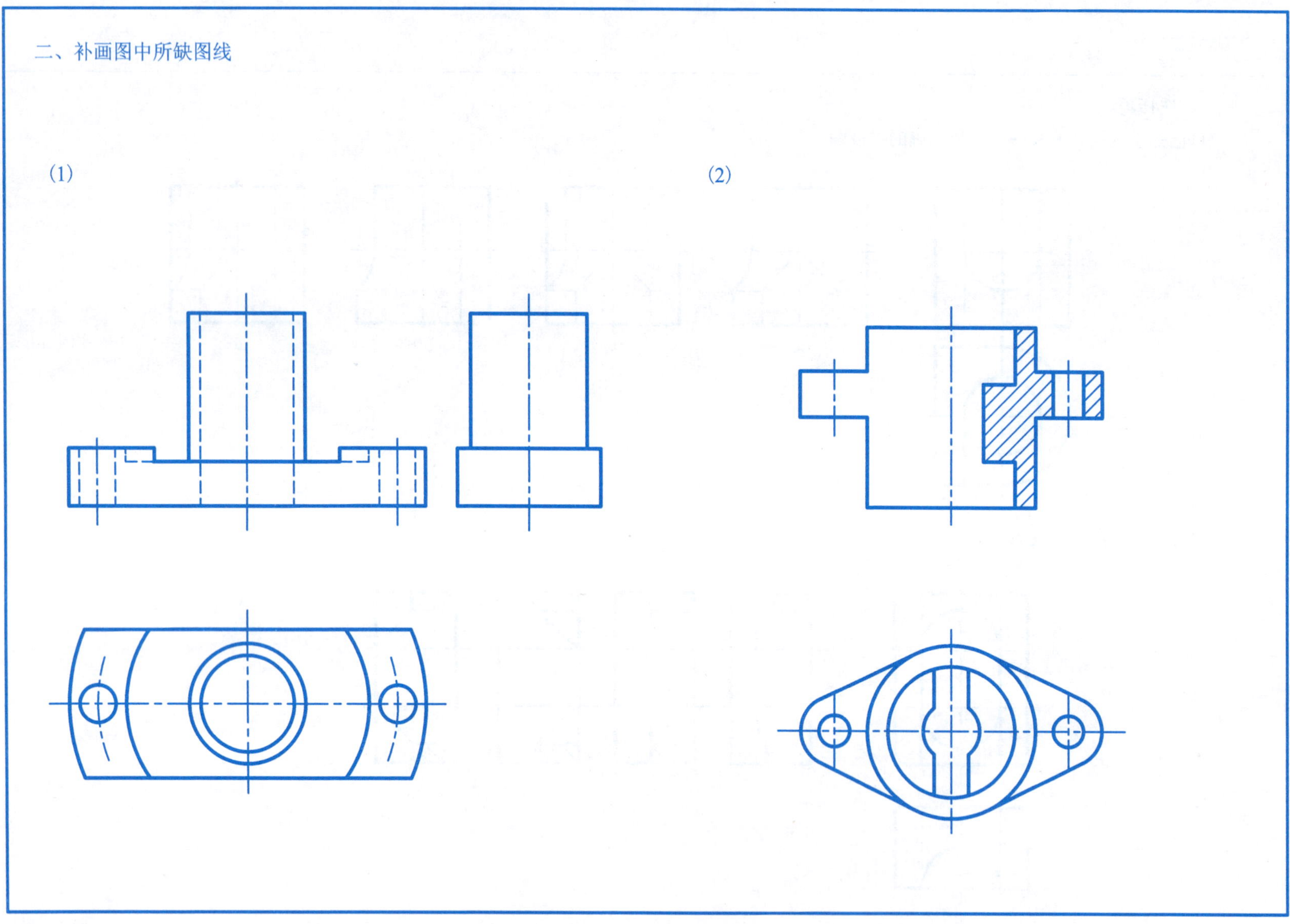

班级______学号______姓名________

三、分析立体表面的交线，补画第三投影

(1)

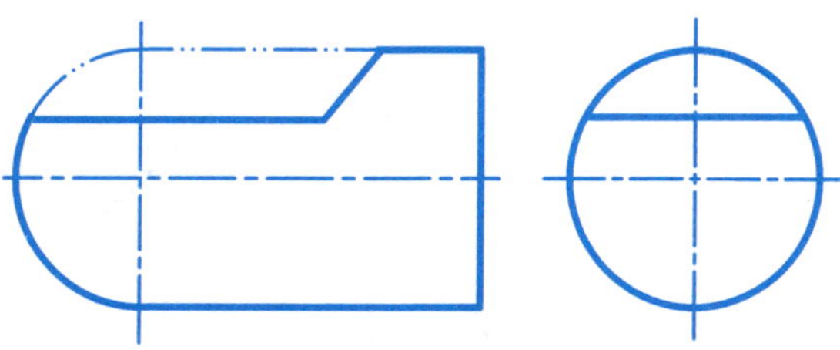

(2)

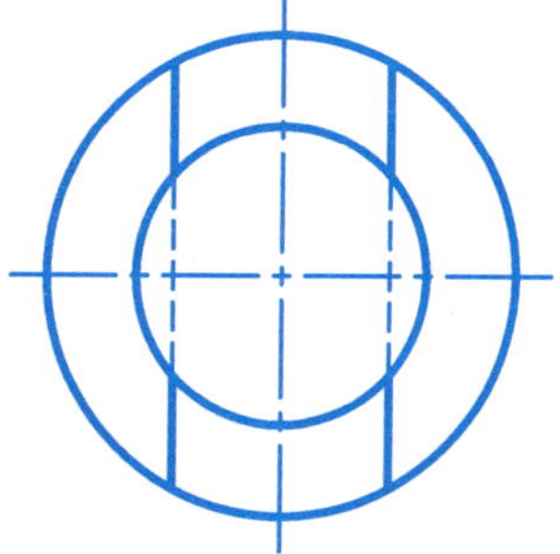

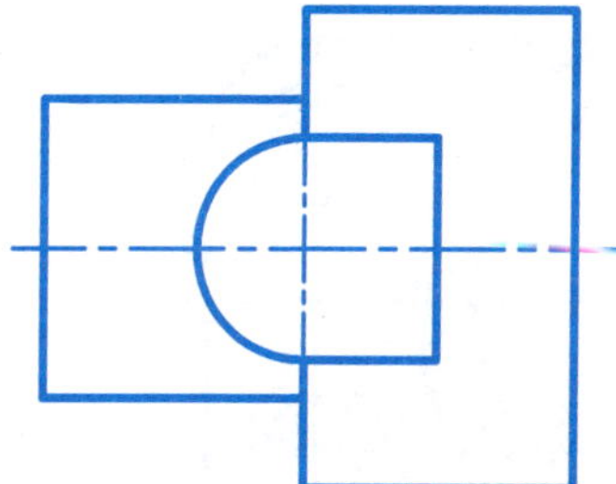

班级______学号______姓名________

四、改正下图中的错误

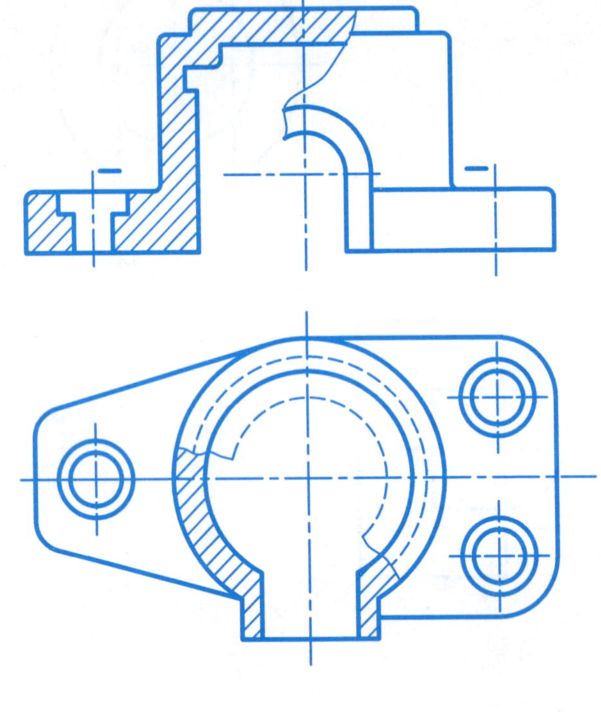

五、根据所给视图，补画出物体的第三视图

(1)

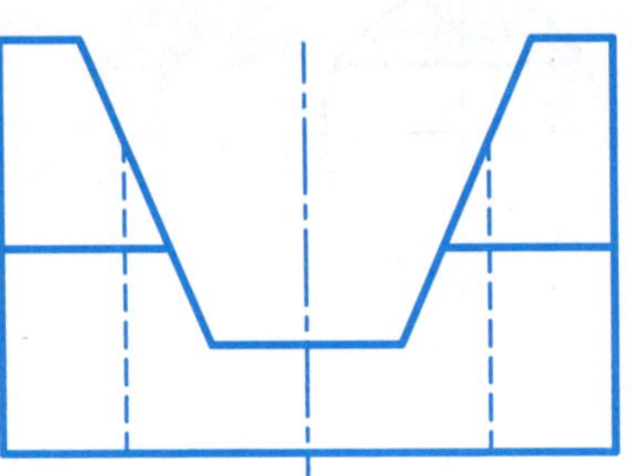

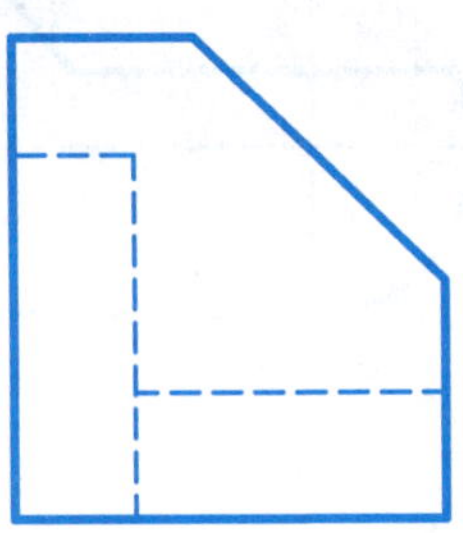

班级______学号______姓名________

(2)

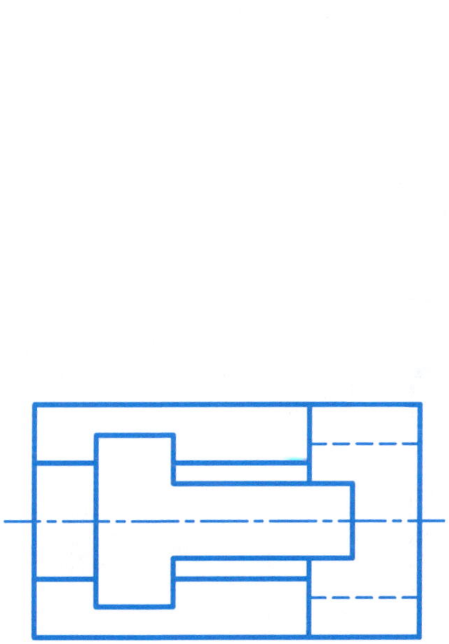

(3)

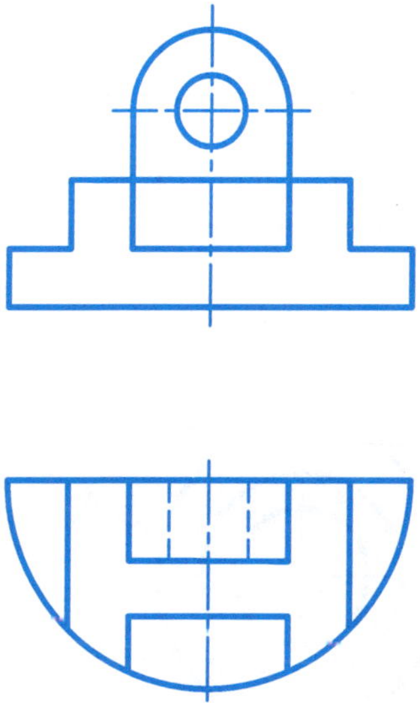

班级______学号______姓名________

六、剖视

(1)将主视图取适当剖视。

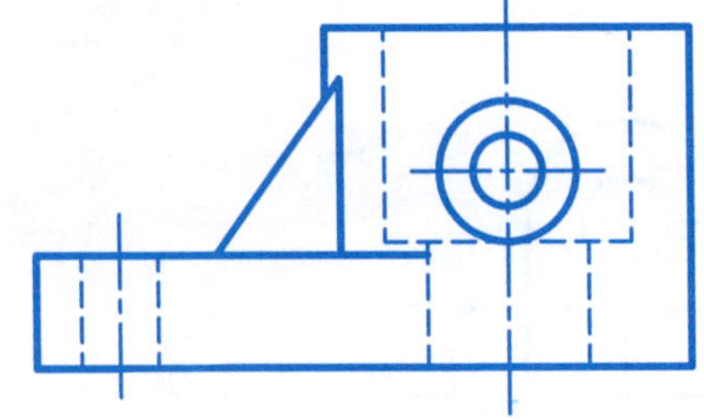

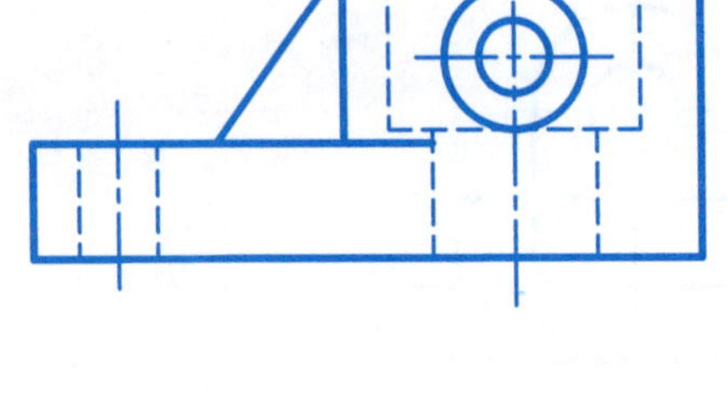

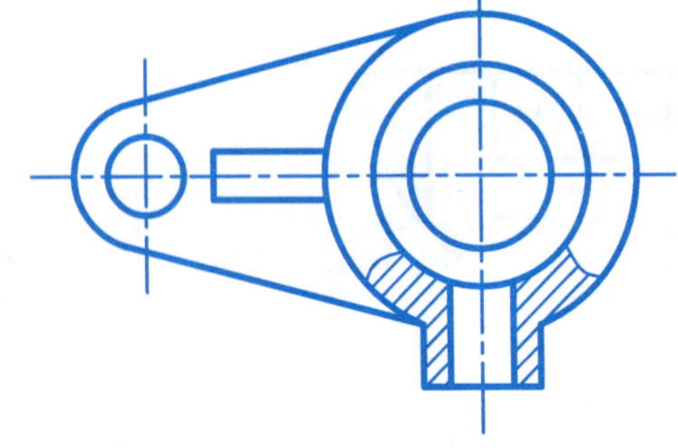

(2)将主视图改画成半剖视图，并画出全剖视的左视图。

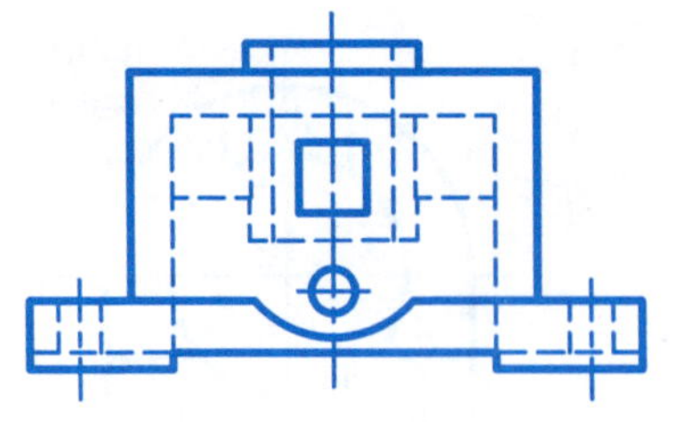

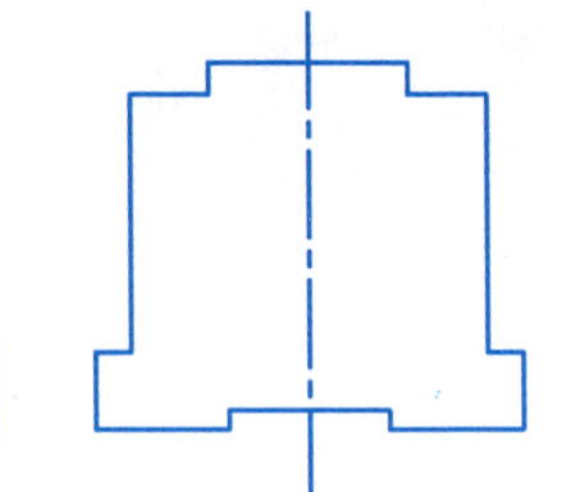

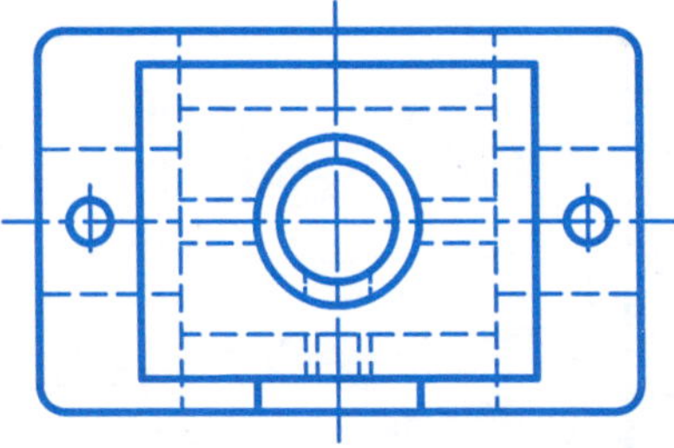

班级______学号______姓名________

参 考 文 献

[1] 杨放琼，赵先琼. 工程制图习题集[M]. 长沙：中南大学出版社，2012.

[2] 朱泗芳，徐绍军. 工程制图习题集[M]. 4 版. 北京：高等教育出版社，2005.

[3] 林玉祥. 机械工程图学习题集[M]. 北京：科学出版社，2003.

图书在版编目（CIP）数据

工程制图习题集 / 汤晓燕主编. --长沙：中南大学出版社，2018.8

ISBN 978-7-5487-3272-3

Ⅰ.①工… Ⅱ.①汤… Ⅲ.①工程制图—高等学校—习题集 Ⅳ.①TB23-44

中国版本图书馆 CIP 数据核字(2018)第 142941 号

工程制图习题集

主　编　汤晓燕

副主编　袁望姣　周　亮

□**责任编辑**　谭　平

□**责任印制**　易建国

□**出版发行**　中南大学出版社

社址：长沙市麓山南路　　邮编：410083

发行科电话：0731-88876770　　传真：0731-88710482

□**印　　装**　长沙理工大印刷厂

□**开　　本**　787×1092　1/16　□**印张** 10.75　□**字数** 270 千字　□**插页** 8

□**互联网+图书　二维码内容**　图片(AR 动画)21 张

□**版　　次**　2018 年 8 月第 1 版　□2018 年 8 月第 1 次印刷

□**书　　号**　ISBN 978-7-5487-3272-3

□**定　　价**　40.00 元

图书出现印装问题，请与经销商调换